国际军事技术合作与知识产权保护概览

秘 倩 杨广华 卢慧玲 庄 严 刘志强 著

国防工业出版社

·北京·

内容简介

本书共 8 章，分别论述了军事技术合作知识产权保护的概念内涵、现实意义、制度依据，军事技术合作研究成果的知识产权类型及权属确定原则和规则、国内外保护现状与做法，以及我国军事技术合作知识产权保护存在的主要问题和应对的思路建议等内容，以此抛砖引玉，为军事技术合作知识产权保护的研究者、从业者及对此领域感兴趣的社会各界人士提供参考。

图书在版编目（CIP）数据

国际军事技术合作与知识产权保护概览 / 秘倩等著
. —北京：国防工业出版社，2024.4
ISBN 978-7-118-13162-8

Ⅰ. ①国… Ⅱ. ①秘… Ⅲ. ①军事技术-国际合作-知识产权保护-研究-世界 Ⅳ. ①E9②D913.04

中国国家版本馆 CIP 数据核字（2024）第 068088 号

※

国防工业出版社 出版发行
（北京市海淀区紫竹院南路 23 号　邮政编码 100048）
天津嘉恒印务有限公司印刷
新华书店经售

*

开本 710×1000　1/16　印张 15¾　字数 280 千字
2024 年 4 月第 1 版第 1 次印刷　印数 1—2000 册　定价 68.00 元

（本书如有印装错误，我社负责调换）

国防书店：（010）88540777　　书店传真：（010）88540776
发行业务：（010）88540717　　发行传真：（010）88540762

前　　言

当前，世界多极化、经济全球化、社会信息化、文化多样化深入发展，新一轮科技革命和产业革命正在孕育成长，以信息技术为引领，生物技术、新材料技术、新能源技术等技术群广泛渗透，交叉融合，带动以绿色、智能、泛在为特征的群体性技术突破，重大颠覆性创新屡见不鲜，这些先进技术一旦被应用于军事领域，就会引起巨大的军事变革。德国思想家、革命家、军事理论家恩格斯曾经指出："一旦技术上的进步可以用于军事目的并且已经用于军事目的，它们便立即几乎强制地，而且往往是违反指挥官的意志而引起作战方式上的改变甚至变革。"纵观世界科技发展与人类战争演变的历史，可以清晰地看到，每一次科技的重大进步，都会带来军事领域的巨大变革。冶炼技术的出现和金属材料的应用，开启了冷兵器战争时代；火药的发明与运用，宣告了热兵器战争时代的到来；蒸汽机、内燃机的出现，以及机械制造、新材料、新能源等科技群和大工业化的生产，展现了机械化战争的全部特征；爱因斯坦的《相对论》引发了核能技术的研究和利用，核武器的出现与使用，揭开了热核战争的序幕；《量子理论》作为20世纪自然科学最伟大的研究成果，产生的微电子技术被广泛运用于军事领域，催生了信息化战争。随着人工智能等现代新兴领域高新技术的突飞猛进，及其在政治、经济和军事等领域的持续推广应用，人类迎来了历史上第六次军事革命浪潮，即人工智能军事革命，这将会给军队编成、作战方法、作战理论，以及战争形态等带来全新变革。

随着经济全球化的深入发展，世界各国的经济联系日益紧密，在技术驱动成为推动军力发展主要动力的过程中，科技实力成为评估国家军事实力的重要参考指标。在这种发展形势下，越来越多的国家开始参与军事技术合作，希望可以借此保持军事技术优势、获得经济收益、提升科技水平、维护国家安全……在当今时代，开展军事技术合作已经成为军事技术发展的必然趋势。然而，随着国际军事技术合作实践的不断发展，世界各国对先进技术的强烈需求和各国知识产权保护水平不平衡不充分的发展之间的矛盾日益凸显。发达国家掌握大量先进技术，其知识产权保护水平往往较高。在军事技术合作中，发达国家希望与之合作的国家为其先进技术提供与之相等甚至更高水平的知识产权保护,以此获取更多利益。而发展中国家、最不发达国家作为先进技术需求方,在引进先进技术过程中为供方提供高水平的知识产权保护并非第一要务,有些国家甚至通过知识产权立法为其获取他国先进技术提供便利。但是,从长远利益出发,不能只看重知识产权带来巨大经济效益的一面,还应对科技工作者的智力成果及其合法权益给予及时、全面的保护,如此才能调动科技工作者的创造主动性,促进社会科技与文化的长远进步与持续发展。因此,国际军事技术合作知识产权保护越来越成为世界各国开展国际军事技术合作关注的重要问题。

  基于以上研究背景,本书通过对现有研究文献和相关理论的梳理,对军事技术合作、知识产权保护、军事技术合作知识产权保护的概念内涵进行了研究界定;对军事技术合作知识产权保护的现实意义和制度依据,以及军事技术合作涉及知识产权的研究成果、军事技术合作的研究成果权属确定原则、军事技术合作成果知识产权归属的规则等理论问题进行了梳理分析;从国际与国内两个层面出发对军事技术合作知识产权保护的整体现状进行了分析,并对俄罗斯、美国等主要国家的军事技术合作知识产权保护的制度与实践进行了分析。以此为基础,本书立足于我国军事技术合作知识产权保护需要着重解决的问题,研究提出了具有针对性的思路建议,可为我国军事技术合作知识产权保护提供路径选择。

  由于时间仓促,以及作者水平有限,书中难免存在一些疏漏甚至错误之处,恳请读者批评指正。

目 录

第1章 军事技术合作知识产权保护的概念界定·················1
1.1 军事技术合作的概念内涵·····························1
1.1.1 国际合作····································1
1.1.2 军事技术····································7
1.1.3 国际军事合作·······························12
1.1.4 军事技术合作·······························17
1.2 知识产权保护的概念内涵····························22
1.2.1 知识产权保护·······························23
1.2.2 知识产权国际保护···························26
1.3 军事技术合作知识产权保护的概念内涵·················29

第2章 军事技术合作知识产权保护的现实意义·················32
2.1 激发合作各方创新的积极性，推动产出更多成果··········32
2.2 发挥合作各方科技资源优势，汇聚形成最大合力··········33
2.3 增强合作各方政治军事互信，共同维护国家利益··········33
2.4 促进合作各方经济贸易发展，达成互利互惠共赢··········34

第3章 军事技术合作知识产权保护的制度依据·················36
3.1 军事技术合作知识产权保护的正式制度依据·············36
3.1.1 知识产权保护国际条约·······················36
3.1.2 一国国内知识产权法律·······················41
3.1.3 合作项目知识产权协议·······················44
3.2 军事技术合作知识产权保护的非正式制度依据···········47

第4章 军事技术合作涉及的知识产权·······················49
4.1 军事技术合作涉及知识产权的研究成果·················49
4.1.1 作品·······································49
4.1.2 专利·······································51

        4.1.3 技术秘密……53
        4.1.4 计算机软件……53
        4.1.5 集成电路布图设计……54
    4.2 军事技术合作的研究成果权属确定原则……57
        4.2.1 互相尊重、尊重人才、尊重创新原则……57
        4.2.2 平等、公正、互利原则……58
        4.2.3 以协议为根据原则……59
        4.2.4 遵守国际条约及各国国内法原则……59
        4.2.5 参照国际惯例原则……60
    4.3 军事技术合作成果知识产权归属的规则……60
        4.3.1 著作权的归属和行使……60
        4.3.2 专利权的归属和行使……63
        4.3.3 技术秘密权的归属和行使……66
        4.3.4 计算机软件著作权的归属和行使……68
        4.3.5 集成电路布图设计专有权的归属和行使……69

第5章 国内外军事技术合作知识产权保护现状与做法……71
    5.1 军事技术合作知识产权保护的整体现状……71
        5.1.1 国际层面……72
        5.1.2 国内层面……73
    5.2 国外军事技术合作知识产权保护的概况……74
        5.2.1 俄罗斯军事技术合作知识产权保护概况……75
        5.2.2 美国军事技术合作知识产权保护概况……93
        5.2.3 欧盟军事技术合作知识产权保护概况……100
        5.2.4 日本军事技术合作知识产权保护概况……102

第6章 我国军事技术合作知识产权保护需要着重解决的问题……108
    6.1 战略布局能力有待加强……108
    6.2 法律保护体系并不健全……109
    6.3 全程性的管理亟待完善……110
    6.4 风险预警机制尚不健全……111
    6.5 人才支撑体系存在短板……111

第 7 章 我国军事技术合作知识产权保护的思路建议 ……………… 119
    7.1 提升知识产权竞争力和海外知识产权布局能力 …………… 119
    7.2 完善军事技术合作知识产权保护法规制度体系 …………… 120
    7.3 构建全过程的军事技术合作知识产权管理体系 …………… 121
    7.4 健全军事技术合作知识产权风险防范预警机制 …………… 121
    7.5 加强我国军事技术合作知识产权人才队伍建设 …………… 122

第 8 章 主要结论 …………………………………………………… 123

附录 部分"一带一路"沿线国家知识产权法律制度 ……………… 124

第 1 章 军事技术合作知识产权保护的概念界定

概念是一切研究对象的逻辑起点。因此,在开展后续研究内容前,本书在对现有文献资料中与军事技术合作知识产权相关的概念进行梳理分析的基础上,采用文献定义与自行定义相结合的定义方法,对现有相关定义进行优化完善,从而形成本书对军事技术合作知识产权保护这一概念的理解认识,为开展后续研究建立逻辑起点、奠定重要基础。

1.1 军事技术合作的概念内涵

人类社会在经济、科技发展等方面存在空间分布上的不均衡性,这种不均衡性作用于军事领域,表现为国家之间在军事能力方面存在着巨大差距。军事技术合作能够在最大范围内集聚智力资源,实现人才、智力、技术、资本、管理等资源要素的聚集整合,因此成为国家之间弥合这一差距的最佳途径。通过军事技术合作,军事实力较弱的国家可以快速获取先进武器装备和军事技术,军事实力较强的国家可以充分利用其技术优势谋求持续的军事优势。军事技术合作是国际关系研究的一个特殊领域,是一国国家战略、外交政策、国防安全与经济发展的集合体。军事技术合作背后有着合作国家各自国家利益、地缘政治等非常复杂的考量和权衡因素,对其概念内涵进行全面深入把握,有助于我们对军事技术合作知识产权保护的现象与本质形成准确的判断。科学界定国际军事技术合作的定义,需要从"合作""国际合作""国际军事合作""军事技术"等相关概念的基本定义和特征出发,对国际军事技术合作进行理解和把握。

1.1.1 国际合作

在"国际合作"一词中,"国际"是定语,用来限定"合作"这一状态或行为的存在空间。两词相结合，就表示国际社会中存在的某种状态或行为。理解"国际合作"，首先要从"合作"一词的概念内涵出发。

1. 合作

合作是不同个体或群体之间相互作用的一种形式，是最为常见的社会现象之一。不同个体或群体之间的合作是推动社会发展的巨大生产力，实现不同个体或群体之间的大规模合作是社会发展的总趋势。

关于合作一词的定义，有学者指出："所谓合作，狭义地说，即把宏观范围内的效果有目的地组合起来，运用于社会生产和社会生活的实际需要。"[1]《现代汉语词典》将合作一词定义为："互相配合做某事或共同完成某项任务，如分工合作、技术合作等。"[2]这一解释凸显了合作行为的共同性。在《辞海》中，合作一词的定义为："社会互动的一种方式。指个人或群体之间为达到某一确定目标，彼此通过协调作用而形成的联合行动。"[3]这一定义则更进一步从行为的共同性、目的的一致性对合作进行了解释。上述定义均强调合作是为了实现同一目标而相互帮助、共同行动的一种生产方式或状态，却忽略了合作目的的多样性、合作利益的趋同性等内容。因此，将上述定义及相关内容加以综合可知，不同个体或群体之间要建立有效的合作，必须具备以下六个基本条件：第一，共同的目标。具有共同的目标，至少是短期的共同目标，是一切合作赖以存在基础。第二，必要的基础。具有合作赖以生存和发展的物质基础，是合作能够顺利进行的前提。第三，相近的认识。合作者之间应对共同目标、实现途径、具体步骤等形成基本一致的认识。第四，统一的规范。合作者必须自觉遵守共同认可的社会规范和群体规范。第五，协调的互动。合作者之间要有和谐一致、配合得当的互相作用、互相影响。第六，一定的信用。能够履行相互之间约定的事情，进而取得互相理解、彼此信赖、互相支持，这是有效合作的重要条件。

2. 国际合作

不同个体或群体之间相互合作的基本行为方式，是人类历史的常态，也是国际社会发展的必然趋势。随着全球化进程的不断加深，世界各国之间的互动和联系日益密切，各国之间已然形成了你中有我、我中有你的共生共存格局。在国际社会中，国际合作作为一种重要的外交手段，关乎国家之间谋求共同发

---

[1] 于宗仁. 合作是社会发展的总趋势[J]. 学术交流, 1987（4）, 34-35.
[2] 中国社会科学研究院语言研究所词典编辑室. 现代汉语词典[M]. 7版. 北京：商务印书馆, 2016年：525.
[3] 辞海编辑委员会. 辞海[M]. 7版. 上海：上海辞书出版社, 2019：851.

第1章　军事技术合作知识产权保护的概念界定

展的现实诉求，已经成为当今时代世界各国处理国际关系的重要议题。

国际关系学界对"国际合作"一词中"国际"的具体所指存在理论分歧，因而"国际合作"的概念内涵也不尽相同。霸权合作论是新现实主义学派在霸权稳定论基础上演绎出来的国际合作观，它主要以国际经济领域的合作为研究对象，其积极倡导者是查尔斯·金德尔伯格、克拉斯纳与吉尔平等。[1]新现实主义霸权合作论是一种以权力结构分配为基础的合作观，其合作关键是霸权国家能否将强大的实力转化成为主导国际合作机制形成与维持的权力，从而维持国际秩序稳定，达到促进国际合作的目的。因此，新现实主义学派认为国际主要指国家间，国际社会即国家组成的社会。相应地，国际合作就是或者主要是国家间合作。以罗伯特·基欧汉、约瑟夫·奈为代表的新自由制度主义学派学者运用相互依赖、绝对受益、制度合作等理论对霸权合作论进行了有效批判，最终形成了与新现实主义学派霸权合作论相抗衡的国际机制合作论。[2]新自由制度主义学派全面论证了相互依赖可以降低国际无序状态、国际机制能够促进国家走向合作。他们认为，国际社会中不仅存在国家行为体，还存在政府间国际组织、跨国公司、宗教团体、民族运动、非政府组织等非国家行为体。因此，国际不仅包括国家行为体，还包括非国家行为体等各种行为体。与之相似的是世界政治学派，该学派代表人物英国学者巴里·布赞在其《世界历史中的国际体系——国际关系研究的再构建》[3]一书中表示，国际这一术语具有政治学和社会学双重寓意，不仅包括国家间关系，还包括跨国关系。因此，国际合作不仅包括新现实主义学派的国际合作内涵，还包括跨国合作、跨部门合作、个人合作等。

国内理论学界也从不同角度对国际合作的概念进行了理论界定。《国际政治学理论》一书从国际政治学角度出发，认为国际政治中的协调与合作是指："国家和国家集团间程度不等的目标一致和目标相似的默契与联合。"[4]《国际军事学概论》一书从目的的一致性和行为的共同性角度出发，将国际合作定义为："国际合作是指国家或国家集团为谋求一定的利益和达成一定目标，彼此协调作

---

[1] 苏长和. 全球公共问题与国际合作：一种制度的分析[M]. 上海：上海人民出版社，2000：75.

[2] 李格琴. 西方国际合作理论研究述评[J]. 山东社会科学，2008（7）：134-139.

[3] 巴里·布赞，理查德·利特尔. 世界历史中的国际体系：国际关系研究的再构建[M]. 刘德斌，译. 北京：高等教育出版社，2004.

[4] 梁首德，洪银娴. 国际政治学理论[M]. 北京：北京大学出版社，2000：221.

用而形成的联合行动。"[1]《国际合作理论：批判与建构》一书从增强或弥补各方能力需求的角度出发，认为国际合作就是："国家间为满足各方实际的或预期的能力需求而相互调整政策和行为的过程。"[2]除了一些学者的相关研究外，《国际政治大词典》中也对国际合作的概念进行了解释："国际合作是指国家或其他国际关系行为体之间由于一定领域内利益和目标基本一致或部分一致，而进行不同程度的协调、联合和相互支持的行动。"[3]通过对上述概念的理解分析可知，"主权平等原则"是国际合作出现的先决条件，即合作主体之间必须相互承认地位的平等性、尊重需求的相互性。"对等原则"是国际合作得以开展的重要条件，合作主体之间为了增强或弥补自身能力需求，依据对等原则相互调整各自的政策和行为。

从国内外国际合作理论的相关研究中不难发现，研究国际社会主要行为体之间的合作，即国家之间的合作，是国际合作理论建立的第一步。因此，为了使本书的研究更加聚焦，在开展相关研究时，我们采纳新现实主义学派国际合作论的观点，认为国际合作是指在国际社会中，国家之间为了谋求各自或共同的利益、达成一定的目标，进行不同程度的协调，从而形成一定默契，或者采取联合行动。我们将"国家"这一国际体系中最具代表性的行为体作为主要研究对象，以便于使后续军事技术合作知识产权保护问题的相关研究更加具有针对性。

【知识链接】

1. 国际法基本原则

国际法基本原则，是指那些被各国公认和接受的、具有普遍约束力的、适用于国际法各个领域的、构成国际法基础的法律原则[4]。国际法的基本原则是随着国际关系的发展而逐步形成和发展的。在现代国际法基本原则的体系中，1945 年 10 月生效的《联合国宪章》第二条所确立的联合国会员国应遵循的七项原则构成了现代国际法基本原则的核心。这七项原则为会员国主权平等、善意履行宪章义务、和平解决国际争端、禁止武力相威胁或使用武力、集体协助、确保非会员国遵守宪章原则、不干涉内政。1954 年中国与印度、缅甸三国共同

---

[1] 李效东. 国际军事学概论[M]. 北京：军事科学出版社，2004：143.
[2] 宋秀琚. 国际合作理论：批判与建构[M]. 北京：世界知识出版社，2006：107.
[3] 刘金质，梁守德. 国际政治大辞典[M]. 北京：中国社会科学出版社，1994：15.
[4] 梁西. 国际法[M]. 3 版. 武汉：武汉大学出版社，2018：50.

倡导的包括互相尊重主权和领土完整、互不侵犯、互不干涉内政、平等互利、和平共处在内的五项原则得到了许多国家的支持，被规定在许多双边条约和有关偶记法律文件中，成为指导当代国际关系的基本准则和现代国际法的基本原则[1]。1970年，联合国大会全体一致通过了《关于各国依联合国宪章建立友好关系及合作之国际法原则之宣言》，将禁止以武力相威胁或使用武力原则、和平解决国际争端原则、不干涉内政原则、国际合作原则、民族自决原则、国家主权平等原则、善意履行国际义务原则共七项原则确认为国际法的基本原则，并要求所有国家在其国际行为上严格恪守[2]。

1）禁止以武力相威胁或使用武力原则

禁止以武力相威胁或使用武力原则是指各国在其国际关系上不得为侵害任何国家领土完整或政治独立的目的，或以任何其他与联合国宗旨不符的方式以武力相威胁或使用武力；以武力相威胁或使用武力的行为，永远不应作为解决国际争端的方法[3]。

2）和平解决国际争端原则

和平解决国际争端原则是指为了国际和平、安全及正义，各国应以和平方法解决其与其他国家之间的国际争端[4]。

3）不干涉内政原则

不干涉内政原则是指国家在相互交往中不得以任何理由或任何方式，直接或间接地干涉他国主权管辖范围内的一切内外事务，同时也指国际组织不得干涉属于成员国国内管辖的事项[5]。

4）国际合作原则

国际合作原则是指为了维护国际和平与安全、增进国际经济安定与进步以及各国的福利，各国不论在政治、经济及社会制度上有何差异，都应在政治、经济、社会、文化和科技等方面进行合作[6]。

5）民族自决原则

民族自决原则是指一切处于外国殖民统治、外国占领和外国奴役下的民族，

---

[1] 杨泽伟. 国际法[M]. 4版. 北京：高等教育出版社，2022：63.
[2] 杨泽伟. 国际法[M]. 4版. 北京：高等教育出版社，2022：53.
[3] 杨泽伟. 国际法[M]. 4版. 北京：高等教育出版社，2022：53.
[4] 杨泽伟. 国际法[M]. 4版. 北京：高等教育出版社，2022：55.
[5] 梁西. 国际法[M]. 3版. 武汉：武汉大学出版社，2018：59.
[6] 杨泽伟. 国际法[M]. 4版. 北京：高等教育出版社，2022：58.

具有自己决定自己的命运、政治地位和自主地处理其内外事务的权利，并且这种权利应受到国际社会的尊重；所有国家均承担义务不得以任何方式阻碍、干涉、破坏或剥夺此项权利，否则就构成了国际不法行为，有关行为国应承担国际责任[1]。

6）国家主权平等原则

国家主权是国家的根本属性，具有对内最高权和对外独立权双重特性。国家主权平等原则是现代国际法基本原则体系的核心[2]。按照《国际法原则宣言》的相关规定，国家主权平等原则的含义包括以下几个方面的内容：第一，各国一律享有主权平等。各国不论经济、社会、政治或其他性质有何不同，均有平等权利与责任，并为国际社会之平等会员国。第二，主权平等尤其包括下列要素：各国法律地位平等；每一国均享有充分主权之固有权利；每一国均有义务尊重其他国家之人格；国家之领土完整及政治独立不得侵犯；每一国均有权利自由选择并发展其政治、社会、经济及文化制度；每一国均有责任充分并一秉诚意履行其国际义务，并与其他国家和平相处[3]。

7）善意履行国际义务原则

善意履行国际义务原则源于"约定必须遵守"这一古老的国际习惯规则。按照《国际法原则宣言》的相关规定，善意履行国际义务原则是指每一个国家都应善意履行其依《联合国宪章》所负的义务，善意履行其依国际法原则与规则所负的义务，善意履行其作为缔约国参加的有效双边或多边条约所负的义务。当依其参加的条约义务与《联合国宪章》所规定的联合国会员国义务发生冲突时，《联合国宪章》规定的义务应居优先[4]。

2. 对等原则

对等原则是在国际社会中处理国家间双边关系的一项法律原则。对等原则的主要含义是一方对另一方采取优惠或限制措施时，另一方可给予相对称的回报。对等原则的法律基础是国家之间主权平等关系，而实行对等原则的关键则是平衡或对称。对等原则经常适用于有关国家之间的外交特权与豁免、引渡、经济贸易、通信等方面的相互待遇。适用对等原则的唯一限制，是不能违反国

---

[1] 杨泽伟. 国际法[M]. 4版. 北京：高等教育出版社，2022：58.
[2] 梁西. 国际法[M]. 3版. 武汉：武汉大学出版社，2018：56.
[3] 杨泽伟. 国际法[M]. 4版. 北京：高等教育出版社，2022：60.
[4] 杨泽伟. 国际法[M]. 4版. 北京：高等教育出版社，2022：62.

际法基本原则[1]。

1.1.2 军事技术

从人类社会产生战争起，军事技术即应运而生。军事技术的发展经历了冷兵器时代、火器时代、机械化时代，目前正逐步向信息化、智能化迈进。军事学家历来主张在战争中争夺主动权。早在两千多年前，孙武曾提出："善战者，致人而不致于人。"（《孙子·虚实篇》）其中就有力争主动、力避被动的意思。"战争手段的优越可能增加战争胜利的机会，虽然武器本身并不能够获得胜利，但它却是胜利的重要因素之一。"[2]正因如此，军事技术成为"兵家必争之地"，是战争制胜的重要法宝，各个时代的人们都在不计成本地发展军事技术。

军事技术的进步，依赖于社会生产力特别是科学技术的发展，并受国家政治、经济实力和军事理论的制约。军事技术自身矛盾运动的发展规律表明：科学技术的最新成果往往最早应用于军事领域，引起军事技术的变革；而战争的需要和军事技术的发展，又在一定程度上推动了生产力和科学技术的发展。从近现代科技发展史来看，随着科技的不断攀升与发展，原子能技术、航天技术、电子计算机技术、前沿信息技术、生物技术、制造技术、新材料技术、新能源技术等先进科技被广泛应用于军事领域，引发了军事技术革新、战争形态演变和作战方式的深刻变革。因此，军事技术的重要性不言而喻。

根据《辞海》的解释，军事技术是指："军事领域运用的技术科学、应用技术和武器装备操作使用技能的统称。技术科学包括武器装备及其研制、生产和使用过程中所涉及的技术基础理论和基础技术。应用技术包括武器装备的设计、制造、试验、维修技术，以及军事工程技术和军事系统工程。如枪械技术、火炮技术、装甲技术、工程技术、核生化防护技术、通信技术、航空技术、航船技术、导弹技术、核技术，以及各种武器装备的维修技术等。武器装备操作使用技能指为充分发挥武器装备效能，武器装备操作使用人员必须掌握的技能，包括射击技术、驾驶技术、飞行技术、电子设备操控技术等。"[3]这一定义从广义和狭义两个角度对军事技术进行了界定，狭义的军事技术合作仅指客观物化技术，而广义的军事技术包括客观物化技术和观念意识技术两个部分。其中，

---

[1] 李浩培，王贵国. 中华法学大辞典：国际法学卷[M]. 北京：中国检察出版社，1996.
[2] 赵阵. 军事技术变革中的继承与创新[J]. 武汉理工大学学报（社会科学版），2017（3）：115-119.
[3] 辞海编辑委员会. 辞海[M]. 7版. 上海：上海辞书出版社，2019：851.

用于军事实战的称为客观物化技术，表现为操作手段、方法的为观念意识技术。观念意识技术必须以客观物化技术为基础，体现于具体客观技术体的应用过程中。

关于军事技术的定义，不同学者有不同的理解。《军事技术论》一书从功能角度对军事技术进行了定义，认为军事技术是指："直接应用于军事领域或在军事领域研究、开发、应用的技术，在军事上有极其重要的作用，是发展军事装备、建设武装力量、巩固国防、进行战争和遏制战争的关键因素，是促使军事领域不断发生变革甚至革命的重要条件。"[1]在《国家利益视域中的军事技术》一文中，作者将军事技术定义为："军事技术就是人们为了顺利地赢得战争从而在军事实践中所积累的全部武器装备以及设计、研制与操作这些武器装备的相关知识、规范与技能。"[2]《俄罗斯对外军事技术合作——现状与前瞻》一书认为："军事技术是直接动用于军事领域的技术，是建设武装力量和进行战争的物质基础和技术手段。它包括武器装备的研制、制造和维护保养技术，也涵盖人们操纵、使用武器装备的技能。"[3]

通过对学界就军事技术定义的理解分析，我们认为军事技术不但包括有形的物理实体，而且包括无形的知识技能。因此，军事技术是指运用于军事领域的一切科技成就，包括武器装备实体及其设计、研制、操纵、使用、维修、保养等知识技能。

【知识链接】

11种颠覆性军事技术及其军事应用前景[4]

1. 人工智能、机器学习和大数据

技术概述：人工智能是以数据采集、理解和信息处理能力为基础，能够在一定程度上自主执行任务的计算机系统，可以分为狭义人工智能、通用人工智能和超人工智能。其中，狭义人工智能是指通过预先编程自主执行特定任务；通用人工智能是指复制人类智能并通过类人学习、感知、理解和运行自主执行

---

[1] 中国人民解放军总装备部军事训练教材编辑工作委员会. 军事技术概论[M]. 北京：国防工业出版社，2006：1.

[2] 阎巍. 国家利益视域中的军事技术[J]. 海军工程大学学报（综合版）. 2009，6（4）：38-41.

[3] 马建光. 俄罗斯对外军事技术合作——现状与前瞻[M]. 北京：国防工业出版社. 2013：57.

[4] 刘杰. 未来颠覆性军事科技及应用前景[EB/OL]. https://www.sohu.com/a/483756292_120319119，2021-08-16/2023-04-04.

多种任务；超人工智能是指发展超出人类理解的能力。机器学习是人工智能的一项子技术，它是指获取训练数据后能够执行有监督或无监督学习的系统。大数据是指通过复杂的数据收集技术和基于机器的分析技术，从大量结构化或非结构化数据中提取信息的技术。

军事应用：人工智能、机器学习和大数据可以在情报获取、决策支持、指挥控制和后勤保障等领域发挥重要作用。人工智能和机器学习可以集成到许多武器系统和网络系统中，例如遥感卫星、精确制导弹药和高超声速武器，可以大大提高武器系统的效能、杀伤力和部署决策速度。人工智能和机器学习还可以用于生成"深度伪造"的图像和视频或者社交媒体"机器人"，挑战军队在日益复杂的信息环境中辨别真伪的能力。

2. 先进机器人和自主系统

技术概述：先进机器人是指具有更强大的感知能力、移动能力、可集成性和适应性的机器人系统，允许更快地进行设置、调试和重新配置，以实现更高效和稳定的操作，例如无人飞行器和外骨骼等。自主系统是指将机器人技术与具有自主性的人工智能技术相结合，在人类监督或控制下执行任务的系统，可以分为以下三种：第一，人在回路中，即人工智能提出决策建议，由人来决策；第二，人在回路上，即人工智能进行自主决策，由人来控制和监督；第三，人在回路外，即人工智能拥有自主决策权，无须人为控制或监督。

军事应用：自主系统可以应用于空中、地面、水面和水下运载器，以及异构系统（不同类型无人运载器组成的网络化系统）和自主蜂群。随着计算机视觉传感技术和雷达技术的发展，先进机器人和自主系统的推进、精确起降和导航能力都在不断进步，这将使先进机器人和自主系统在情报监视侦察方面发挥更大的作用。随着运载器互操作技术和 AI 赋能的远程控制技术的发展，一个操作员可以控制多个运载器组成的编队。

3. 生物技术

技术概述：生物技术是指重新设计或改造生物体，使其能够实现特定功能的技术，其中合成生物学技术可以分为以下两种：第一，利用基因编辑、药物和生物技术进行战伤救治，也可以用于士兵体能或认知能力的增强；第二，将生物技术与机器人、自主系统、传感器和电子技术结合，包括仿生机器人，利用基因改造技术创造新型生物，以及针对具有特定遗传基因的人群设计靶向生物武器。

军事应用：生物技术通过提高人体警觉性、学习能力、认知能力、消化能力来增强士兵的运动和非运动能力,可以分为侵入式(如药物)和非侵入式(如外骨骼)两种类型。例如,莫达非尼(提高注意力的药物)可以提高士兵在高危高压环境下的态势感知和决策能力;普萘洛尔(阻断创伤的药物)可以预防创伤后应激障碍,帮助士兵保持警觉并连续战斗。此外,士兵还可以通过基因工程预先筛查潜在的风险和疾病,获得量身定制的药物,以便进行准确的治疗。

4. 先进武器技术

技术概述:定向能武器是将聚集的电磁能量或原子/亚原子能量作为攻击手段的武器,包括激光武器、微波武器等;声波武器是将声波作为攻击手段的武器,包括超声波(高于 2 万赫兹)武器、次声波(低于 20 赫兹)武器和低频声波(低于 100 赫兹)武器;高超声速武器能够以马赫数 5 及以上的速度飞行,包括高超声速滑翔弹(发射后沿大气高层滑翔,与弹道导弹原理类似)和高超声速巡航弹(利用先进的喷气发动机和/或火箭发动机来获得更高的速度),尽管高超声速滑翔弹并不比传统的洲际弹道导弹速度更快,但滑翔弹道使其具有更强的机动性,能够突破当前的导弹防御系统;电子战武器能够降级、抵消或摧毁对手使用电磁频谱的能力,包括干扰和欺骗手段。

军事应用:定向能武器可用于防空反导领域,特别是应对弹道导弹和无人飞行器的威胁。随着超燃冲压发动机和耐高温材料的出现,高超声速武器的性能不断提高。未来,电子战武器和高超声速武器可能会接入自主系统或 AI 赋能的指挥控制网络。

5. 太空技术

技术概述:太空技术可以提供太空通信、定位导航授时和对地观测等服务,可以分为以下四种主要技术:第一,太空发射技术,包括先进运载火箭和可重复使用的运载火箭,后者可以大大降低发射成本;第二,用于对地监视和太空态势感知的技术,包括光学传感器、高光谱成像卫星、安装在纳米卫星或立方体卫星上的传感器、一体化天基传感器网络和 AI 赋能的数据处理能力;第三,通信卫星和天基通信技术,包括通信安全技术(如量子加密技术)、光通信技术、低地球轨道与地球同步轨道通信技术以及高空伪卫星(在大气层飘浮或飞行的平台);第四,太空对抗技术,包括干扰(在特定频段制造干扰信号)、欺骗(向卫星下行数据链路发射虚假信号)、致盲(使用激光武器照射卫星传感器)、反卫星导弹、天基拦截弹和抵近操作等。

军事应用:太空技术可用于防空反导,例如,使用卫星跟踪和拦截弹道导弹;也可用于探测大规模杀伤性武器的试验或使用情况,例如,DARPA 的"大气传感器"项目可用于探测核武器试验。火箭回收、单级入轨、增材制造、微型卫星和在轨组装等技术可以提高太空系统的弹性和可靠性,降低进入空间的成本。进入太空成本的降低可能进一步促进天基服务的应用,如对地观测、定位导航授时和卫星通信。此外,临近空间技术也值得高度关注,如开发高空伪卫星,或在平流层使用遥控飞机进行对地观测等。

6. 人机界面

技术概述:人机界面可以实现人机交互和人机协同,可以分为以下两种:第一,图形用户界面,通过输入设备接收输入,并在输出设备上提供铰链式图形显示;第二,网络用户界面,通过网页输入和输出信息,与用户通过互联网进行信息传递,用户通过网页查看信息。

军事应用:人机界面可以让军队有效地处理海量数据,还可以整合人工智能和自主系统技术,实现快速决策。人机界面可以更好地整合武器平台和系统,增强互操作性,降低成本,确保智能系统可控。人机界面可以确保人类在机器人(包括蜂群)应用中发挥控制作用。

7. 先进能源和电力

技术概述:先进能源和电力是指用于生产、传输、转换和存储能源和电力的技术,可以分为以下三种:第一,使用高超声速、电动、混合动力等能源以及节油方案的推进技术和发动机技术,包括离子推进器;第二,转换和传输新能源和传统能源的技术,包括无线传输、电线/电网、燃料电池和综合能源传输方案;第三,存储和管理能源技术,包括下一代电池、智能能源管理、微电网和节能设备。

军事应用:先进能源和电力技术在军事后勤和军事基地运作方面具有至关重要的作用。

8. 先进材料及制造技术

技术概述:先进材料是指具有独特功能或在强度重量比、热稳定性或抗腐蚀性等方面优于传统材料的材料。其中,纳米材料(纳米武器)、石墨烯(碳纳米管)和先进复合材料(金属基、陶瓷基和聚合物基复合材料)值得高度关注。先进的制造技术主要包括增材制造(3D 打印)。

军事应用:纳米材料可能会作为生化武器的载体,这样会扩大攻击范围,增加检测和溯源的难度,降低生化武器的使用门槛。

9. 量子技术

技术概述:量子技术包含一系列与亚原子粒子物理学相关的应用和能力,

可以分为：量子计算，即利用亚原子粒子（量子比特）计算，比传统计算更快、更节能；量子传感，即利用量子态的灵敏性来探测光、重力和磁场；量子通信，即利用量子技术进行安全、高速和远程的通信；量子加密，可提供高度安全的通信，使传统加密技术过时；量子钟，取代原子钟提供时间基准，支持下一代导航系统。

军事应用：量子技术能够更准确、更快速、更省时地处理大量数据，从而提供先进的分析能力，另外还包括量子密钥分发、量子密码分析和量子传感。虽然通过量子密钥分发进行量子加密可以为"防御"提供优势，但量子密码分析可以通过"进攻"破解该优势。

10. 先进计算、数据存储和通信技术

技术概述：先进计算技术不仅包括量子计算，还包括云 AI 和边缘 AI 计算。超级计算机、半导体和处理器也取得了重大进步。先进数据存储技术包括高密度低能耗数据存储和全息数据存储等。先进通信技术包括 5G 和先进光纤技术等。

军事应用：未来战场先进军事能力的形成依赖大量的计算资源和高性能的计算解决方案。先进计算技术的未来发展趋势可能会集中在提高计算速度和能效以及减小延迟上。先进通信技术（如 5G）可能会对国防安全构成挑战。

11. 先进传感器和雷达

技术概述：传感器是指用于检测或测量物理和环境指标（物体的存在、方向、速度）或生化物质的设备。先进传感器包括先进的光学、红外/紫外、声音和运动传感器。

军事应用：先进传感器还可以提供持久性传感能力，即对某一特定区域的连续监测（如"持久性水生生物传感""智能灰尘"和无线传感器网络）。先进传感器和雷达可以确保未来战场环境中情报监视侦察和目标捕获能力的有效覆盖。先进传感器和雷达是先进机器人和自主系统开发运行不可或缺的技术。

1.1.3　国际军事合作

在马克思主义哲学中，任何概念都不是一成不变的，而是随着客观环境变化、实践经验积累而不断发展和与时俱进的。国际军事合作的概念也是如此。在古代，诸侯国之间、联邦之间进行的都是简单初级的军事合作。主权国家出现后，近代国际体系得以建立，出现了真正意义上的国际军事合作。随着合作实践的发展和国际环境的变化，国际军事合作的内容日益丰富、范围不断扩大、

形式更加多样，已经成为国际社会普遍采用的一种军事外交形式，是国家总体外交的重要组成部分，对于促进世界和平、维护国家主权、推进国防建设、落实国家军事战略方针具有十分重要的现实意义。

从字面含义理解，国际军事合作就是不同国家之间在军事领域开展的合作。在《中国军事百科全书 国际军事》一书中，国际军事合作是指"国家或国家集团之间在军事领域针对某个问题或完成某项任务而互相配合，共同进行的活动"，其主要表现方式有"军事磋商与安全对话、国际军事派驻、建立信任措施、军事谈判、军事情报合作、军事技术合作、国际军工合作、军事援助、军事贸易、军事访问、军事观摩、军事考察、边境联合勘察、海军编队互访、国际军事演习、国际军事人员培训、国际军事学术交流等"。[1]在理论学界，一些学者也在其著作中对国际军事合作的定义进行了研究界定。《国际军事学》一书认为，国际军事合作是指："两个以上的军事行为主体，在互惠的利益驱动下，为实现预期的目的，对军事领域的某一事物采取较为协调的行动。"[2]与之相似的是，《国际军事学概论》一书中，作者认为国际军事合作通常是指："两个或两个以上的国家集团，为了谋求共同的战略利益，在军事领域相互协调进行的联合行动或相互交往。"[3]此外，《国际军事合作研究》一书则从广义和狭义两个角度对国际军事合作的定义进行了界定。该书认为："广义的国际军事合作是指国家或国家集团之间为了谋求各自或共同的战略利益，在军事领域开展的联合行动与相互交流。而狭义的国际军事合作是指两个或两个以上国家集团，为了谋求共同的战略利益，在军事领域以参与的方式所进行的联合行动。"[4]从上述两种角度来看，广义的国际军事合作实质是合作主体之间在军事领域互相协调而实施的军事行为，既包括一方对另一方的军事援助，也包括双方共同进行的军事行动等方式。狭义的国际军事合作则侧重于强调合作双方在军事领域的共同参与性和联合行动的特征，指出双方均为军事行动的实施者。

随着时代的变迁和科技的进步，国际军事合作的范围也在不断发展演变。长久以来，特别是自民族国家产生以来，一个国家所捍卫的最大安全利益就是保证本国国民和领土不受外来侵犯，这一直也是传统安全所关注的重点领域。

---

[1] 中国军事百科全书编审委员会. 中国军事百科全书 国际军事[M]. 2版. 北京：中国大百科全书出版社，2014.
[2] 朱荣榜. 国际军事学[M]. 北京：国防大学出版社，2002：76.
[3] 李效东. 国际军事学概论[M]. 北京：军事科学出版社，2004：144.
[4] 余存华. 国际军事合作研究[M]. 北京：军事科学出版社，2011：3.

随着国家安全内涵外延的不断丰富拓展，国际军事合作除了在传统安全领域日益加强外，在非传统安全领域的地位也在不断攀升。虽然，世界各国在意识形态、社会制度、宗教信仰、价值追求等方面不尽相同。但是，国际军事合作作为国际关系领域的一种特殊外交手段，有其必然遵循的共性原则。在了解和掌握国际军事合作客观规律的基础上，通过对国际军事合作实践经验的抽象归纳和概括总结，一般认为国际军事合作应当遵循互相尊重主权、互相信任、平等协作、互利共赢、互谅互让等基本原则。在上述原则的指引下，我们认为国际军事合作是国家之间在军事上共同进行某项事情或者完成某项任务，包括作战、训练、军事技术等方面的合作。国际军事合作具备以下基本特征：第一，国家之间在互相尊重主权原则的基础上，自愿协商并达成一致，是开展国际军事合作的基本前提。第二，国家之间互相信任、平等协作，是开展国际军事合作的重要基础。第三，国家之间为了谋求各自或共同的战略利益，而对相关政策进行动态调整，是开展国际军事合作的必要条件。第四，国家之间在国际军事合作中，特别是在合作利益分配与合作风险承担方面，坚持互利共赢、互谅互让的原则，是有效建立军事互信、持续深化合作的必备要素。

当前，世界新军事变革加速发展，各主要国家加紧推进军事转型、重塑军事力量体系，特别是大国之间矛盾对抗趋向显性，彼此间战略互动进入全方位角力的新阶段，围绕权力和利益再分配的斗争日益激烈。加之国际安全形势动荡复杂，传统安全威胁和非传统安全威胁相互交织，安全问题的内涵和外延都在进一步拓展，同时人类越来越利益交融、安危与共。在这种新形势下，各国应当秉持共同、综合、合作、可持续的新安全观，通过国际军事合作交流互鉴、增进互信、凝聚共识。

【知识链接】

1. 传统安全威胁与非传统安全威胁

传统安全威胁由来已久，自国家诞生之日起，国家间的军事威胁便相伴而生。1943年，美国专栏作家李普曼首次提出"国家安全"（National Security）并将其界定为"有关军事力量的威胁、使用和控制"。这一概念几乎成为"军事安全"的同义语。在国家安全概念和新安全观提出后，以军事安全为核心的安全观被称为传统安全观，军事威胁就被称为"传统安全威胁"，军事以外的安全威胁称为非传统安全威胁。因此，传统安全威胁与非传统安全威胁是一组相对的概念,传统安全威胁主要指国家面临的军事威胁及威胁国际安全的军事因素。非传统安全威胁指除军事、政治和外交冲突以外的其他对主权国家及人类整体生存与发展构成威胁的因素。[1] 目前,学界一般认为,传统安全主要是关涉主权与政权的国土安全、军事安全和政治安全。非传统安全主要是关涉社会与民生的经济安全、社会安全、科技安全以及新兴领域安全。[2]

2. 总体国家安全观

总体国家安全观是习近平新时代中国特色社会主义思想的重要组成部分,经历了提出、提升的过程,不断地发展、完善。2013 年 11 月 12 日,党的十八届三中全会决定成立中央国家安全委员会。2014 年 4 月 15 日,习近平在国家安全委员会第一次会议上首次提出"总体国家安全观"这一重大战略思想,明确坚持以人民安全为宗旨,以政治安全为根本,以经济安全为基础,以军事、文化、社会安全为保障,以促进国际安全为依托,维护各领域国家安全,构建国家安全体系,走中国特色国家安全道路。2015 年 7 月 1 日,第十二届全国人民代表大会常务委员会第十五次会议通过《中华人民共和国国家安全法》,该法第十四条规定每年的 4 月 15 日为全民国家安全教育日。2017 年 10 月 18 日,习近平在党的十九大报告中,进一步完善和充实了总体国家安全观,把它提高到新时代坚持和发展中国特色社会主义的十四条基本方略之一的高度。党的二十大指出,必须坚定不移贯彻总体国家安全观,把维护国家安全贯穿党和国家工作各方面全过程,确保国家安全和社会稳定。

总体国家安全观所涵盖的领域,既包括政治安全、国土安全、军事安全等传统安全领域,也包括经济安全、文化安全、社会安全、科技安全、网络安全、生态安全、资源安全、核安全和海外利益安全等非传统领域,乃至太空、深海、极地等新型安全领域。2020 年 2 月 14 日,习近平总书记在中央全面深化改革委员会第十二次会议强调,把生物安全纳入国家安全体系,系统规划国家生物安全风险防控和治理体系建设,全面提高国家生物安全治理能力。

贯彻总体国家安全观,要既重视外部安全,又重视内部安全,对内求发展、求变革、求稳定、建设平安中国,对外求和平、求合作、求共赢、建设和谐世界;既重视国土安全,又重视国民安全,坚持以民为本、以人为本,坚持国家

---

[1] 余源培. 邓小平理论辞典[M]. 上海: 上海辞书出版社, 2012: 1-700.
[2] 余潇枫. 跨越边界: 人类安全的现实挑战与未来图景——统筹传统安全与非传统安全解析[J]. 国家治理. 2022 (Z1): 14-20.

安全一切为了人民、一切依靠人民，真正夯实国家安全的群众基础；既重视传统安全，又重视非传统安全，构建集政治安全、国土安全、军事安全、经济安全、文化安全、社会安全、科技安全、信息安全、生态安全、资源安全、核安全等于一体的国家安全体系；既重视发展问题，又重视安全问题，发展是安全的基础，安全是发展的条件，以发展为根本，以安全保发展，以发展促安全，富国才能强兵，强兵才能卫国；既重视自身安全，又重视共同安全，打造命运共同体，推动各方朝着互利互惠、共同安全的目标相向而行。

3. 公民和组织在维护国家安全中有哪些权利和义务

根据《国家安全法》的相关规定，公民和组织在维护国家安全中享有以下权利：

第一，公民和组织支持、协助国家安全工作的行为受法律保护。因支持、协助国家安全工作，本人或者其近亲属的人身安全面临危险的，可以向公安机关、国家安全机关请求予以保护。公安机关、国家安全机关应当会同有关部门依法采取保护措施。

第二，公民和组织因支持、协助国家安全工作导致财产损失的，按照国家有关规定给予补偿；造成人身伤害或者死亡的，按照国家有关规定给予抚恤优待。

第三，公民和组织对国家安全工作有向国家机关提出批评建议的权利，对国家机关及其工作人员在国家安全工作中的违法失职行为有提出申诉、控告和检举的权利。

（国家安全机关受理公民和组织举报电话：12339）

根据《国家安全法》的相关规定，公民和组织应当履行下列维护国家安全的义务：

第一，遵守宪法、法律法规关于国家安全的有关规定。

第二，及时报告危害国家安全活动的线索。

第三，如实提供所知悉的涉及危害国家安全活动的证据。

第四，为国家安全工作提供便利条件或者其他协助。

第五，向国家安全机关、公安机关和有关军事机关提供必要的支持和协助。

第六，保守所知悉的国家秘密。

第七，法律、行政法规规定的其他义务。任何个人和组织不得有危害国家安全的行为，不得向危害国家安全的个人或者组织提供任何资助或者协助。

1.1.4 军事技术合作

第二次世界大战后,世界进入了相对和平与稳定的时期,信息技术、生物技术、新材料技术、新能源技术、航天技术、海洋开发技术等一大批高技术大量涌现,在世界范围内掀起了一场全方位、多层次的新科技革命,不但给人们的生产方式、生活方式带来了翻天覆地的变化,而且对经济、社会、文化、军事等各个领域产生了全面、深刻的影响。以现代高技术为代表的新科技革命不断推动军事斗争手段推陈出新,使军事斗争的时空观已经从陆地延伸到海洋、拓展到太空,进而深入到信息领域。军事斗争手段也随之从低技术走向高技术,推动军事理论、武器装备、人员素质、编制体制、作战样式、物质保障等方面出现了前所未有的新特点、新变化。透过海湾战争等现代高技术战争,世界各国清醒地认识到,与传统战争不同,现代战争的较量早已不是军队规模和武器数量的比较,而是先进科技以及先进科技对战斗力贡献率的比拼。因此,世界各国对知识、信息、技术、人才等方面资源的需求也越来越强烈,越来越复杂。然而,军事技术发展受国家物质生产和科技发展水平制约。发达国家、发展中国家、最不发达国家之间在科技实力方面有着较大差距。加之,随着军事高技术的日益发展,武器装备的复杂程度、科技含量越来越高,研发成本、研发风险也随之水涨船高,即使是发达国家也不可能掌握其所需的全部先进技术和科技资源,因此,开展国际军事技术合作成为必然趋势。

目前,关于国际军事技术合作的概念内涵和表现形式,学界并没有形成统一的认识和理解。有学者指出,在《中国军事百科全书》所列举的国际军事合作的主要方式中,都包含或涉及了军事技术合作的相关因素。例如,在国际军工合作中,联合研制、合作生产、技术引进等必然涉及军事技术合作问题;在军事援助中,一国以军事目的向他国提供的物力、智力援助中也涉及军事技术合作问题;在军事贸易中,军品贸易、军事技术转让、联合研制军事装备、提供军事卫星发射及相关服务中也包含了一定的军事技术合作要素;在军事访问、军事观摩、军事考察、边境联合勘察、海军编队互访、国际军事人员培训、军事学术交流等国际军事人员交往中,也会与军事技术合作发生关联……诚然,从广义来看,上述表现形式都与军事技术合作具有一定的关联性。那么我们可以认为,广义的国际军事技术合作即在国际军事合作中与军事技术发生关联的一切活动。

【知识链接】

国际军事合作的主要方式

《中国军事百科全书》一书认为国际军事合作的主要方式包括军事磋商与安全对话、建立信任与安全措施、军事谈判、军事情报合作、军事技术合作、国际军工合作、军事援助、军事贸易、国际军事人员交往（包括军事访问、军事观摩、军事考察、边境联合勘察、海军编队互访、国际军事人员培训、国际军事学术交流）、联合举行国际军事演习等。

（1）军事磋商与安全对话。军事磋商与安全对话是指国家或国家集团之间就军事与安全问题进行的商讨活动，可以协调相互之间的立场，增进相互之间的理解与信任。

（2）建立信任与安全措施。建立信任与安全措施是指国家或国家集团之间为增强相互信任和安全感而采取的一系列军事交往与沟通、军事限制和监督检查措施的总称，包括为加强沟通与理解而建立的信任措施，为遵守协议、进行核查而建立的信任措施等。

（3）军事谈判。军事谈判是指两个或两个以上国家或党派、集团，为求得有关军事问题的解决或谅解，而直接进行的交涉。是解决军事争端的主要方法之一。

（4）军事情报合作。军事情报合作最常见的形式是军事情报交换，除此之外还有联合监听、提供战略和战术预警等其他形式。

（5）军事技术合作与国际军工合作。军事技术合作与国际军工合作是指国家之间在军事技术领域和军事工业生产领域进行军事科技、人才交流合作和军工生产的分工合作。其中，军事技术合作分为有偿合作和无偿合作；国际军工合作的方式主要有联合研制、合作生产、技术引进等。

（6）军事援助。军事援助是指国家或国家集团向外国政府或团体提供的，以军事为目的的人力、物力、财力和智力援助的统称。

（7）军事贸易。军事贸易是指国际上以货币为媒介或以物易物的军品交易行为，包括军品贸易、军事技术转让、联合研制军事装备、提供军事卫星发射及相关服务等。

（8）国际军事人员交往。国际军事人员交往是各国军队之间经常性的交往活动，是保持和发展双边或多边军事友好合作关系的有效途径和方法，包括军

第1章　军事技术合作知识产权保护的概念界定

事访问、军事观摩、军事考察、边境联合勘察、海军编队互访、国际军事人员培训、军事学术交流等。

（9）联合举行国际军事演习。联合举行国际军事演习是指两个或两个以上国家或国家集团联合举行的军事演习，是各国遂行军事战略和政策的重要手段，主要包括联合作战演习、联合救灾演习、联合搜救演习、联合扫雷演习、联合反恐演习、联合补给演习、联合维和演习和联合计算机模拟演习等。

（10）为他国提供军事基地和陆海空通行便利。在为他国提供军事基地和陆海空通行便利中，军事强国获得他国军事基地的使用权或获取在他国的陆海空通行便利，可以拓展自己的战略空间，优化自己的战略部署，并为军事行动创造有利条件；弱小国家通过提供军事基地或通行便利，争取获得相应的军事和经济利益。

对于狭义的国际军事技术合作的概念内涵和表现形式，学界历来有不同的看法和见解。在《中国军事百科全书》中，并没有专门针对"国际军事技术合作"这一词条进行解释。我们在"国际军事合作"这一词条的解释中找到了"军事技术合作与国际军工合作"的定义。该书将军事技术合作与国际军工合作作为国际军事合作的一种主要方式进行了介绍，认为军事技术合作与国际军工合作是指："国家之间在军事技术领域和军事工业生产领域进行军事科技、人才交流合作和军工生产的分工合作。国际军事技术合作分为有偿合作和无偿合作；国际军工合作方式主要有联合研制、合作生产、技术引进等。"[1]这一概念将军事技术合作、国际军工合作两个概念糅杂在一起，指出二者之间存在共性，但未充分考虑二者之间的差别。军事技术合作侧重于技术的研究和开发，而国际军工合作不但涉及技术的研究和开发，而且还包括装备的制造和生产，二者的合作主体和范围均不相同。《俄罗斯联邦对外军事技术合作法》是俄罗斯从事对外军事技术合作的基本法，该法在基本概念解释中明确："军事技术合作是指与军品进出口（包括购买和提供）、研制和生产有关的国际关系领域内的活动。"[2]这一定义不但反映了军事技术合作的特有属性，而且对军事技术合作的范围进行了明确划定。在《中俄战略协作伙伴关系下的军技合作》一文中，作者以"对外军事技术合作"指代"国际军事技术合作"，"所谓对外军技合作是指在国际

---

[1] 中国军事百科全书编审委员会. 中国军事百科全书 国际军事[M]. 2版. 北京：中国大百科全书出版社，2014：160.

[2] 总装备部国防知识产权局. 俄罗斯军事技术合作知识产权相关法律文件汇编[M]. 北京：国防工业出版社，2013：81.

关系中和军品的输出、输入、供货、采购以及研制生产有关的所有活动。"[1]在《俄罗斯对外军事技术合作——现状与前瞻》一书中，作者将军事技术合作的研究范围限定在"国际关系中与军品的输出、输入、供货、采购，以及和研制、生产有关的所有活动。主要表现在军火贸易和军事技术的转让与联合开发"。[2]在《论国家安全视域下的军事技术合作》一文中，作者着眼于维护和拓展国家安全利益，重点探讨了在国家安全视域下的军事技术合作问题。在这篇文章中，作者虽未使用"国际军事技术合作"一词，但从其内容来看，也是关于国家之间开展军事技术合作的相关研究，故在该文章中，"军事技术合作"即为"国际军事技术合作"。这篇文章认为："军事技术合作，不仅包括武器装备的联合研制与开发，也包括装备的购买、技术引进等。"[3]

美国学者肯尼斯·华尔兹在《国际政治理论》中表示："理论与事实之间存在一定的差距，理论不必符合全部事实。"[4]为了聚焦研究对象，深化相关研究，对国际军事技术合作的基本要素、主要特征、表现形式等理论问题形成更加全面、深刻的理解，从而更好地开展后续研究，我们对狭义国际军事技术合作的概念内涵和表现形式进行了理论界定和研究设计。我们认为狭义的国际军事技术合作是指，国家之间为了共同的目标或任务而在军事技术领域开展的相关活动，主要包括联合研制、合作生产和技术转让。本书将以这一概念内涵和表现形式作为开展后续研究的逻辑起点和重要基础。需要说明的是，从严格意义上来讲，军品贸易和军事技术合作是两个不同的概念。然而，由于一些国家在相关的法律法规中将军品贸易（主要是军火贸易）作为军事技术合作的表现形式，因此，本书在列举主要国家军事技术合作知识产权保护的经验做法时，也会引用与军品贸易相关的例证。

【知识链接】

1. 界定"国际军事技术合作"概念内涵时的一些考虑

有学者认为，"军事技术合作"这一概念既包括发生在国际关系中的军事技术合作，也包括发生在一国内部的军地之间开展的军事技术合作，如果仅使用

---

[1] 王伟. 中俄战略协作伙伴关系下的军技合作[J]. 俄罗斯中亚东欧研究，2006（4）：62-68.
[2] 马建光. 俄罗斯对外军事技术合作——现状与前瞻[M]. 北京：国防工业出版社，2013：3.
[3] 张福元. 论国家安全视域下的军事技术合作[J]. 当代经济，2014（3）：60-61.
[4] 肯尼思·华尔兹. 国际政治理论[M]. 上海：上海人民出版社，2017：1-24.

"军事技术"一词,容易产生歧义。对此,我们在查阅大量文献、法律,请教相关领域专家学者的基础上进行了慎重考虑。在《中国军事百科全书中》,与"军事技术合作"一词相类似的词条解释中并没有特意强调"国际"二字,如"装备技术转让""装备技术交流"。其中,装备技术转让是指:"国际间的一种技术转移活动。根据买卖双方的不同立场,装备技术转让又可分为装备技术引进和装备技术出口。装备技术联合研制是在军事工业的技术领域,两国或多国对研制新装备和改进现役装备所进行的双边或多边技术合作。"[1]装备技术交流是指:"在国际领域交流装备科技信息、知识和成果的活动。主要包括技术交流、学术交流和人才交流。其中,技术交流是通过有关交易会、展览会、博览会、展销会进行的科技信息、技术、成果交流。学术交流是通过有关国际学术会议、学术刊物、专题学术报告会交流学术研究信息、见解和成果等。人才交流是通过派留学生攻读相关专业,派遣专家进行专业考察,组织学者访学、讲学、学术报告等形式进行交流。"[2]由上述定义可知,"装备技术转让""装备技术交流"均指国际间的相关活动,但并没有在词语前面冠以"国际"二字。由此可见,"军事技术合作"一词在默认语境下即为在国际领域开展的军事技术合作。因此,在本书的表述中,"军事技术合作"与"国际军事技术合作"含义相同。

2. 界定"国际军事技术合作"表现形式时的一些考虑

有学者认为军事援助、军事贸易也是国际军事技术合作常见的表现形式。对此,我们有不同的见解。世界各国在国际社会中开展了广泛的军事援助和军事贸易活动,积累了大量的实践经验,是很好的研究对象。然而,我们基于以下考虑,并没有将军事援助、军事贸易纳入本书所定义的"军事技术合作"这一概念的相关范畴。

1)军事援助不具有合作的基本特征

从军事援助的概念来看,军事援助是指国家或国家集团向外国政府或团体提供的,以军事为目的的人力、物力、财力和智力援助的统称。其中,"援助"一词在《现代汉语词典》中的含义为"提供支持和帮助"。由此可见,援助是单向性的,如对外援助、法律援助等。军事援助并不包含合作所具有的目的的一

---

[1] 中国军事百科全书编审委员会. 中国军事百科全书 军事装备[M]. 2版. 北京:中国大百科全书出版社,2014:972.

[2] 中国军事百科全书编审委员会. 中国军事百科全书 军事装备[M]. 2版. 北京:中国大百科全书出版社,2014:974.

致性、行为的共同性等基本特征。因此，军事援助不涉及合作问题，更谈不上军事技术合作。

2）军事贸易界定有广义、狭义之分

狭义的军事贸易仅指武器、装备、军用器材和设施等特殊商品的对外贸易[1]。广义的军事贸易是指国际上以货币为媒介或以物易物的军品交易行为，包括军品贸易、军事技术转让、联合研制军事装备、提供军事卫星发射及相关服务等[2]。由此可见，前者对于军事贸易的理解仅限于有形物理实体的交易，而后者对于军事贸易的理解不仅包括有形物理实体的交易，还包括无形知识技能的交易。

世界各国对军事贸易内容的解释也不尽一致，但一般包括武器、装备、弹药、军品生产设备、军用零备件及其他被认为与国家安全有关的商品贸易。有的国家把军事技术的转让、军品生产所需的原材料和军事训练中的技术服务也包括在军品贸易之内。在理论学界，也有一些学者认为军品贸易是军事技术合作的一种表现形式。例如，马建光教授在《俄罗斯对外军事技术合作——现状与前瞻》一书中，将其所进行的军事技术合作的研究范围限定在国际关系中与军品的输出、输入、供货、采购，以及研制、生产有关的所有活动，主要表现在军火贸易和军事技术的转让与联合开发。然而，从《中国军事百科全书》对国际军事合作以及相关概念的界定来看，军事贸易与军事援助、军事技术合作均为国际军事合作的一种表现形式，它们之间为并列关系而非包含或交叉关系。《中国军事百科全书》也指出，军品贸易是军事贸易的一种表现形式。军品贸易亦称"军火贸易"，特指国与国之间商业性的军品转让活动。从这一定义来看，军品贸易属于狭义的军事贸易的范畴。因此，军品贸易应当与军事技术合作有所区分，不单独作为其表现形式之一。

1.2 知识产权保护的概念内涵

创新能力的高低直接关系到一个国家在国际竞争中的地位。一个国家只有拥有强大的自主创新能力，才能在激烈的国际竞争中把握先机、赢得主动。创新对一个国家有着非常重要的意义，因此如何保护科技创新、激发创造活力成

---

[1] 熊武一，等. 军事大辞海[M]. 北京：长城全书出版社，2000：531.
[2] 中国军事百科全书编审委员会. 中国军事百科全书 国际军事[M]. 2版. 北京：中国大百科全书出版社，2014：160.

为世界各国共同面对的重要课题。于是，世界各国纷纷通过立法承认创新者所拥有的权利并给予保护，知识产权保护制度由此应运而生。

1.2.1 知识产权保护

知识产权是人类智慧与创造的结晶，是人们对于自己的智力活动创造的成果和经营管理活动中的标记、信誉所依法享有的专有权利[1]。知识产权是民事权利的一种，除具有一般民事权利所具有的特征外，还具有非物质性、排他性、地域性、时间性等特征。知识产权保护的概念可以从狭义和广义两个角度进行阐述。狭义的知识产权保护是指，通过行政执法和司法审判对侵犯知识产权的行为进行制止和打击。广义的知识产权保护是指，依照现行法律，对侵犯知识产权的行为进行制止和打击的一切活动，包括公力救济和私力救济两个方面。从上述两种理解来看，狭义的知识产权保护局限于行政执法和司法审判的保护体系，仅凭这两种保护方式既不能完全有效地保护知识产权，也不能构成知识产权保护的所有方面。因此，有必要从更加广泛的意义上去定义知识产权保护的内涵，这样才能更系统、更全面地反映知识产权保护的所有内容。

知识产权保护的范围与物权不同。对于物权来说，物权的客体通常表现为有形的动产或不动产，其客体本身即构成权利的保护范围。而知识产权的客体是人类的智力劳动成果，是一种无形财产，其保护范围无法依客体本身来确定，必须通过法律授予保护范围。在法律授权的范围内，知识产权权利人可以依法对自己的知识产品行使各种专有权利，超出这个范围，权利人的权利失去效力，即不得排斥第二人对知识产权的合法使用[2]。我国《著作权法》《专利法》《商标法》等法律对著作权、专利权、商标权等知识产权权利的保护范围作出了明确界定，知识产权权利人对知识产权享有的专有权，只在法律规定的范围内有效。例如，《专利法》规定，对发明、实用新型、外观设计进行保护，专利权人的专有权实施范围以专利申请书中权利要求的内容为限。《商标法》规定，经商标局核准注册的商标为注册商标，包括商品商标、服务商标和集体商标、证明商标；商标注册人享有商标专用权，受法律保护。商标权人的使用范围，以核准注册的商标和核定使用的商品为限。并且，商标权人有权禁止他人未经许可在同一种商品或类似商品上使用与其注册商标相同或近似的商标。法律在赋予

---

[1] 吴汉东. 知识产权法学[M]. 8 版. 北京：北京大学出版社，2019：4.
[2] 吴汉东. 知识产权法学[M]. 8 版. 北京：北京大学出版社，2019：22.

知识产权权利人专有权利的同时,也通过对知识产权效力的范围进行一定的限制来划定知识产权保护范围。一方面,知识产权立法明确规定了知识产权相关权利的保护期限,一旦超过法定有效期,这一权利就自行消灭,相关知识产权即成为整个社会的共同财富,为全人类所共同使用。例如,《专利法》规定,发明专利的保护期限为二十年,实用新型专利权的期限为十年,外观设计专利权的期限为十五年,以上期限均自申请日起计算。另一方面,为了防止知识产权权利人的专有权对公众获取知识、科学技术进步、文化事业发展等形成阻碍,知识产权相关法律在立法时设置了特别规定,即允许他人在满足一定条件的前提下,可以自由使用受保护的知识产品而不构成对权利人专有权侵犯。例如,《著作权法》中的合理使用原则、法定许可使用原则、发表权一次用尽原则等;《专利法》中的临时过境使用原则、先用权人使用原则等,都是法律对知识产权权利人专有权利行使的限制。

【知识链接】

现代知识产权保护的起源

在专利权领域,1474 年 3 月 19 日,威尼斯共和国颁布了《发明人法规》(Inventor Bylaws),这是世界上最早的专利成文法。这部法律明确规定,任何人在本城市制造了以前未曾制造过的、新而精巧的机械装置者,一旦改进趋于完善以便能够使用和操作,即应向市政机关登记。本城市其他任何人在十年之内如若没有得到发明人的许可,不得制造与该装置相同或者相似的产品。1623年,英国颁布《垄断法》(Statute of Monopolies),这部法律的诞生在欧美国家产生了广泛而深远的影响,被学界认为是资本主义国家专利法的始祖,是世界专利制度发展史上的第二个里程碑。正是因为英国人发现专利对激励技术发明创造发挥着重要的驱动作用,他们才通过专利制度明确技术创新成果的权属并加以保护。被授予市场垄断权的技术在一定时期内往往给权利人带来超出平均利润之上的利润,劳动及资本对于专利带来利润的追逐也就成为必然。在追逐超额利润的规律支配下,劳动及资本越来越多地投入到技术产品的生产中。同时,投资主体利用市场反馈信息及投资回报进行技术再创新高的积极性大大提高。专利制度以利益为核心的激励机制使创新主体形成了创新—高额投资回报—创新—高额投资回报的技术创新循环[1]。正因如此,在法律的保护下,英国涌

---

[1] 袁红梅,等. 专利激励机制探析[J]. 科技管理研究,2010(1):199-201.

现了大量的发明创造，促使第一次工业革命在英国如火如荼的展开。1733 年，机械师凯伊发明了飞梭，大大提高了织布的速度，也刺激了对棉纱的大量需求。1765 年，织工哈格里夫斯发明的珍妮纺纱机，一次可以纺出多根棉线，极大地提高了生产效率，使得大规模的织布厂得以建立。不久之后，在棉纺织业中又出现了骡机、水力织布机等先进机器。随着纺织业领域发明创造的不断更新，继而在采煤、冶金等工业领域也引发了发明机器，进行技术革新的连锁反应。随着机器生产越来越多，以畜力、风力、水力等为代表的原有动力已经无法满足现实需求。1785 年，詹姆斯·瓦特改良了蒸汽机，发明了气压表、气动锤，开辟了人类利用能源的新时代。美国总统亚伯拉罕·林肯曾经说过，"专利制度是给天才之火增添利益的柴薪"，这句至理名言被雕刻在美国专利商标局的门上并保留至今。赋予创造者对其发明的专有权，使其从中受益，对鼓励发明创造、促进科技进步，具有非凡而重要的意义。

在著作权领域，1709 年英国议会颁布了《为鼓励知识创作授予作者及购买者就其已印刷成册的图书在一定时期内之权利的法》（An Act for the Encouragement of Learning, by Vesting the Copies of Printed Books in the Authors or Purchasers of such Copies, during the Times there in mentioned），即著名的《安娜女王法令》。《安娜女王法令》规定：对于已经印刷的图书，作者享有 21 年印制该图书的权利；对于已经完成但尚未印制出版的图书，作者享有 14 年印制其图书的专有权利；取得作者授权的人，包括书商和印刷商，都可以享有此项权利。未经权利所有者的许可而印制或销售其图书的行为构成侵权，侵权图书将被没收并且按照侵权图书每页 1 便士进行罚款；图书必须在当时统管图书印刷、出版、发行的文书商公司进行登记注册，否则将不受法令保护；书商或印刷商给图书定价不合理的，任何人均可上告，由坎特伯雷的大主教或其他权威人士裁定；凡是印制出版的图书，必须向文书商公司缴纳 9 本，以供图书馆藏使用；前述 14 年保护期满后，如果作者仍然在世，该保护期可以延长 14 年。由于《安娜女王法令》颁布时作品的表现形式仅限于手写和印刷两种方式，因此该法所保护的作品仅限于文字作品以及书面形式的美术、音乐作品。在国际上，《安娜女王法令》首次承认作者是著作权的保护主体，第一次从法律上确认了作者对自己的作品享有印刷出版的支配权。《安娜女王法令》确立了近代意义上的著作权思想，其对保护主体、权利期限、登记注册和缴纳样本制度以及侵权惩罚等方面的规定，确立了现代版权的基本立法模式，对世界各国后来的著作权立法产生了重大的影响和启发。

在商标权领域，虽然人们对于商标的使用有着悠久的历史，早在古代典籍中就有关于在瓷器、书籍、武器等产品上附加标记，以示该产品与制作之间具有特定关系的做法。但是直到19世纪，随着商品经济的产生和发展，商标才得以制度化、法律化。1803年，法国制定的《关于工厂、制造场和作坊的法律》第一次规定了有关商标的条款。1875年，法国颁布了《关于以使用原则和不审查原则为内容的制造标记和商标的法律》，这是世界上第一部具有现代意义的、全国性的、专门的商标法典。19世纪以来，随着国际贸易的发展，商标法律保护开始向国际化发展。一些国家为了在国际贸易中保护本国商标利益、消除国际不正当竞争而探索商标的国际保护。1883年3月20日，比利时、法国、巴西、萨尔瓦多、意大利、荷兰、葡萄牙、危地马拉、西班牙、塞尔维亚和瑞士在法国巴黎签订了《保护工业产权巴黎公约》（Paris Convention on the Protection of Industrial Property）。该公约将商标权作为其保护对象之一，是知识产权领域的第一个世界性的公约。1891年4月14日，《商标国际注册马德里协定》（Madrid Agreement for International Registration of Trade Marks）在西班牙首都马德里签订，旨在简化商标在其他国家内的注册手续。该协定自1892年7月生效以来经过多次修改，与1989年签署的《商标国际注册马德里协定有关议定书》合称为商标国际注册马德里体系。马德里体系的目的在于为商标所有人简化行政程序，商标所有人仅通过向一个主管局提交一份使用一种语言及支付一项低费用的申请，就可以在多个国家同时获得商标保护。

1.2.2　知识产权国际保护

目前，学术界对"知识产权国际保护"这一概念的理解存在不同见解。一部分学者将其理解为，用本国法无条件地保护依外国法产生的知识产权，或是以国际条约取代或覆盖国内法，国际保护意味着知识产权地域性的消失；另一部分学者认为，现代意义的知识产权国际保护，是指一国缔结或参加多边公约或双边条约，以国内法在不违反国际公约所规定最低限度的情况下保护他国的知识产权，除了在非洲法语国家、北美自由贸易区及欧盟国家，也不意味着以国际条约取代或覆盖国内法[1]。上述两种理解的区别在于，知识产权国际保护是否意味着知识产权的地域性就此消失。我们认为，第二种理解更加科学客观。知识产权国际保护并不会使知识产权的地域性消失，只是在一定程度上弱化了

---

[1] 杨帆. 知识产权的国际保护[M]. 北京：中国人民大学出版社，2020：9.

知识产权的地域性。即使是在非洲法语国家、北美自由贸易区及欧盟国家，知识产权的地域性也没有完全消失，只是进一步弱化了。

从严格意义上来讲，"知识产权国际保护"并不是一个独立、明确、有自己特定内涵的法律概念，而是一些学者在相关学术研究中尝试对这一概念作出的探讨。吴汉东教授认为："所谓知识产权国际保护制度，概括来说是指以多边国际条约为基本形式，政府间国际组织为协调机构，通过对各国国内知识产权法律进行协调而形成的相对统一的国际法律制度。"关于"知识产权国际保护"的具体概念，不同学者有不同的表述，但就其本质而言，国际知识产权保护绝对不是指用本国法去保护依外国法产生的知识产权。在"知识产权国际保护"的理解上，许多人往往将其与"知识产权涉外保护"相混淆。因此，探究"知识产权国际保护"的概念内涵，有必要将其与"知识产权涉外保护"这一概念进行区分。"知识产权国际保护"属于国际公法问题，即国家之间通过签订国际公约、双边条约的方式，对国家间知识产权保护的立法、执法等方面的最低标准作出规定；"知识产权涉外保护"则是一国国内法的问题，主要是民法（私法）领域的问题。[1] 由此可见，知识产权国际保护涉及国家间双边条约或知识产权国际公约的缔结，以及缔结了知识产权双边条约或参加了知识产权国际公约的国家，以其"国家"行为对本国国内法进行调整，使之与条约或公约相符合，从而履行缔结或参加的国际条约（国际公约）的义务，使本国在用国内法从事知识产权涉外保护时，不致违反国际条约或国际公约。

综上所述，知识产权国际保护是指，在国际上解决按照一个国家的国内法取得的专利、商标、版权等知识产权只能在该国领域范围内受到保护，而在其他国家不能发生法律效力的问题。国家之间通过签订双边或多边条约的方式，实现对知识产权的国际保护，以促进技术、知识的国际交流。

【知识链接】

知识产权国际保护的主要途径

知识产权是人类在社会实践中对其创造的智力劳动成果依法享有的专有权利。由于知识产权具有严格的地域性，权利人要想获得国际保护，必须到有关国家逐个申请。随着科学技术的不断进步和国际经济交往的日益扩大，知识产品的国际市场逐步形成，知识产权国际保护制度应运而生并不断完善。纵观国际实践，

---

[1] 郑成思. 知识产权的国际保护与涉外保护[J]. 中国社会科学院研究生院学报，1997（2）：55-61.

国际知识产权保护的主要途径有互惠保护、双边条约保护和多边公约保护。

1. 互惠保护

互惠保护是一种附条件的对等保护，即外国若承认并保护依据一国确认的知识产权，那么，本国亦承认且保护依外国法确认的知识产权[1]。互惠是利益或特权的相互或相应让与。在知识产权保护方面，互惠是指两个不同的国家互相给予对方以知识产权保护上的优惠待遇，即一些国家根据互惠原则对他国知识产权进行保护。例如，我国于 1985 年 3 月 19 日正式加入《保护工业产权巴黎公约》，成为巴黎联盟的第 96 个成员国。在此之前，我国曾经根据互惠原则对许多国家的商标进行法律保护。

2. 双边条约保护

双边条约保护是指两个国家通过达成知识产权双边保护协议，按照协议约定内容，互相履行保护彼此知识产权的义务。这种双边条约在国际法上也称为"契约性条约"，多为双边条约或只有少数国家参加的多边条约，类似国内法上的契约，规定缔约国之间具体的权利义务关系。与"契约性条约"相对的概念为"造法性条约"，是指有关确立或更改一般国际法的原则、规则和制度的多边条约或国际公约，通常有许多国家参加，专门用以确认新的或修改原有的国际法原则、规则和制度。由于在契约性条约之下，缔约国之间可以就具体的权利义务关系进行友好协商、达成一致，具有灵活机动、针对性强的特点，因此契约性条约至今仍然被广泛应用于国际社会。例如，2020 年 1 月 15 日，中美双方就长期争论的知识产权问题达成一致意见，签订了中美经济贸易第一次协定。知识产权作为其中的重要内容，位于该协定首章，且内容丰富。然而，双边条约保护仅能够对缔约双方产生约束效力，对非缔约国既没有约束效力，也不具有普遍指导意义。

3. 多边公约保护

随着世界经济贸易一体化进程的加速，世界各国对知识产权保护的需求日益增多，双边条约保护已经不能够满足越来越多的国家对于知识产权国际保护的强烈需求。于是，伴随着世界多边贸易体制的发展，知识产权保护多边公约应运而生。这种多边公约在国际法上也称为"造法性条约"，通常由许多国家参加，确立了知识产权保护的原则、规则和制度。例如，《与贸易有关的知识产权

---

[1] 知识产权的国际保护途径有哪些[EB/OL]. https://jingyan.baidu.com/article/219f4bf7826cd5de442d38bd.html，2022-06-21.

协定》（TRIPs）是世界贸易组织体系下的一项多边贸易协定，分为序言和七个部分，共有 73 条。该协定规定了各成员应遵循的最基本的义务，即各成员国内法应达到协定要求的最低保护标准；确立了各成员应遵循的基本原则，包括国民待遇原则、最惠国待遇原则等。目前，多边公约保护已经成为当今国际社会进行国际知识产权保护的主要途径。

1.3 军事技术合作知识产权保护的概念内涵

在军事技术合作中，合作成果一旦产生，就会有成果归属、如何使用和转让、产生的利益如何分配等问题，知识产权就是保护这些权益、解决上述问题的有力工具。我国国防工业在起步时举步维艰，由于当时不掌握先进技术，只能通过进口别国武器来扩充军事力量和发展军工产业，因此我国一度成为武器装备进口大国之一。不过改革开放以来，随着经济发展和科技水平的不断提高，作为科技赶超国家，在某些科技领域，我国逐步具备了一定的自主研发和制造生产的能力。我国武器装备和军事技术从最初的进口、引进、仿制，已经逐步向创新、出口、转让过渡。因此，必须加强军事技术合作知识产权保护及其相关问题研究，为我国军事技术合作知识产权保护提供理论支撑。

开展军事技术合作知识产权保护相关问题研究，首先需要解决的问题就是如何界定军事技术合作知识产权保护的定义，从而为后续研究建立逻辑起点。目前，国内外学者对军事技术合作和知识产权保护的相关问题进行了大量研究。然而，其中关于军事技术合作知识产权保护方面的专题研究屈指可数，而且大都浅尝辄止，尚未有学者明确地界定军事技术合作知识产权保护这一概念。为了更好地开展后续研究，我们在对国际军事合作和知识产权保护等相关概念进行梳理总结的基础上，将军事技术合作知识产权保护的概念定义为：在军事技术合作中，依据相关法规制度，对合作一方或各方提供的用于开展军事技术合作的知识产权和合作各方在合作过程中产生的知识产权进行保护的过程，同时也是协调军事技术合作各参与方在创造、使用、转让智力成果过程中形成的社会关系的过程。

【知识链接】

1. 军事技术合作知识产权的特征

军事技术合作知识产权的客体即军事技术合作知识产品，是一种不具备物理形态的非物质财富。客体具有非物质性是军事技术合作知识产权的本质特征。由于军事技术合作知识产权的主体涉及多个国家，因此军事技术合作知识产权除具有一般知识产权所具有的无形性、专有性、地域性、时效性等特征外，还具有国际性、共有性等特征。其中，共有性是军事技术合作知识产权最突出的特征。军事技术合作知识产权的共有性是指军事技术合作的知识产品这一无形财产被军事技术合作参与方所共同占有并受法律保护，未经共同占有人同意，任何人不得擅自使用由其享有垄断利益的军事技术合作知识产权。

2. 军事技术合作知识产权保护的特征

军事技术合作知识产权既具有一般知识产权所具有的特征，又具有其独立的特征，尤其当军事技术合作知识产权的专有性和共有性特征融合在一起时，军事技术合作知识产权保护就会表现出一些不同于一般知识产权保护的专有特征。

第一，军事技术合作知识产权归属的复杂性。在军事技术合作，尤其是联合研制中，由于合作主体的协作性和合作成果的未知性，以及合作双方权利义务的平行性，使得军事技术合作知识产权成果归属具有一定的复杂性。因此，为了实现合作成果公平合理的分配，必须基于利益平衡、平等互利、尊重知识、协商一致等原则确定合作各方之间的权利义务关系。过去，一些发达国家基于其经济、技术优势，以及发展中国家亟需引进技术的情势，提出了一些关于合作知识产权归属的理论，主要包括属地所有论、优势决定论、投资决定论、立法决定论、无原则论[1]。

第二，军事技术合作知识产权保护标准的多重性。在军事技术合作中，由于合作参与方来自不同的国家，每个国家的知识产权保护法规制度存在一定的差异，因此难以完全按照某一合作参与方的知识产权保护法规制度进行知识产权保护。目前，关于军事技术合作知识产权保护的正式制度依据主要包括以下三个方面：一是知识产权保护国际公约，主要规定了知识产权保护的一般性原则和最低保护标准；二是一国国内知识产权法律，主要是对知识产权保护国际公约相关规定和标准的细化；三是合作项目知识产权协议，是合作各方协商一致的意思表示，主要是对知识产权相关法规制度中尚未明确规定或无法解决的相关问题作出约定。

第三，军事技术合作知识产权保护形式的多样性。在军事技术合作中，根

---

[1] 王超. 国际科技合作中的知识产权归属问题研究[D]. 福建：厦门大学，2006.

据知识产权来源形式的不同可以将其分为以下两类：一类是来源于合作各参与方所提供的用于开展军事技术合作的知识产权；另一类是来源于合作各方在军事技术合作过程中产生的知识产权。军事技术合作知识产权保护的形式可以分为对内保护和对外保护两种。其中，对内保护主要针对前一类知识产权，以此来保证合作各方的知识产权不受其他合作方的内部侵犯。内部侵犯主要表现为未经合作方许可或者超越许可范围擅自实施合作方专利，通过不正当手段获取、泄露、使用或允许第三人使用合作方的商业秘密，擅自发表、署名、复制、传播合作方享有著作权的作品等。对外保护主要针对后一类知识产权，保证军事技术合作过程中产生的知识产权不受第三方的侵犯。

此外，需要说明的是军事技术合作知识产权的共有性与专有性是两个并不矛盾的特征。军事技术合作知识产权的共有性主要是指对内来说，合作参与的任何一方均有权利享有合作过程中产生的知识产权；其专有性主要是指对外来说，军事技术合作知识产品不允许两个或两个以上同一属性的军事技术合作知识产权并存。

第 2 章 军事技术合作知识产权保护的现实意义

经济全球化、科技全球化的发展趋势使得国际合作更加频繁，军事技术合作已经成为国际军事合作的重要内容。在新的时代背景下，要充分认识到知识产权保护对推动科技创新、减少重复研究，打破条块分割和发达国家技术封锁，推动科技向工业应用、为经济建设作出实质性贡献，以及对一国技术发明走向世界的重要作用。

2.1 激发合作各方创新的积极性，推动产出更多成果

知识产权是军事技术合作的核心要素。一切军事技术合作，不论其内容有何差异、形式有何变化，从权利义务的角度分析都是围绕知识产权的共同创作、权属分配、收益分享来展开的。知识产权是一种无形财产权，知识、信息、技术等作为知识产权的客体，具有难创造、难控制、易分享等特点，这些特点使得研发者难以收回创新成本、获得知识价值。正因如此，法律通过赋予研发者在一定地域和时间内排除他人使用其知识、信息、技术资源的垄断权，以此激发研发者的创造积极性，鼓励研发者进一步去探索、发现、创新、优化和完善人类的知识。在军事发展中，科技是最具革命性、最活跃的因素，历史上每一次重大科技创新都对军事变革起着巨大的推动作用，而军事科技创新力的根本源泉在于科技人才。因此，军事技术合作知识产权保护的重大意义就在于形成尊重知识、尊重人才、尊重创造的良好生态，激发科技人才的主动性和创造性，为军事技术合作产出更多创新型成果提供精神动力和智力支撑。

2.2 发挥合作各方科技资源优势，汇聚形成最大合力

科技创新具有成本高、周期长、风险大等特点，从科技研发到成果转化，每个阶段都需要大量资金、人才等资源的强力支撑。纵观世界科技资源分布，欧美等发达国家掌握了全球 90%以上的核心技术，笼络了全球将近 80%的科研人才，而发展中国家、最不发达国家在科技资源和科技人才等方面均不占优势。同时，科技创新能力格局在全球范围内呈多极化发展趋势，世界上任何一个国家在科技创新方面不可能是"全能冠军"，掌握所有领域的先进技术。因此，不论是为了实现优势互补，保持对军事科技制高点的领导地位，还是为了有效降低知识的获取成本，提高科研效率，开展军事技术合作均已成为世界各国的普遍选择。对于发达国家而言，通过军事技术合作可以整合先进科技资源，占据国际创新高地；对于发展中国家、最不发达国家而言，通过军事技术合作不仅可以快速引进先进技术，而且可以在联合研制、合作生产中对先进的科学技术加以消化吸收，提高自主创新能力。然而，世界各国在将世界范围内的优秀智力成果为己所用时，不能只利用而不保护，只有树立产权意识，加强知识产权保护，才能吸引更多的创新主体参与合作，为军事技术合作提供不竭的动力源泉。

2.3 增强合作各方政治军事互信，共同维护国家利益

军事技术合作是国际关系的特殊领域，是政治、军事、经济等要素的复合体，是一个国家对外政策的重要组成部分。马克思曾经说过，"人们奋斗所争取的一切，都同他们的利益有关"[1]，国家之间开展军事技术合作也是如此。军事技术合作一般发生在意识形态相近、地缘政治紧密，以及国家战略利益密切相关的国家之间。对开展军事技术合作的各方而言，互利共赢的合作关系，不仅使合作各方结成了利益共同体，而且增强了合作各方之间的政治互信、军事互信，促进了合作各方之间战略伙伴关系的形成。世界各国在开展军事技术合作的同时，也在考虑合作中的知识产权管理与保护问题。实践表明，在军事技术合作中，全方位、多层面地开展知识产权保护工作，不但有利于营造良好的

---

[1] 中共中央马克思恩格斯列宁斯大林著作编译局. 马克思恩格斯全集（第一卷）[M]. 北京：人民出版社，2006：61.

合作环境，维持长久的合作关系，而且可以为妥善解决纠纷、避免不必要的冲突提供重要砝码。

2.4　促进合作各方经济贸易发展，达成互利互惠共赢

　　一直以来，国家间的政治关系始终是开展军事技术合作时最重要的衡量因素。然而，随着经济全球化的深入发展，经济在国际政治发展中的地位逐渐上升。国际政治经济化、军事经济化趋势日益明显，军事技术合作表现出更强的经济利益取向。世界上主要的军事强国将军事技术合作作为参与地缘经济、发展国防工业、获取外汇收入的重要手段，使军事技术合作的经济职能得到强化，知识产权的利用和保护成为军事技术合作中的重要问题。世界各国科技创新能力和经济发展程度存在差异，各个国家的知识产权保护水平也不尽相同。在知识产权的保护方面，创新能力与保护水平、保护需求成正相关的关系。建立健全适度的知识产权保护制度，不但有利于自身科技创新发展，而且有利于吸引外国先进技术。因此，在军事技术合作中，保护知识产权十分必要，不但能够为自身积蓄创新力量，带来经济收益，而且可以在很大程度上减少合作中的摩擦，为实现合作目的保驾护航，最终达成互利互惠共赢。

【知识链接】

　　那些因为"意外"而产生的发明[1]

　　在人类历史上，很多伟大的发明都是科学家们夜以继日、殚精竭虑的研制成果。然而，有些发明创造却是一些意料之外的产物。

　　1）可乐

　　美国药剂师约翰·彭伯顿最初只想发明一种治疗吗啡依赖症的药水，却意外发现这种"药水"很美味，由此诞生了后来风靡世界的可乐。

　　2）空调

　　空调的发明，最初是为了解决一家印刷厂彩印时因湿度变化导致的印刷错位问题，工程师威利斯·卡里尔设计了一个可以调节湿度的系统。发明推出后，

---

[1] https://mp.weixin.qq.com/s?src=11&timestamp=1655422292&ver=3865&signature=7oCkmUHTwKGV*nB6xqWfIc8aRtxxMVTiwv2-utnDRl0JtExG9tuqD7Qq7EmKQdeFr*3wksm*MlYPZOYVURIg2bv2Us8tKExwieiCFdPw4dNT8oaHNiycAaCvOvut*r1r&new=1，20220618。

人们发现它除了能解决湿度问题外，调节室温的"附带功能"也非常实用。

3）微波炉

一位在雷达设备上工作的工程师发现自己口袋里的巧克力被意外熔化，探索后发现雷达上发出的"制热微波"是导致巧克力融化的"罪魁祸首"，由此发明了微波炉。

4）心脏起搏器

美国发明家格雷特巴奇在测试一个记录心跳的机器原型时，误把 1 兆欧的电阻器当作 1 万兆欧的用在了记录器上，却意外发现产生的信号节奏如同人体的心跳，心脏起搏器由此而生。

5）万能胶

第二次世界大战期间，哈里·库弗博士本想发明一种用于制造瞄准器的材料，却因研制出的东西黏性太强而不能用。9 年后，这位博士偶然想起这种材料的其他用途，"万能胶"方才面世。

6）不粘锅

1938 年，美国化学家罗伊·普朗克特在研究制冷剂的时候，意外发现了一种不粘材料"特氟龙"。16 年后，法国工程师格里瓜尔在妻子的启发下，将涂在钓鱼线上防止打结的"特氟龙"和煎锅结合在一起，由此诞生了第一口不粘锅。

第3章 军事技术合作知识产权保护的制度依据

新制度经济学家道格拉斯·诺斯曾言,制度是一个社会的游戏规则,是为决定人们之间的相互关系而人为设定的一些制约,包括"正规约束"(规章和法律)和"非正规约束"(习惯、行为准则、伦理规范)。因此,制度一般分为正式制度(硬制度)和非正式制度(软制度)。[1]按照此种分类方法,军事技术合作知识产权保护制度也可以分为正式制度和非正式制度。

3.1 军事技术合作知识产权保护的正式制度依据

军事技术合作知识产权保护的正式制度是指某些人或某些组织有意识制定的行为规则,包括法律、法规以及国家之间签订的正式规约等。这些制度以某种明确的形式被确定下来,由行为人所在的组织进行监督并使用强制力保证其实施。军事技术合作中,知识产权保护的正式制度依据由以下三个部分组成:一是知识产权保护国际条约;二是一国国内知识产权法律;三是合作项目知识产权协议。

3.1.1 知识产权保护国际条约

知识产权保护国际条约是军事技术合作知识产权保护的重要依据。知识产权国际保护是指,一国以缔结或参加的国际公约或国际条约的形式对知识产权进行保护。从知识产权制度的发展史来看,知识产权国际保护并非随着知识产权制度的建立而产生,它是国际经济贸易关系不断发展的产物,也是知识产权

---

[1] 于旭. 吉林省国有企业制度创新研究[D]. 吉林:吉林大学,2008.

制度自身变革的结果[1]。知识产权具有地域性，因此各国立法机关制定的知识产权法律只能实现对其域内知识产权的保护，这与知识产权全球传播的保护需求极其不相适应。为了解决这一问题，各国通过双边、多边协定加强对知识产权的保护。在19世纪下半叶之前，知识产权国际保护主要是国家之间基于"互惠原则"签订的知识产权保护条约。这一时期所签订的知识产权保护条约多为双边条约，只能对缔约双方产生约束效力，其适用范围具有较大的局限性。19世纪下半叶之后，随着经济全球化的不断发展，世界各国之间的经济文化交流日益频繁，为了促进知识产权的保护和应用，政府间知识产权组织、世界知识产权组织等专门机构逐渐成立，知识产权保护立法活动在全球范围内迅速发展，一系列国际公约（国际条约）相继而生。例如，《保护文学艺术作品伯尔尼公约》《世界版权公约》《保护工业产权巴黎公约》《专利合作条约》《工业品外观设计国际保护海牙协定》《与贸易有关的知识产权协定》等。由于军事技术合作知识产权保护属于知识产权保护在军事技术合作领域的特殊表现，因此除了应当遵守国际法上关于军事技术合作知识产权保护的特殊规定外，还应当遵守合作各方共同缔结或参加的国际公约或国际条约。

【知识链接】

一些主要的国际知识产权条约

国际知识产权条约是国际知识产权法律渊源的主要表现，国际知识产权法律渊源是国际知识产权法的主要法律表现形式[2]。如表3-1所列，我们按照知识产权保护客体的不同类别，对一些主要的国际知识产权条约的有关情况进行了梳理。

表3-1　一些主要的国际知识产权条约

分类		名称	有关情况
著作权方面	著作权公约	《保护文学和艺术作品伯尔尼公约》	1886年9月9日制定于瑞士伯尔尼，1887年12月5日生效。1992年7月1日，第七届全国人民代表大会常务委员会第二十六次会议决定，中华人民共和国加入《伯尔尼保护文学和艺术作品公约》，同时声明，中华人民共和国根据《伯尔尼保护文学和艺术作品公约》附件第一条的规定，享有附件第二条和第三条规定的权利

---

[1] 吴汉东. 知识产权法学[M]. 8版. 北京：北京大学出版社，2019：453.
[2] 徐红菊. 国际知识产权法学条文释义、理论与案例[M]. 北京：知识产权出版社，2021：16.

续表

分类		名称	有关情况
著作权方面	著作权公约	《世界版权公约》	1955年9月16日在联合国教科文组织的主持下生效。1974年7月10日，修订后的《世界版权公约》生效。1992年7月1日，第七届全国人民代表大会常务委员会第二十六次会议决定，中华人民共和国加入《世界版权公约》，同时声明，中华人民共和国根据《世界版权公约》第五条之二的规定，享有该公约第五条之三、之四规定的权利
		《世界知识产权组织版权条约》	1996年12月20日在世界知识产权组织主持下缔结。2006年12月29日，第十届全国人民代表大会常务委员会第二十五次会议决定，加入世界知识产权组织于1996年12月20日在瑞士日内瓦召开的关于版权和邻接权若干问题的外交会议上通过的《世界知识产权组织版权条约》。同时声明，在中华人民共和国政府另行通知前，《世界知识产权组织版权条约》不适用于中华人民共和国香港特别行政区和澳门特别行政区。2007年3月6日，中国政府向世界知识产权组织正式递交加入书。同年6月9日，《世界知识产权组织版权条约》在我国正式生效
	邻接权公约	《保护表演者、音像制品制作者和广播组织罗马公约》	1961年10月26日，由国际劳工组织与世界知识产权组织及联合国教育、科学及文化组织共同发起，在罗马缔结了本公约。公约于1964年5月18日生效。《保护表演者、音像制品制作者和广播组织罗马公约》是一部封闭式的公约。只有加入了《保护文学和艺术作品伯尔尼公约》或《世界知识产权组织版权条约》，才有资格加入《保护表演者、音像制品制作者和广播组织罗马公约》。目前，我国尚未加入《保护表演者、音像制品制作者和广播组织罗马公约》。但是《与贸易有关的知识产权协议》中规定，凡是世界贸易组织成员国的国民，在其他成员国有资格得到《保护表演者、音像制品制作者和广播组织罗马公约》的保护，即世界贸易组织的所有成员自然成为《保护表演者、音像制品制作者和广播组织罗马公约》的成员国。因为我国已经加入世界贸易组织，所以《保护表演者、音像制品制作者和广播组织罗马公约》对我国也适用
		《保护录音制品制作者防止未经授权复制其录音制品日内瓦公约》	由联合国教育科学文化组织和世界知识产权组织共同发起制定，1971年10月29日在瑞士日内瓦通过，1973年4月18日生效。1992年11月7日，第七届全国人民代表大会常务委员会第二十八次会议决定，中华人民共和国加入《保护录音制品制作者防止未经许可复制其录音制品公约》
		《发送卫星传输节目信号布鲁塞尔公约》	由联合国教科文组织和世界知识产权组织联合发起制定，1974年5月21日在比利时布鲁塞尔签订，1979年8月25日生效。该公约是《保护表演者、音像制品制作者和广播组织罗马公约》的补充，参加国必须是联合国成员国或国际原子能机构的成员国或承认国际法院规则的国家，其参加国范围比《保护表演者、音像制品制作者和广播组织罗马公约》广，是保证卫星通信系统的正常使用和发展，保证节目信号发射者权益的公约

续表

分类		名称	有关情况
著作权方面	邻接权公约	《世界知识产权组织表演和录音制品公约》	主要解决国际互联网络环境下应用数字技术而产生的版权保护新问题，实际是"邻接权"条约。2006年12月29日，第十届全国人民代表大会常务委员会第二十五次会议决定，加入世界知识产权组织于1996年12月20日在瑞士日内瓦召开的关于版权和邻接权若干问题的外交会议上通过的《世界知识产权组织表演和录音制品条约》，同时声明，中华人民共和国不受《世界知识产权组织表演和录音制品条约》第十五条第（1）款的约束，在中华人民共和国政府另行通知前，《世界知识产权组织表演和录音制品条约》不适用于中华人民共和国香港特别行政区和澳门特别行政区
工业产权方面	实体性公约	《保护工业产权巴黎公约》	1883年3月20日，在法国巴黎签订，1884年7月7日生效。先后历经七次修订，1900年12月14日在布鲁塞尔修订；1911年6月2日在华盛顿修订；1925年11月6日在海牙修订；1934年6月2日在伦敦修订；1958年10月31日在里斯本修订；1967年7月14日在斯德哥尔摩修订。1984年11月14日，第六届全国人民代表大会常务委员会第八次会议决定，中华人民共和国加入《保护工业产权巴黎公约》（1967年斯德哥尔摩文本），同时声明，中华人民共和国对公约第二十八条第一款予以保留，不受该款约束。1985年3月19日，中国正式成为《保护工业产权巴黎公约》的成员国，适用1967年斯德哥尔摩文本，该文本于1997年7月1日对香港特别行政区生效，于1999年12月20日对澳门特别行政区生效
		《关于集成电路知识产权华盛顿条约》	由世界知识产权组织主持制定，1989年5月26日在华盛顿召开的外交会议上通过。对集成电路知识产权加以保护，最先由少数工业发达的国家提出，在华盛顿外交会议上在发展中国家的共同努力下，转向有利于发展中国家。中华人民共和国政府代表于1990年5月1日签署本条约
		《国际植物新品种保护公约》	1961年12月2日在巴黎签订，于1972年11月10日、1978年10月23日和1991年3月19日在日内瓦经过修订，于1991年3月4日至19日在日内瓦召开的修订国际植物新品种保护公约的外交会议上通过的真实文本，并于1991年3月19日在日内瓦开放签署。1998年8月29日，第九届全国人民代表大会常务委员会第四次会议决定，加入《国际植物新品种保护公约（1978年文本）》，同时声明，在中华人民共和国政府另行通知之前，《国际植物新品种保护公约（1978年文本）》暂不适用于中华人民共和国香港特别行政区

续表

分类		名称	有关情况
工业产权方面	程序性公约	《专利合作条约》	PCT国际申请是指依据《专利合作条约》提出的申请。PCT是专利合作条约（Patent Cooperation Treaty）的简称，是在专利领域进行合作的国际性条约。其目的是解决就同一发明创造向多个国家或地区申请专利时，减少申请人和各个专利局的重复劳动。PCT是在《保护工业产权巴黎公约》下只对《保护工业产权巴黎公约》成员国开放的一个特殊协议，是对《保护工业产权巴黎公约》的补充。《专利合作条约》于1970年6月在华盛顿签订，1978年1月生效，同年6月实施。我国于1994年1月1日加入PCT，同时中国国家知识产权局作为受理局、国际检索单位、国际初步审查单位，接受中国公民、居民、单位提出的PCT国际申请
		《商标国际注册马德里协定》	是世界知识产权组织管理的多边国际条约。1891年4月14日签订于西班牙马德里，先后经历过七次修改或修订。1900年11月14日在布鲁塞尔修订；1911年6月2日在华盛顿修订；1925年11月6日在海牙修订；1934年6月2日在伦敦修订；1957年6月15日在尼斯修订；1967年7月14日在斯德哥尔摩修订；1979年10月2日在斯德哥尔摩修改。1989年5月25日，国务院决定，我国加入《商标国际注册马德里协定》（1967年修订并于1979年修改的斯德哥尔摩文本），同时声明：关于第三条之二，通知国际注册取得的保护，只有经商标所有人专门申请，才能扩大到中国；关于第十四条第二款第四项，本议定书仅适用于中国加入生效之后注册的商标。但以前的中国已经取得与前述商标相同且仍有效的国内注册，经有关当事人请求即可承认为国际商标的，不在此例。我国加入该协定后，国家工商行政管理局要做好实施该协定的国内衔接工作，注意我国已在国外注册的出口商品的商标也受该协定保护。加入该协定的通知手续由外交部办理
		《关于商标国际注册马德里协定的议定书》	1989年6月27日，在西班牙马德里通过，并于2006年10月3日和2007年11月12日修正。《商标国际注册马德里协定有关议定书》是在《商标国际注册马德里协定》的基础上发展而来的，《商标国际注册马德里协定有关议定书》放宽了申请商标国际注册的条件，规定申请人不仅可以其商标在原属国的注册为依据，而且可以以其向原属国商标主管部门递交的注册申请为依据，向国际局提出国际注册申请。中华人民共和国于1995年9月1日签署《关于商标国际注册马德里协定的议定书》，1995年12月1日，该议定书对我国生效
		《国际承认用于专利程序的微生物保存布达佩斯条约》	《国际承认用于专利程序的微生物保存布达佩斯条约》由世界知识产权组织管理，1977年4月28日于匈牙利布达佩斯签订，1980年4月19日生效，1980年9月26日进行修正。根据该条约规定，本条约成员国必须是《保护工业产权巴黎公约》的成员国。微生物专利的申请人只要在世界知识产权组织国际局承认的任何一个"国际微生物备案机构"中备案，交纳一次手续费，就可以取得两个以上国家的承认。中国于1995年3月30日正式向世界知识产权组织提出参加该条约的申请，1995年7月1日加入该条约。中国微生物菌种保藏管理委员会普通微生物中心（北京中关村）、中国典型培养物保藏中心（武汉大学内）是国际承认的微生物菌种保存单位

3.1.2 一国国内知识产权法律

一国国内知识产权法律是军事技术合作知识产权保护的另一个重要依据。知识产权国际保护并不会使知识产权的地域性消失，只会在一定程度上弱化知识产权的地域性。知识产权国际条约以协调统一国家间的知识产权制度为目的，形成了一些知识产权国际保护所应共同遵守的法律原则和基本要求，通常表现为多边知识产权条约、区域及双边贸易或知识产权协定等形式。通过知识产权国际条约，知识产权权利人可以在其他参与国际条约的国家获得知识产权法律保护。然而，知识产权国际条约并不能替代各国知识产权国内立法。知识产权国际条约所确立的法律原则和基本要求必须通过缔约国、参加国的国内立法来实现。因此，军事技术合作知识产权保护与合作各方知识产权保护国内立法密切相关。一国国内知识产权法律通常是在知识产权保护国际公约框架的指导下确立的，并且需要承担知识产权国际公约所确立的"最低保护标准"的义务。

较之于西方国家，我国知识产权保护制度起步较晚，但是发展速度很快。改革开放40余年来，我国高度重视知识产权工作，在借鉴国际公约、国际条约的相关规定，以及其他国家在知识产权保护立法方面的先进经验和有益做法的基础上，结合我国国民经济发展的现实需求，不断完善我国知识产权保护立法，并根据科技进步和经济发展的需要适时进行相关法律法规的立改废释工作。我国《民法典》确认了知识产权的保护对象、私权性质、归属主体、行使规则和责任制度，是知识产权的法律母体；《商标法》《专利法》《著作权法》《反不正当竞争法》等知识产权的单行法律是民法的有机组成部分，和民法是部分与整体的关系。除此之外，我国还颁发了一系列专门保护条例、配套的实施细则，以及大量的司法解释，例如，《计算机软件保护条例》《集成电路布图设计保护条例》《专利法实施细则》《著作权法实施细则》《关于审理专利纠纷案件适用法律问题的若干规定》《关于诉前停止侵犯专利权行为适用法律问题的规定》等。迄今为止，我国已经形成了符合国际规则、门类较为齐全的知识产权法律保护体系。因此，在我国参与的军事技术合作中产生的智力成果，满足相应立法规定的知识产权保护条件的，将受到我国知识产权立法的法律保护。

【知识链接】

我国知识产权保护的历程

我国知识产权保护体系从无到有，经过几十年的快速发展，在现代经济社会发展和全球治理中发挥着越来越重要的作用。新中国成立后，我国在商标、专利、著作权等领域相继开展知识产权保护工作。1978年，国家恢复工商行政管理机关后，内设商标局主管商标注册和管理工作。1980年，经国务院批准成立中国专利局。1998年，国务院机构改革，中国专利局更名为国家知识产权局，成为国务院的直属机构，主管专利工作和统筹协调涉外知识产权事宜。1985年，文化部建议设立国家版权局，国务院批复同意。十一届三中全会后，我国知识产权法律保护体系逐渐建立并完善。1982年8月23日，第五届全国人民代表大会常务委员会第二十四次会议通过《商标法》。1984年3月12日，第六届全国人民代表大会常务委员会第四次会议通过《专利法》。1990年9月7日，第七届全国人民代表大会常务委员会第十五次会议通过《著作权法》。1993年9月2日，第八届全国人民代表大会常务委员会第三次会议通过《反不正当竞争法》。除此以外，一些法规也陆续颁布，1997年3月20日，中华人民共和国国务院令第213号公布《中华人民共和国植物新品种保护条例》。2001年3月28日，中华人民共和国国务院令第300号公布《集成电路布图设计保护条例》。我国知识产权保护工作根据国民经济发展的客观需要，通过借鉴国际公约、条约规定和其他发达国家在知识产权保护立法方面的先进经验和有益做法，不断建立完善知识产权保护的立法体系，形成了由法律、法规、规章等层级，以及著作权、商标、专利等领域构成的纵横交织的知识产权保护法律体系。我国在不断健全完善国内知识产权保护法律体系的同时，也积极加入知识产权保护的国际条约，将知识产权保护工作融入国际规则体系。1980年6月3日，我国加入世界知识产权组织（WIPO），这是中国知识产权工作迈向国际保护体系的重要里程碑。此后，我国相继加入了《保护工业产权巴黎公约》《商标注册马德里协定》《保护文学艺术作品伯尔尼公约》等主要的知识产权保护的国际公约、条约及有关协定，表明我国知识产权法律保护进入国际知识产权保护体系。2001年12月11日，我国加入世界贸易组织（WTO），成为该组织的第143个成员国。加入世界贸易组织后的第三年，我国国家保护知识产权工作组成立，建立了跨部门的知识产权执法协作机制。

在经济全球化背景下，知识产权已经成为决定世界经济版图的重要战略资源，我们越来越深刻地认识到知识产权对于一国发展的重要意义。如果说此前我国知识产权保护的发展历程受外部国际社会影响较大，那么在2008年之后，我国知识产权保护进入了内在动力驱动保护的新发展阶段。2008年6月5日，国务院发布《国家知识产权战略纲要》，是我国运用知识产权制度促进经济社会全面发展的重要国家战略，是将知识产权保护提升到战略高度的重要纲领性文件。《国家知识产权战略纲要》实施以来，我国知识产权保护事业实现了由被动接受到主动保护的转变，知识产权创造、运用、保护、管理各方面取得长足进步。2016年5月19日，中共中央、国务院印发《国家创新驱动发展战略纲要》，明确到2050年我国建成世界科技创新强国的战略目标。党的十八大以来，以习近平同志为核心的党中央立足经济社会高质量发展大局看待我国知识产权发展事业，围绕加强知识产权保护工作顶层设计、深化知识产权保护工作体制机制改革等作出一系列重大部署，推动我国知识产权保护工作取得重大成效。党的十八大提出，要实施创新驱动发展战略。党的十九大明确，要强化知识产权的创造、保护、运用。党的十九届五中全会对加强知识产权保护工作作出明确要求。《中华人民共和国国民经济和社会发展第十四个五年规划和2035年远景目标纲要》提出，"健全知识产权保护运用体制""实施知识产权强国战略"。

从司法审判领域来看，知识产权不再只是阳春白雪，而是逐步融入企业的生产和人们的生活中。知识产权案件的数量迅猛增长，知识产权司法审判得到国家、全社会包括国际社会前所未有的关注和发展。2014年8月31日，第十二届全国人民代表大会常务委员会第十次会议通过《全国人民代表大会常务委员会关于在北京、上海、广州设立知识产权法院的决定》。2014年11月6日，北京知识产权法院作为首家知识产权专门法院成立，上海和广州知识产权法院也相继成立；2020年12月31日，海南自由贸易港知识产权法院成立。此外，自2016年以来，南京、苏州、武汉等地的22个知识产权法庭陆续设立，知识产权审判体系不断得以完善。

全面建设社会主义国家，是全面建成小康社会目标基本实现之后，我国朝着第二个百年奋斗目标，朝着富强民主文明和谐美丽的社会主义现代化强国的崭新征程奋进，必须要从国家战略高度深刻而充分地认识发展知识产权事业的重要意义。知识产权保护工作关系国家治理体系和治理能力现代化，关系高质量发展，关系人民的生活水平，关系国家对外开放大局，关系国家安全。我们要不断推动知识产权事业发展,推动我国从知识产权引进大国向知识产权创造大国转变,处理好知识产权保护与科学技术创新、经济社会发展之间的关系,努力走出一条中国特色的知识产权发展之路。

3.1.3　合作项目知识产权协议

在个案层面上,军事技术合作知识产权保护是通过合作项目知识产权协议的签订和执行得以实现的,故合作项目知识产权协议也是军事技术合作知识产权保护的重要制度依据。在知识产权的运行和保护中,公权力具有关键性的作用。知识产权是法律创设的产物,智力成果符合法律规定的特定条件才能成为知识产权并受到法律保护。其中,"特定条件"需要法律作出明确规定,即公权力参与。知识产权的权利行使、权利请求、权利救济也需要公权力作出具体规定。军事技术合作依托具体的项目而展开,这些项目大都是对国家安全、科技进步、经济发展起着重要作用的项目,其知识产权保护更加少不了公权力的调整和干预。但是,公权力对知识产权依法进行调整和干预并没有改变知识产权的私权性质,它调整的仍然是民事主体之间等价有偿的财产关系。知识产权在本质上是一种私权,知识产权权利的行使主要取决于民事主体之间的意思自治。因此,在军事技术合作中,合作各方往往会在遵循平等自愿、协商一致原则的前提下,就具体的军事技术合作项目签订知识产权保护协议,或者在军事技术合作协议中明确知识产权保护条款,对背景知识产权、前景知识产权、基于背景或前景知识产权而研发的新知识产权的归属、适用、收益分配、纠纷处理等作出详细约定。当然,军事技术合作知识产权保护协议或军事技术合作协议中的知识产权保护条款必须符合相关国际条约及合作各方国内立法的规定。

【知识链接】

1. 军事技术合作项目知识产权保护协议的主要内容

军事技术合作项目知识产权保护协议一般包括合同序文条款、核心内容条款、一般法律条款三大部分内容。

其中,合同序文条款主要规定以下内容:①合同名称,能够切实反映合同的标的、性质、内容;②合同编号;③合同当事人名称及其法律地位;④合同当事人的法定地址;⑤合同的签订日期和签订地点;⑥合同的鉴于条款,主要对当事人签订合同的主要目的、合同的基本原则,以及当事人拥有的背景知识产权的合法性等情况进行说明;⑦合同关键术语的定义,主要对合同中的一些关键术语的基本含义达成一致意见,例如学术公开、既有成果、保密信息、关键人员、技术诀窍、项目成果等。

核心内容条款主要规定以下内容:①技术项目及当事人义务,准确界定合作研发的项目以及合作各参与方提供的背景知识产权及承担的研发义务;②付款及外部经费要求;③项目成果的所有权及开发应用,主要规定合作项目成果的分享和成果的应用,以及明确为商业目的应用项目成果而使用其他当事人背景知识的权利义务;④学术使用及公开;⑤保密规定;⑥项目成果收益分配;⑦制止第三方侵权协作;⑧后续成果权利义务的约定等。

一般法律条款主要规定以下内容:①保证与索赔;②争议解决与法律适用;③不可抗力与免责条款;④合同生效条款;⑤合同有效期限;⑥合同终止;⑦合同文本及签字;⑧合同附件等。

2. 签订军事技术合作项目知识产权保护协议应当注意的相关问题

1)明确区分既有成果和项目成果

既有成果是指项目参与者在签订军事技术合作项目知识产权保护协议之前就已经占有,并且在实施研究项目或使用项目成果时所必需的智慧成果。需要注意的是,这里强调的是项目参与者已经"占有"而并非"所有",这就意味着既有成果的范围既包括项目参与者拥有所有权的智慧成果,同时也包括项目参与者通过许可授权等方式获得使用权的智慧成果。

项目成果是指基于某个特定的合作项目而产生的一切智力成果。需要注意的是,这里项目成果的判断并不以其是否为目前法律所划定的保护范围为依据。项目成果不仅包括传统意义上的知识产权和以类似知识产权方式保护的智力成果,而且包括目前尚未被任何纳入知识产权法律保护范围的新型智力成果,如数据、档案、保密材料的知识权利等。

此外,在授权既有成果时应当作出如下考虑:第一,授权既有成果应仅出于完成合作项目的需要,并且以满足合作项目需要为限度,尽可能减少授权使用的范围;第二,要对既有成果的范围进行明确划定,需要考虑的是既有成果是仅包含现有的既有成果还是也包括未来或有的知识产权成果;第三,要对既有成果建立档案,并对其使用过程进行跟踪管理,及时发现侵权风险并采取相应措施;第四,要对既有成果的应用给予合理补偿。

2）如何处置项目成果

要根据项目成果的内容、形式来选择和确定恰当的知识产权保护方式。例如，可以考虑项目成果能否申请发明专利、实用新型或外观设计，能否进行版权登记等。在确定项目成果所有权分配方案时，可以按照共同拥有、开发方拥有、既有成果最接近方拥有等方式进行选择。在签订军事技术合作项目知识产权保护协议前，还要讨论确定使用项目成果权利的内容是在合作协议中进行明确还是另外签订独立的商业化合同。此外，还要考虑许可当事人使用项目成果的方式是独占许可、排他许可还是非排他许可，以及对项目成果的适用范围和使用地域等事项作出明确约定。

3）后续成果问题

后续成果是指军事技术合作项目结束后，一方当事人利用合作成果开展进一步研究而取得的新的成果。对于军事技术合作中的后续成果，需要考虑对方授权行为是否受其国家技术出口法律管制，是否属于禁止或限制出口范围。此外，在签订军事技术合作项目知识产权保护协议时最好事先设定好后续成果的补偿机制，例如，通过交叉许可等方式分享使用权，并对许可使用费等事项作出预先约定。

4）合作项目管理

合作项目管理主要包括以下几个方面：第一，准确界定合作项目的范围；第二，如果合作项目的经费支付方式为按项目进度支付，那么需要对衡量项目进度的里程碑进行设定；第三，成立项目合作委员会，以便对项目合作过程中的重大事项进行决策，例如在决策的关键点决定项目是否继续；第四，考虑在项目合作关系无法继续时是否允许当事人使用合作产生的任何成果；第五，健全的保密规定。

5）法律适用问题

由于军事技术合作项目知识产权保护协议涉及来自于不同国家的当事人，因此就必须确定合同的法律适用问题，如合同的成立和解释受哪一个国家的法律约束等。在确定军事技术合作项目知识产权保护协议的法律适用时需要遵循以下三点原则：第一，意思自治的原则，即合同当事人可以协商选择合同的适用法律，但是要符合当事人所在国国内法关于法律适用选择自由的限制性规定；第二，最密切联系原则，即如果合同当事人没有在合同中约定适用法律，那么受理法院就可以将与合同有最密切联系国家的法律确定为合同的适用法律；第三，适用仲裁地法律，即如果合同中只有仲裁条款而没有法律适用条款，且难以推定适用法律，那么有关仲裁机构或法院可以推定合同适用仲裁地法律。

3.2 军事技术合作知识产权保护的非正式制度依据

非正式制度又称非正式约束、非正式规则，是指人们在长期社会交往过程中逐步形成，并得到社会认可的约定成俗、共同恪守的行为准则，包括价值信念、风俗习惯、文化传统、道德伦理、意识形态等。在非正式制度中，意识形态处于核心地位。因为意识形态不仅可以蕴涵价值观念、伦理规范、道德观念和风俗习性，而且可以在形式上构成某种正式制度安排的"先验"模式。对于一个勇于创新的民族或国家来说，意识形态有可能取得优势地位或以"指导思想"的形式构成正式制度安排（或正式约束）的理论基础和最高准则。相较于正式制度，非正式制度对人们行为产生的影响更为普遍，既是正式制度的基础，也是正式制度有效发挥作用的必要条件。非正式制度在社会发展中的作用是巨大的，具体表现如下：第一，非正式制度相对来说更为稳定。非正式制度的建立和形成需要都需要较长时间，有的甚至是历史发展的产物。非正式制度一旦形成，就具有较大的稳定性，其变化和演进也是一个相对缓慢、渐进的过程。第二，非正式制度主要来自传统文化。非正式制度作为一种传统文化的产物和表现，无时无刻不对人们产生影响，并且在某种程度上能够起到正式制度所不具备的凝聚社会成员的无形作用，是历史发展中的"内在稳定器"。第三，非正式制度具有一定指向功能。非正式制度为人们提供了具有指向功能的基本行为规范，当人们在面临多重选择的情境下，非正式制度可以为人们提供选择导向，从而对社会成员的行为进行规范。在军事技术合作的知识产权保护中，既要通过正式制度依据的刚性约束对知识产权形成周延保护，也要注重发挥非正式制度依据潜移默化的柔性作用，从根本上形成保护军事技术合作知识产权的思维意识和行为习惯。

【知识链接】

知识产权保护的正式制度依据和非正式制度依据之间的关系

知识产权保护的正式制度依据和非正式制度依据均属于知识产权保护制度体系的两个部分，二者之间既是互生关系，也是互补关系。

（1）互生关系。从制度发展来看，习惯、意识等非正式制度作为正式制度的基础和载体，经过一定时期的发展，才能孕育出法律制度这一正式制度，对人们的行为规范形成约束。在这种约束之下，久而久之人们的行为规范又逐步形成一种新的惯例和意识，进而生成新的非正式制度。

（2）互补关系。知识产权法律制度作为一种正式制度具有一定的局限性，必须依靠知识产权意识等非正式制度的补充，才可以形成有效的知识产权保护制度体系，知识产权意识对于知识产权制度的约束不具有强制性，因此需要依赖具有强制性的法律制度等正式制度来体现其约束作用[1]。

---

[1] 何华. 知识产权意识的制度经济学分析[J]. 中南财经政法大学学报，2007（6）：27-30，99.

第4章 军事技术合作涉及的知识产权

卡尔·马克思曾在《德意志意识形态》中有过这样的论述:"对进行征服的蛮族来说……战争本身还是一种通常的交往形式。"无论是在人类社会一般交往活动中,还是在国际军事技术合作实践中,都会产生大量的凝结了人类智慧劳动且具有经济价值的智力成果,这种智力成果是无形资产,把无形资产运用到生产经营中可以转化为生产力,把无形资产运用到国防建设中可以转化为战斗力。

4.1 军事技术合作涉及知识产权的研究成果

在军事技术合作中,会产生大量的基础理论成果、应用技术成果和软科学成果,将其成果形式按照知识产权的类别进行归类,主要有作品、专利、技术秘密、计算机软件、集成电路布图设计等。

4.1.1 作品

作品是著作权的保护客体,是文学、艺术和科学领域内具有独创性并能以一定形式表现的智力成果。"独创性"和"以一定形式表现"是一个具体对象成为著作权法所称作品的实质条件。其中,独创性是指作品由作者独立创作完成,并非对他人现有作品的复制、抄袭、剽窃或模仿。作品能以一定形式表现,即能够以物质复制的形式加以表现。判断一个具体对象是否为作品时,应从以下三点出发:第一,受著作权法保护的作品必须是已经表达出来的形式。即著作权法只保护作者具有独创性的表达,而不保护思想。《与贸易有关的知识产权协定》第9条第二款规定,"版权保护应当延及表达,而不延及思想、工艺、操作方法或数学概念之类"。这是由于思想具有普遍性,任何人都可以就相同的主题、思想重新进行描述,但只要这种表述具有原创性或独创性,是作者独立构思而成的,就可获得著作权法保护。第二,受著作权法保护的作品必须是文学、艺术或者科学领域内的表达形式。第三，受著作权法保护的作品必须表达出作者的综合理念，即作者将文字、数字、符号、色彩、光线、音符、图形等作品构成要素按照一定的规则和顺序进行有机组合，以表达其思想、情感、观点、立场、方法等综合理念。由上述作品的概念以及相关条件可知，在军事技术合作中，作品的形式主要有学术论文、专题论著、研究报告等符合作品法定构成要件的智力成果。

学术论文是以文字反映基础研究和应用研究的创新成果的科学纪录，是作者将材料经过科学的、逻辑的加工，最后形成有论点、论据、论证的文章。在科学研究中，撰写学术论文是常见的活动形式之一，是把研究过程中最主要的、最具有创建性的内容表达出来，阐述某个论题、提出新的观点或假说等。在国际军事技术合作中，合作双方的科研人员针对研究领域中某一问题的本质、特征及其规律性进行探讨、研究，或者对试验、观察以及其他方式所得到的结果进行分析和总结，将其形成一定的科学见解，并对已经提出的科学见解进行论证、分析，进而上升为科学理论，形成议论性的文章。因而，学术论文除了具有一般议论文的特点外，还具有科学性、理论性、客观性、逻辑性、创造性和可读性等特点，是作者对某一问题发表的独立见解，对于推动学术交流与科技发展具有重要意义。

专题论著也称为专著，是科学技术研究成果的一种重要呈现载体，是国内外各个领域专家就某一学科或主题所撰写的专门性学术著作。专著是对某一知识领域的探索，是新的学术研究成果，属于一派一家之言，并以本专业的研究人员及专家学者为主要阅读对象。相对于学术论文而言，二者有以下不同：从篇幅上来看，学术论文一般为3万字以下，篇幅较短，而专题论著一般为3万字以上，其篇幅长于学术论文；从内容上来看，学术论文是在科学研究领域内表达科学研究最新成果的文章，而专著是对一个专题的体系性思考，其呈现的科技知识系统性较强，一般以图书的形式由出版社出版。在国际军事技术合作中，专著也是一种常见的作品形式。合作双方的科研人员就某一领域或某一专门课题加以研究，在学术上有新的突破，产生较多独创性成果，进而将其进行全面、系统的论述，形成著作，对本领域研究发展有一定的指导作用。

研究报告也叫作研究工作报告，是汇报某项科研成果的一种书面材料，是科研人员在科学实验、观察中，对所取得的技术数据等材料进行全面整理、综合分析、深入研究、归纳总结后，将研究结果和研究过程按照一定的格式记述下来所形成的研究成果。其主要内容包括：研究目的、研究意义，国内外有关客体的研究现状、研究水平、发展趋势、社会需求、任务来源、预期目标及性能指标，采用的技术方案、路线（包括原理图、框图）等，解决的难点和采取的措施，最终的成果、技术及性能指标，成果的科学意义、技术水平、经济效益和社会效益评估等。研究报告与科学论文的共同点是都对某一领域的科学问题进行阐述，报告科学事实，注重科学性、技术性和专业性。二者之间的区别在于，研究报告更侧重于对科研过程的记述，其中列举较多的数据做支撑，并且报告的内容具有一定的保密性。在国际军事技术合作中，对一些不宜公开发表的科研成果，合作双方科研人员可以按照研究报告的编写规则，对科研项目的全过程进行翔实地记载，包括对原理、方法的论述，以及对组织管理环节的描述，总结研究过程中的成功经验和失败教训，为后续研究奠定基础，提供指导。

4.1.2 专利

专利一词有多种含义，既可以指专利权，也可以指一国的专利制度。结合各个国家的专利法律制度，可以将专利权定义为：国家根据发明人或设计人的申请，以向社会公开发明创造的内容，以及发明创造对社会具有符合法律规定的利益为前提，根据法定程序在一定期限内授予发明人或设计人的一种排他性权利[1]。根据《保护工业产权巴黎公约》第 1 条第二款的规定，发明、实用新型、外观设计是工业产权的保护对象，并且允许缔约国自行对专利进行定义。世界多数国家的专利法仅保护发明，对实用新型、外观设计通过单独立法加以保护。在我国，发明、实用新型和外观设计同时被列为《专利法》的保护对象。不论通过何种立法方式进行保护，专利权的客体均可分为发明、实用新型、外观设计三种。在军事技术合作中，会产生大量以上述形式表现的科研成果，这些科研成果获得一国专利法授权即取得专利权，获得法律保护。

发明是指对产品、方法或者其改进所提出的新的技术方案。根据法定的定义，只有符合以下条件的智力成果才是专利法意义上的发明：第一，必须是正确利用自然规律的结果。人类社会活动的规律、人为制定的规则或提出的理论、科学发现、违背自然规律的设计方案等都不能被授予专利权。第二，必须是一种技术方案。技术方案是对要解决的技术问题所采用的利用了自然规律的技术手段的集合，其能够解决技术问题，获得符合自然规律的技术效果[2]。也就是

---

[1] 王迁. 知识产权法教程[M]. 7 版. 北京：中国人民大学出版社，2019：337.
[2] 国家知识产权局. 专利审查指南（2010 年版，2019 年修订）第二部分第一章.

说,专利法意义上的技术方案必须针对技术问题,利用技术手段,取得技术效果。第三,能够被较为稳定地重复实施。受专利法保护的发明,其技术方案应当能够被较为稳定地重复实施,以此给社会和权利人带来相对稳定的利益。根据发明的最终表现形态,可以将其分为产品发明和方法发明。其中,产品发明是指人工制造的具有稳定性质的可移动的有形体,如机器、设备、仪表、物质等发明。方法发明是指把一种物品变为另一种物品或制造一种产品所使用的具有特性的方法和手段。

实用新型是指对产品的形状、构造或者其结合所提出的适于实用的新的技术方案。与发明专利相比,实用新型在技术水平上略低,因此也被称为小发明或小专利。根据实用新型的定义,实用新型具有以下两点特征:第一,实用新型是具有一定的形状或构造的产品。这种产品应当是经过产业方法制造的,有确定的形状、构造,并且占据一定空间的实体。第二,该形状、构造或组合能够解决技术问题。与发明相同,实用新型也是一种能够正确利用自然规律解决技术问题的技术方案,而实用新型与外观设计之间的根本区别在于外观设计产品的形状仅能给人带来美感,而不解决任何技术问题。

外观设计是指对产品的整体或者局部的形状、图案或者其结合以及色彩与形状、图案的结合所作出的富有美感并适于工业应用的新设计。根据外观设计的定义可知,外观设计应当具备下列条件:第一,与产品相结合。外观设计是针对产品外表作出的设计,它并非单纯的美术作品。第二,体现在产品的整体或局部。既可以针对产品整体进行设计,也可以针对产品的某个部分进行设计,相应地,可以对产品整体或局部申请专利权保护。第三,是关于产品形状、图案和色彩或者其结合的设计。但因色彩的优先性,其不能单独构成外观设计,必须与产品结构和图案相结合。第四,富有美感。即不违反公序良俗,能够被社会公众所接受,并增加对潜在购买者的吸引力。第五,适于工业应用的新设计。即针对工业产品的新的设计方案能够进行工业化批量生产。

【知识链接】

部分国家和地区实用新型制度概览[1]

世界上公认的第一部实用新型法是德国于 1891 年颁布实施的《实用新型保

---

[1] 史上最全 120 个国家和地区实用新型制度概览. https://www.worldip.cn/index. php?m=content&c=index&a=show&catid=64&id=605,20220809.

护法》，至今已有 130 余年的历史。

到目前为止，世界上有约 120 个国家和地区实行了实用新型或类似的制度，其中有 93 个国家和地区有本国或本地区的实用新型制度，另外 27 个国家分别作为非洲地区工业产权组织（ARIPO）和非洲知识产权组织（OAPI）的成员国引入实用新型制度。在"一带一路"沿线，有 37 个国家或地区设立了实用新型专利制度（不含中国）。目前已知 11 个国家的实用新型采用单独立法，分别是爱沙尼亚、奥地利、丹麦、德国、芬兰、韩国、捷克、罗马尼亚、日本、斯洛伐克、匈牙利。

4.1.3 技术秘密

技术秘密即未公开的技术信息，是指与产品生产和制造有关的技术诀窍、生产方案、工艺流程、设计图纸、化学配方、技术情报等专有知识[1]。从技术秘密的定义来看，技术秘密具有以下特点：第一，实用性。实用性是指技术秘密于客观上适合在商业活动中实施，即技术秘密具有客观有用性。具体而言，技术秘密的实用性表现在客观性、具体性和确定性三个方面。其中，客观性是指技术秘密在客观上可以使权利人获得经济利益或竞争优势。具体性是指技术秘密并非抽象的构思、原理和单纯的概念，而应是具体可行的信息，并且在内容上具有可交易性。确定性是指技术秘密的权利人能够详细说明技术秘密的具体内容及其划定边界。第二，经济性。经济性是指与不知道或者不使用该技术秘密的同行竞争者相比，技术秘密权利人因实施技术秘密而比其他人拥有更多的经济利益，或者在竞争中具有更有利的优势地位。第三，秘密性。技术秘密的秘密性包括两方面的内容，其一，技术秘密具有主观秘密性，即该信息的拥有者在主观上具有对该信息予以保密的愿望；其二，技术秘密具有客观秘密性，这是指该信息在客观上不为本行业的人普遍知悉。第四，管理性。管理性是指技术秘密权利人为了保守其技术秘密而对其采取了各种合理的保密措施。在军事技术合作中，一些不宜通过申请专利获得保护的信息，可以通过技术秘密进行保护。

4.1.4 计算机软件

计算机软件包含计算机程序及有关的文档。其中，计算机程序指为了得到某种结果而可以由计算机等具有信息处理能力的装置执行的代码化指令序列，

---

[1] 吴汉东. 知识产权法学[M]. 8 版. 北京：北京大学出版社，2019：407.

或可被自动转换成代码化指令序列的符号化指令序列,或符号化语句序列。文档指用自然语言或形式化语言所编写的文字资料或图表,用来描述程序的内容、组成、设计、功能规格、开发情况、测试结果及使用方法,如程序设计说明书、流程图、用户手册等,即程序开发过程中编写的说明书、流程图及使用手册等。一般而言,国际上公认将计算机文档部分作为一般文字作品或图表作品予以著作权法保护,但对于将程序列入著作权法进行保护存在分歧。我国遵照国际通行做法,把以程序为主要内容的计算机软件作为一种作品纳入《著作权法》保护范围,同时又承认它与其他传统的文学艺术和科学作品的区别,针对它作为技术产品的特殊性,专门制定了《计算机软件保护条例》。根据该条例,计算机软件受到法律的保护,享有计算机软件著作权,必须符合法律规定的以下条件:第一,独创性。该软件必须由开发者独立开发,不能是剽窃、抄袭他人的软件。第二,固定性。必须已将其程序固定在某种有形物体上,如磁盘、磁带、纸带、卡片上等,能为开发者以外的人知悉。也就是说,存在于开发者大脑中的软件不受著作权法保护,并且按照我国《计算机软件保护条例》的规定,对软件著作权的保护不延及开发软件所用的思想、处理过程、操作方法或者数学概念等。在军事技术合作中,会产生大量的计算机软件,这些计算机软件被广泛地应用于武器装备,对于提升装备的信息化和现代化具有重要意义。

4.1.5 集成电路布图设计

集成电路布图设计是一项独立的知识产权。按照《关于集成电路的知识产权条约》(1989 年 5 月 26 日签订于华盛顿,也称为《华盛顿条约》)的解释,集成电路是指"一种产品,包括最终形态和中间形态,是将多个元件,其中至少有一个是有源元件,和部分或全部互连集成在一块半导体材料之中或之上,以执行某种电子功能"。布图设计是指"集成电路中多个元件,其中至少有一个是有源元件,和其部分或全部集成电路互连的三维配置,或者是指为集成电路的制造而准备的这样的三维配置"。根据该定义,集成电路布图设计与工业品外观设计的区别在于,虽然集成电路布图设计实质上是一种图形设计,但其功能的发挥并不取决于集成电路的外观,而在于集成电路中具有电子功能的每一元件的实际位置。集成电路布图设计也不同于著作权意义上的图形作品或造型艺术作品,图形作品是由文字、图形或符号构成的,是作者思想情感的表现形式,而布图设计是一种由电子元件及其连线所组成,执行某种电子功能的三位配置形态的图形设计,它并非作者思想情感的表达。

随着集成电路在军事上的广泛应用和集成电路工业的高速发展，其对武器装备的功能、性能、质量、重量、体积、寿命、成本等起着不可替代的重要作用。从某种角度讲，未来战争的争夺，实际上是高技术微电子芯片及其制造技术的争夺，谁占有了高技术微电子芯片制造技术及其芯片市场，谁就掌握了未来战争的潜在控制权。因此，在国际军事技术合作中，集成电路布图设计专有权就变得十分关键，任何未经集成电路布图设计所有权人的许可，且无适当法律依据，擅自复制或商业化利用集成电路布图设计的行为均属于知识产权侵权行为。

【知识链接】

1. 部分国家集成电路布图设计的立法保护

美国是世界上最先对集成电路布图设计进行保护的国家。1983 年，美国国会通过了《半导体芯片保护法》，对集成电路布图设计专有权进行法律保护。1985 年，日本颁布了《半导体集成电路的线路布局法》，对集成电路布图设计专有权进行法律保护。继美国、日本之后，瑞典、英国、德国、法国、意大利、俄罗斯和韩国等国也相继制定了本国的集成电路布图设计法。

1989 年，世界知识产权组织在华盛顿通过了《关于集成电路的知识产权条约》，该条约对集成电路布图设计的客体条件、保护的法律形式、缔约国之间的国民待遇、转由原保护范围、手续程序以及保护期限等作出了具体规定。在世界贸易组织《与贸易有关的知识产权协定》中，也以专节的形式对集成电路布图设计的保护问题进行了一系列规定。各缔约方需按照上述公约的有关规定对集成电路布图设计提供国内立法保护。

我国采用单行条例的立法体例对集成电路布图设计进行法律保护。入世之初，为了保护集成电路布图设计专有权，鼓励集成电路技术创新，促进科学发展，同时也是为了履行保护集成电路布图设计方面应当承担的国际义务，2001 年 3 月 28 日，国务院第 36 次常务会议通过了《集成电路布图设计保护条例》，该条例于 2001 年 10 月 1 日起开始实施，主要包括布图设计专有权、布图设计的登记、布图设计专有权的行使，以及法律责任等内容。

2. 微电子芯片技术助力 5G[1]

5G 是当下热度最高的词之一，5G 的中文全称是"第五代移动通信技术"，

---

[1] 李志强. 微电子芯片技术助力 5G——科技让生活更美好. [EB/OL]. http://www.ime.cas.cn/kxpj/kpcy/202012/t20201222_5835009.html，2020-12-22/2023-04-06.

对应的英文是 The 5th Generation Cellular Network Technology，简称 5G。自 1979 年日本建立全球第一个商用的 1G 移动通信网络至今，移动通信经历了 1G—2G—3G—4G—5G 的发展历程，每一代移动通信都有其典型特征：1G 实现了从无到有的突破，但是由于采用的是模拟调制技术，其通话质量较差，同时价格较高导致使用 1G 网络的人数有限；2G 实现了真正意义上的全球移动通信网络，由于首次采用了数字调制技术从而大大提高了通话质量，2G 时代最流行的应用是打电话和发短信，蜂窝技术也使得接入 2G 网络的人口数量大增；3G 进一步提高了通信带宽和速率，使得移动宽带和多媒体成为可能，典型的应用为彩信和电子邮件等；4G 的通信带宽和传输速率相对于 3G 提升了 10 倍以上，实现了真正意义上的移动互联网应用，成功催生了移动支付、自媒体和短视频等创新应用；5G 还没有大规模应用，目前世界各国纷纷启动了 5G 商用网络部署计划，1G—4G 的发展以提高传输带宽和速率为驱动，而到了 5G 时代，这个需求已经不是唯一的驱动力。5G 主要有三个典型应用场景：①增强移动带宽，即追求更快的传输速率，未来下载一部高清的电影只需要几秒；②低延时、高可靠通信，即通过改善网络的性能，未来无人驾驶、远程医疗都将变为现实；③大规模机器通信和物联网，即未来数以万亿计的物体将连入网络，实现真正意义上的物物通信。5G 为我们描绘了美好的应用场景，在 5G 提供的通信管道基础上，一定会催生出更多的创新应用，不仅改变我们的生活，还会改变我们的社会。

移动通信技术的成功离不开微电子技术也就是集成电路和芯片技术的发展。以手机为例，要把如此复杂的功能在如此小体积的手机上实现，完全得益于微电子技术的发展。我们日常所熟知的芯片就是指集成电路。所谓集成电路就是采用微电子技术把晶体管、电阻和电容等元器件在一个衬底材料上制作完成并实现电气连接，实现某个特定的功能。集成电路的发展遵循著名的"摩尔定律"：当价格不变时，集成电路上可容纳的元器件的数目，每隔 18~24 个月便会增加一倍，性能也将提升一倍。该定律由美国英特尔公司的联合创始人 Gordon Moore 于 1965 年提出。曾经连摩尔本人都认为摩尔定律已经失效，但是在计算机中央处理器（CPU）、移动通信芯片和人工智能芯片需求的驱动下，摩尔定律一直发展到了今天。正是微电子技术的发展，促使芯片集成度越来越高，功耗越来越低，价格越来越低，使得普通人可以享受到科技发展带来的成果。

移动通信技术和微电子技术还在继续发展，两者是互相支撑的关系，正是移动通信巨大的市场需求推动了微电子技术的进步，同时微电子技术的发展又为移动通信技术提供了"更高、更快和更强"的芯片解决方案，促进移动通信技术进一步发展。全球目前已经启动 6G 研发工作，芬兰奥卢大学 6G 旗舰组织2019 年发布全球首个 6G 白皮书；华为公司位于加拿大渥太华的实验室也已经开始进行 6G 网络研究。6G 将是一个空天地一体化网络，将卫星网络和地面移动通信网络全部连接在一起，到时候无论你在飞机上、轮船上还是沙漠中，均可以随时接入网络，真正实现随时随地和无处不在的连接。要实现未来的 6G 网络，微电子技术同样不可或缺，尤其是采用微电子器件的毫米波、太赫兹等技术将大有用武之地。相信未来移动通信技术还将以 10 年一代的速度更新，微电子技术在需求牵引下继续沿着摩尔定律向纵深发展，人类对于美好生活的向往不会变，科技让生活更美好！

4.2 军事技术合作的研究成果权属确定原则

军事技术合作成果能够为合作各方带来巨大的军事效益、经济效益，因而，军事技术合作成果的归属与分享成为军事技术合作中一个十分重要的问题。科学、合理地确立军事技术合作成果的归属和分享，需要全方位、多方面进行综合考察和研究。既要符合处理国际法律关系的原则、规则，又要满足合作研究成果归属和分享的特殊要求；既要有利于当前合作研究的实践，又要有利于合作各方的后续发展。在实践中，世界各国往往通过签订政府间协议开展军事技术合作。在双方达成的军事技术合作协议中，一般会对合作成果的归属作出约定。在此，我们根据国际条约、各国知识产权法律，结合理论与实践，对军事技术合作成果归属与分享的一般原则进行学术探讨。我们认为，军事技术合作成果权益的归属和分享一般应当遵循互相尊重、尊重人才、尊重创新原则，平等、公正、互利原则，遵守国际条约及各国国内法原则，参照国际惯例原则，以及以协议为根据原则。

4.2.1 互相尊重、尊重人才、尊重创新原则

互相尊重原则是指在军事技术合作中，合作各方应当以互相尊重为前提，平等、有序地组织和开展军事技术合作。在军事技术合作中，合作各方一般为主权国家，通过军事技术合作开展对外交往，是主权国家对外行使主权的一种

行为。主权国家之间是平等的,在军事技术合作中,合作各方应当本着主权平等、互不干涉内政等国际法基本原则,在互相尊重的基础上开展军事技术合作,以及确定军事技术合作成果的归属和分享。

尊重人才原则是指对成果完成人的精神权利给予肯定和法律保护。当今世界,科学技术是第一生产力,实现科学发展,关键在技术,根本在人才。在军事技术合作中涌现的大量科技成果,归根结底是由合作各方科研人员完成的,凝结了成果完成者的人身智慧和创造性劳动。军事技术合作的科技成果所产生的精神权利,作为知识产权的一部分,与成果完成者密不可分。因此,军事技术合作成果的精神权利应当专属于对科技成果单独作出或者共同作出创造性贡献的科研人员,包括身份权、荣誉权等。成果完成人有权在有关确认和表明完成者身份的文件上表明自己是成果的完成者,并且有权获得本国社会或者国际社会所授予的各种奖励和荣誉。

尊重创新原则是指在把握科技创新规律,鼓励创新人才培育,以及尊重合作各方权利的基础上对军事技术合作科技成果的归属和分享进行分配。尊重创新可以引燃科技发展的引擎,为天才之火增添利益的柴薪,是推动科技创新成果源源不竭涌现的动力。在军事技术合作中,应本着尊重创新的原则确定合作成果的归属与分享。当涉及合作成果的知识产权属于合作各方所共有的情况时,一方如向非合作方转让,必须征得其他合作方的同意。

4.2.2　平等、公正、互利原则

平等、公正、互利原则是指合作各方在协商决定合作成果的归属和分享时,应当遵循平等、公正、互利的原则,综合考虑各方实际贡献,任何一方均不得谋求特权或者非法垄断合作成果。在军事技术合作中,军事技术合作主体之间具有平等性、协作性以及权利义务的平行性,即军事技术合作是在合作各方自愿平等、协商一致的前提下开展的科学研究和技术开发活动。在合作中,任何一方违背平等、公正、互利原则,将自己的意志强加于另一方,不采取有效措施对合作活动进行协调配合,甚至故意采取措施对合作活动进行干扰破坏,以及损害对方利益的行为,都会不可避免地造成合作失败,甚至会对合作双方之间的军事互信带来不可逆转的损害。军事技术合作成果的完成与取得,是合作各方共同努力的结果,在协商决定成果归属和分享时,应当对合作各方投入的设备、资金等有形部分,以及背景知识产权、科研人员的创造性智慧劳动等无形部分进行综合考量,按照各方的实际贡献大小合理分享合作成果。值得注意

的是，这里的合理分享，指的是合作各方对合作成果产生的财产权利进行合理分享，包括转让权、使用权等。由于精神权利具有极强的人身依附性，归属于合作各方共有或者单独所有，不存在分享的问题，因此，平等、公正、互利原则实际上是对合作成果所产生的经济权利的处分原则。

4.2.3 以协议为根据原则

以协议为根据原则是指，在军事技术合作中，关于合作成果的归属和分享问题，各个合作主体之间一般会通过以下两种方式协商决定：第一，在双方签订的军事技术合作协议中明确约定知识产权保护相关条款，其中就涉及合作成果的归属和分享的问题。第二，合作双方签署专门的军事技术合作知识产权保护协议，就合作成果的权属和分享问题达成一致意见。不论合作主体之间采取何种方式，其最终落脚点都是以协议为依据，合作各方所应享有的权利和履行的义务，以及纠纷的处理等，都应当在相关协议中予以明确。

4.2.4 遵守国际条约及各国国内法原则

遵守国际条约及各国国内法原则是指在协商决定合作成果的权利归属和利益分享时，应当遵循国际条约所确定的原则、规则，以各国国内法为保障。在军事技术合作中，各个合作主体往往加入了一些与知识产权有关的国际公约、国际条约，这些国际公约、国际条约一般都规定了各个缔约国在知识产权保护方面应当遵守的原则、规则，以及其国内立法知识产权保护应当达到的最低标准。此外，关于合作成果的权利归属和利益分享的具体落实，最终要通过各个国家的国内立法予以保障，即按照各个国家的知识产权相关法律规定，通过在合作国家内或者在其他国家申请相应的知识产权，以获得有效法律保护。以我国为例，我国是《保护文学艺术作品伯尔尼公约》《保护工业产权巴黎公约》《世界版权公约》《商标注册马德里协定》等公约、条约的缔约国。同时，我国国内法在知识产权方面主要有《著作权法》《专利法》《商标法》《计算机软件保护条例》《反不正当竞争法》等法律规范，这些法律规范除了对一些个别条款有所保留外，基本达到了国际公约、国际条约所要求的最低保护标准，有些方面的知识产权保护水平甚至高于国际条约、国际公约。因此，在协商决定合作成果的权利归属和利益分享时，既要符合国际公约、国际条约的相关规定，又不能与我国的知识产权立法相违背。

4.2.5 参照国际惯例原则

参照国际惯例原则是指，在军事技术合作中，由于合作主体各方权利义务缺乏规范性、知识产权法律规定形式的多样性，以及法律适用的复杂性，存在某些合作成果的权利归属和利益分享方面的一些问题至今尚无国际条约和国内立法可以作为依据。在此种情况下，应当参考和借鉴军事技术合作中已经为多个国家反复实践的原则和方法，处理合作成果的归属和分享问题，并在发生争议时参考国际惯例予以妥善解决。

综合来看，上述五个原则之间并非平行关系。其中，平等、公正、互利原则是核心，因为这一原则直接关系合作各方的相关利益。从军事技术合作的目的来看，合作各方都是为了促进科技进步、增强军事实力、获得经济利益，这与获得合作成果的经济权利密切相关。其他四条原则也非常重要，五者之间相辅相成、互为条件、缺一不可。互相尊重、尊重人才、尊重创新原则是其他原则的基础和前提；遵守国际条约及各国国内法原则，以及参照国际惯例原则是其他原则得以实现的基本保障；以协议为根据原则是其他原则的重要载体。

4.3 军事技术合作成果知识产权归属的规则

军事技术合作中的知识产权归属问题是决定军事技术合作能否顺利有序进行的关键所在。在军事技术合作中，合作各方面临的不仅是合作主体之间的利益分配问题，还有其他诸多影响因素，如地缘政治因素、经济发展水平、法律制度多样等。因此，正确处理军事技术合作中的知识产权归属问题至关重要。我们依据知识产权性质的不同，将军事技术合作中常见的知识产权归属问题进行梳理和分析，以厘清军事技术合作中的知识产权归属和分享的有关问题。

4.3.1 著作权的归属和行使

军事技术合作中产生的研究成果以作品形式表现的主要有学术论文、专题论著、研究报告等符合作品法定构成要件的智力成果。在军事技术合作中，作品的著作权归属和分享问题是合作各方谈判的重要问题之一。军事技术合作中产生的作品不仅科技含量高、学术价值大，而且蕴含着作者的精神权利，必须对此加以保护，明确作品著作权的归属，确保军事技术合作顺利进行。

1. 著作权归属的一般规定

根据我国《著作权法》的规定,著作权自作品创作完成之日起产生,法律没有规定必须办理的手续。这一规定与《保护文学艺术作品伯尔尼公约》和《与贸易有关的知识产权协定》的规定相一致。根据我国《著作权法》规定,除本法另有规定外,著作权属于作者,即创作作品的公民。由法人或者非法人组织主持,代表法人或者非法人组织意志创作,并由法人或者非法人组织承担责任的作品,法人或者非法人组织视为作者。在作品上署名的自然人、法人或者非法人组织为作者,且该作品上存在相应权利,但有相反证明的除外。作者因创作作品而原始取得作品的著作权,并且可以根据著作权法的规定享有著作人身权和著作财产权,以及针对侵犯其著作权的行为采取诉讼等法律维权措施。

2. 职务作品著作权的归属和行使

职务作品是指作者为了完成单位的工作任务而创作的作品。职务作品的著作权归属与行使规则,需要统筹兼顾保护单位投资以及保护作者创作两方面的需要。纵观世界各国在著作权方面的立法,对于自然人在受雇期间为了完成雇主交付的任务而创作的作品,多数国家规定,雇主可以享有一定的著作财产权,或者允许雇主通过与作者签订合同而取得全部或部分财产权。在这一点上,无论是英美法系国家,还是大陆法系国家,均作出了相同规定。例如,美国是典型的英美法系国家,日本是典型的大陆法系国家,《美国版权法》和效仿美国立法的《日本著作权法》均规定,对于职务作品,视雇主为作者。这意味着雇主是职务作品的原始著作权人,享有全部著作权。《英国版权法》规定,如果文字、戏剧、音乐和艺术作品是由雇员在受雇期间创作的,除非合同中有相反约定,否则雇员的雇主为该作品的原始著作权人。《西班牙知识产权法》规定,在没有书面协议时,对于根据雇佣关系创作的作品而言,推定利用该作品的专有权利已经授予了雇主,但这种利用仅限于雇主从事其通常业务所必需的范围。之所以多数国家进行这样的规定,是因为职务作品是由工作人员为了完成雇主交付的任务而创作的,为此,雇主提供了物质技术条件,并且向雇员支付了工资,以期利用雇员由此创作的作品获得经济利益。因此,为了平衡雇员与雇主之间的利益,著作权立法时在一定程度上给予雇主对其投入资本和经济利益的保护。

我国《著作权法》将职务作品分为普通职务作品和特殊职务作品,并分别对其著作权归属作出了规定。对于普通职务作品来说,我国《著作权法》规定,其著作权由作者享有,但单位有权在其业务范围内优先使用。作品完成两年内,未经单位同意,作者不得许可第三人以与单位使用的相同方式使用该作品。之所以这样规定，是因为这类职务作品虽然是为了履行工作职责而创作的，但并不需要单位提供特定的物质技术条件。因此，在此种情况下，著作权法对单位利益的保护水平较低，仅赋予单位在作品完成两年之内享有优先使用权。根据《著作权法实施条例》的相关规定，在职务作品完成两年之内，作者经单位同意，可以许可第三人以与单位使用相同的方式使用该作品，但对此所获得的报酬，应当由作者和单位按照约定的比例进行分配。对于特殊职务作品来说，我国《著作权法》将其分为四类，第一类特殊职务作品是指主要利用单位的物质技术条件创作，并由单位承担责任的工程设计图、产品设计图、地图、示意图、计算机软件等职务作品。第二类特殊职务作品是指报社、期刊社、通讯社、广播电台、电视台的工作人员创作的职务作品。第三类特殊职务作品是指法律、行政法规规定的著作权由单位享有的职务作品。第四类特殊职务作品是指合同约定著作权由单位享有的职务作品。根据《著作权法》的规定，上述特殊职务作品的作者享有署名权，著作权的其他权利由单位享有，单位可以给予作者奖励。由此可见，《著作权法》在立法时对特殊职务作品的著作权归属作出有利于单位的规定，这是为了鼓励单位对作品的创作进行投资，保护单位对于作品创作投资的合理利益。

3. 合作作品著作权的归属和行使

合作作品是指两个以上的作者经过共同创作所形成的作品。关于合作作品，需要注意的是，只有那些实际参与创作活动，对最终的作品作出独创性贡献的人才是合作作者，而仅仅为创作提供咨询意见、物质条件、素材或者其他辅助性劳动的人并非合作作者。此外，创作参与者必须有以合作作者身份共享著作权的主观意图。在认定合作作品时，一些国家的著作权立法还要求合作作者各自的贡献在整体合作作品中无法被单独辨认或者相互加以区分。例如，意大利《著作权法》规定，合作作品是指两个或两个以上的人创作的作品，其中各自的贡献无法区分或分割。澳大利亚《版权法》规定，合作作品是指两个或两个以上的作者合作创作的作品，其中一个作者的贡献无法与其他作者的贡献加以区分。

我国《著作权法》并没有对合作作品作出上述限制，而是将合作作品分为可以分割使用的合作作品和不可分割使用的合作作品，并对其著作权的归属和行使分别作出规定。可以分割使用的合作作品和不可分割使用的合作作品都是由两人以上合作创作的，其实质都是合作作品，著作权应当归属于各个合作作者共同享有。其中，可以分割使用的合作作品，作者对各自创作的部分可以单独享有著作权,但行使著作权时不得侵犯合作作品整体的著作权。不可分割使用的合作作品,应当在保护每名合作作者的利益的前提下,促进合作作品的利用。在利用合作作品时,合作作者应当进行协商,在协商一致的情况下共同行使著作权;如果合作作者之间无法协商一致,又无正当理由,则任何一名合作作者均不得阻止其他合作作者行使除转让、许可他人专有使用、出质以外的其他权利,但所得收益应当合理分配给所有合作作者。

4. 委托作品著作权的归属和行使

委托作品是指受托人根据委托人的委托而创作的作品。对于委托作品的著作权归属,世界各国的规定有所不同。例如,美国《版权法》规定,对于某些通过订购或委托,为特定目的而创作的作品,包括作为集合作品组成部分的作品、作为电影作品或其他视听作品组成部分的作品、翻译作品、(对教材等原作品的)增补作品、编辑作品、说明书、试卷、试卷的答案或地图作品,如果双方当事人以书面合同的方式明确约定属于这九类范围之内的作品为职务作品,则该作品应当被视为职务作品,视雇主为作者,由雇主享有作品的著作权。澳大利亚《版权法》规定,除了照片、画像和雕刻外,除非委托合同有相反约定,否则,创作作品的受托人享有委托作品的版权。

我国《著作权法》规定,受委托创作的作品,著作权的归属由委托人和受托人通过合同约定。合同未明确约定或者没有订立合同的,著作权属于受托人。并且,根据最高人民法院《关于审理著作权民事纠纷案件适用法律若干问题的解释》,如果委托作品的著作权归属于受托人,则委托人在约定的适用范围内享有使用作品的权利;双方没有约定使用作品范围的,委托人可以在委托创作的特定目的范围内免费使用该作品。

4.3.2 专利权的归属和行使

在军事技术合作中,会产生大量的发明创造,这些发明创造若想获得专利权,必须经过申请和授权程序,并且由于专利权具有强烈的地域性,同一发明创造若想在多个国家受到专利保护,则应当按照每个国家专利法的规定向其申请专利权。

军事技术合作中专利权的归属问题实质上就是专利申请权的归属问题。专利权是一种独占实施权,只有专利权人才能享有占有、使用、收益和处分其发明创造的权利,表现为独占权,包括制造权、使用权、许诺销售权、销售权,以及进口权等。他人若想实施该专利,必须经过专利权人的许可实施,并支付专利使用费。因此，专利权能够给权利人带来丰厚的经济利益和各种精神权利。

1. 发明创造专利权的一般归属

根据我国《专利法》的规定，自然人、法人和其他组织都可以申请并获得专利权。在此，需要对发明人或设计人、专利申请人、专利权人的概念进行区分。任何发明创造只可能由具有思维意识、创造能力的自然人完成，这一自然人被称为发明人或设计人。之所以对发明创造完成人有不同的称谓，是因为对不同的专利种类进行区别，发明专利和实用新型专利的完成人被称为发明人，实用新型专利的完成人被称为设计人。专利申请人是指依法就某一发明或设计向国家专利行政部门提出专利申请的当事人。各个国家均规定，并非任何人都可以向专利行政部门提出专利申请。根据《中华人民共和国专利法》的规定，在我国，专利申请人应当是具有专利权利能力的公民或法人，并且其具有专利申请的申请权。享有申请权的民事主体向专利行政部门提出专利申请后，在专利申请和审查阶段享有一定权利，同时要履行一定义务。当两个以上的单位或者个人就同一项发明创造共同提出专利申请时，其申请人称为共同申请人。专利权人是指享有专利权的主体。原专利申请人或权利继受人，在其专利申请被国家专利行政部门批准后，成为专利权人。

2. 职务发明创造专利权的归属

职务发明创造也被称为雇员发明。职务发明的发明人和有权申请专利的单位之间具有雇佣关系，在雇员履行职务过程中所作出的发明，都是职务发明。因此，对于职务发明创造来说，专利申请权不属于发明人或设计人，而归属于其所在的单位。根据我国《专利法》以及《专利法实施细则》的相关规定，职务发明创造包括执行本单位的任务所完成的发明创造和主要利用本单位的物质条件所完成的发明创造。其中，在执行本单位的任务所完成的发明创造中，又包括三种情况：第一，在本职工作范围内完成的发明创造。第二，履行本单位交付的本职工作之外的任务所作出的发明创造。第三，退职、退休或者调动工作1年内作出的，与其在原单位承担的本职工作或者分配的任务有关的发明创造。在主要利用法人或者非法人组织的物质技术条件所完成的发明创造中，"物质技术条件"包括资金、设备、器材、原材料或者未公开的技术信息和资料等。"主要利用"包括职工在技术成果的研究开发过程中，全部或者大部分利用了法人或者非法人组织的资金、设备、器材、原材料等物质条件，并且这些物质条件对于形成该技术成果具有实质性的影响。

根据最高人民法院《关于审理技术合同纠纷案件适用法律若干问题的解释》

（2020年修正）的规定，如果发明创造的实质性内容是在法人或者非法人组织尚未公开的技术成果、阶段性技术成果基础上完成的，也属于主要利用法人或者非法人组织的物质技术条件所完成的发明创造。职务发明创造被授予专利权后，发明人或设计人有权在专利文件中写明自己是发明人或设计人，即发明人或设计人享有在专利文件中的署名权。单位应当对职务发明创造的发明人或设计人给予奖励，发明创造专利实施后，根据其推广应用的范围和取得的经济效益，对发明人或设计人给予合理的报酬。

【知识链接】

1．非职务发明创造专利权的归属

非职务发明创造是指在本职工作或单位交付的工作之外，完全依靠自己的物质技术条件作出的发明创造。非职务发明创造，其专利申请权归属于发明人或设计人。单个自然人完成的非职务发明创造，其专利申请权由发明人或设计人自由行使。两个以上自然人共同发明或共同设计完成的非职务发明创造，其专利申请权由全体发明人或设计人共同行使。发明人或设计人可以转让、放弃专利申请权，但共同发明人或设计人转让申请权，应当征得其他共同发明人或设计人的同意。

2．合作发明创造专利权的归属

合作发明创造是指两个以上单位或个人共同从事发明创造，并且都对发明创造的完成作出了实质性贡献。根据我国《民法典》的规定，合作开发完成的发明创造，专利申请权属于合作开发的当事人共有。当事人一方转让其共有的专利申请权的，其他各方享有以同等条件优先受让的权利。但是，当事人另有约定的除外。合作开发的当事人一方声明放弃其共有的专利申请权的，除当事人另有约定外，可以由另一方单独申请或者由其他各方共同申请。申请人取得专利权的，放弃专利申请权的一方可以免费实施该专利。我国《专利法》规定，专利申请权或者专利权的共有人对权利的行使有约定的，从其约定；没有约定的，共有人可以单独实施或者以普通许可方式许可他人实施该专利，许可他人实施该专利的，收取的使用费应当在共有人之间分配。除上述规定的情形外，行使共有的专利申请权或者专利权应当取得全体共有人的同意。

需要注意的是，合作开发的当事人一方不同意申请专利的，另一方或者其他各方不得申请专利。这是因为专利申请存在一定的法律风险。专利申请是将其技术方案公开以换得专利权，一旦专利申请被驳回，不但申请人不能获得专利权，这一技术方案也会因为已经向社会公开进入公共领域而无法作为技术秘密受到法律保护。

3. 委托发明创造专利权的归属

委托发明创造是指一个单位或者个人接受其他单位或者个人委托所完成的发明创造。根据我国《民法典》的规定，委托开发完成的发明创造，除法律另有规定或者当事人另有约定外，申请专利的权利属于研究开发人。研究开发人取得专利权的，委托人可以依法实施该专利。研究开发人转让专利申请权的，委托人享有以同等条件优先受让的权利。

4.3.3 技术秘密权的归属和行使

技术秘密又称专有技术，是指不为公众知悉的未申请专利的技术成果，以及专利法规定不授予专利权的技术成果，包括各种设计资料、图纸、工艺流程以及材料配方等技术资料，也包括专家、技术人员、工人掌握的不成文的经验知识和技巧。世界各国普遍认为，技术秘密是一种无形财产权，属于知识产权范畴。技术秘密包括技术秘密人身权和技术秘密财产权两方面的内容。其中，技术秘密人身权是指技术秘密权利人依法享有的，与其人身不可分离且没有直接的财产内容的民事权利，包括身份权和保密权。技术秘密财产权是指技术秘密权利人对其技术秘密依法享有占有、使用、收益和处分的权利。技术秘密权利人可以依法转让或者许可他人使用该技术秘密，并从中获取经济利益。由于军事技术合作大多涉及国防与军事安全，具有高度的敏感性、保密性，多数合作成果不宜公开，因此只能作为技术秘密加以保护。

1. 技术秘密权归属的一般规定

在我国现有的立法体例中，尚未有专门针对技术秘密的单行立法，与技术秘密有关的法律规定散见于《民法典》《专利法》《反不正当竞争法》等法律规范中。根据我国相关法律规定，自然人利用自己的专业知识、物质条件、经验信息等开发的技术秘密，应当归属于开发者个人。

2. 职务性技术秘密权的归属和行使

职务性技术秘密是指单位职工在执行职务期间开发的技术秘密，或者以单位投入的大量的人力、财力、物力为依托所开发的技术秘密。根据我国相关法律规定，职务性技术秘密权归属于单位。这是因为职务性技术秘密凝聚着单位的科学决策、集体智慧、经验积累等，单位理应享有这类技术秘密的人身权和财产权。单位有权在含有技术秘密的文件和产品上表明该单位是开发者，有权制止他人非法泄露该技术秘密，有权对这一技术秘密进行占有、使用、收益、处分。

【知识链接】

1．在确定职务性技术秘密权归属时需要注意的两种常见情形

第一，单位职工在本职工作之外，利用自己的专业知识、物质条件、业余时间开发的技术秘密。此类技术秘密也叫作非职务性技术秘密。由于这类技术秘密既与本职工作无关，又没有利用单位的资源，故此类技术秘密权应当归属于开发者个人。

第二，单位职工在本职工作之外，利用本单位的技术条件或经验积累开发的技术秘密。此类技术秘密介于职务性技术秘密与非职务性技术秘密之间，开发者并非完成本职工作，但却利用了单位的资源。因此，为了保护开发者的创造性智力劳动以及单位的投资，平衡二者之间的利益关系，此类技术秘密应当依据公平原则合理确定其权属。由于这类技术秘密在开发过程中利用了单位的技术条件、经验积累等资源，因此职工可以向单位支付一定的使用费，或者单位可以向职工支付合理报酬，由单位享有该技术秘密的优先使用权。但是，如果单位与职工就此类技术秘密的归属在平等、自愿原则的基础上另有约定的，应当按照约定执行。

2．共同开发的技术秘密的权利归属和行使

共同开发的技术秘密，其权利归属于开发人共同所有。其中，技术秘密人身权由全体开发人共同所有，参与开发的各方都享有标记权、署名权、保密权等人身权利。技术秘密财产权本质上属于共有财产，它难以分割，共有人难以对其按份共有，只适宜共同共有。在行使权利的过程中，为了保障各方的合法权益，参与开发的各方应当就技术秘密收益的分配办法进行约定。因此，当参与各方事前有明确约定的，按照约定使用、收益。事前没有约定或约定不明，事后又难以达成协议的，任何一方均有权使用该技术秘密，由此所获得的收益归使用方所有。但是，任何一方均无权单独处分该技术秘密，处分该技术秘密，必须经全体共有人一致同意，且所得收益由全体共有人共同分享。

3．委托开发的技术秘密的权利归属和行使

委托开发的技术秘密，根据双方签订的协议确定其权利归属；协议没有约定的，技术秘密权属于受委托方。这是由于此类技术秘密依据委托开发协议而产生，委托方把需要解决的技术问题或经营问题交给受委托方进行开发并支付相应的费用。这实际上是一个合同问题，双方既可以约定技术秘密权归属于委托方，也可以约定归属于受委托方。因此，当双方之间有明确的权属约定时，从其约定；当双方之间没有权属约定或者约定不明的，技术秘密应当归技术秘密开发者，即受委托方所有，由于委托方已经向受托方支付了相关费用，因此，有权使用该技术秘密。需要注意的是，不论技术秘密归属于受托方还是归属于委托方，技术秘密的开发者始终享有标记权，以表明自己开发者的身份。

4.3.4 计算机软件著作权的归属和行使

关于计算机软件，有些国家明确规定予以著作权保护，如美国、澳大利亚等。目前，世界各国普遍认为，著作权法是保护计算机软件比较适宜的法律。我国也将计算机软件列入著作权法保护范畴，并于2001年制定了《计算机软件保护条例》，对计算机软件著作权加以保护。

1. 计算机软件著作权归属的一般规定

根据我国《计算机软件保护条例》的规定，除该条例另有规定外，计算机软件著作权属于软件开发者。如无相反证明，在软件上署名的自然人、法人或者其他组织为开发者。

2. 职务性计算机软件著作权的归属和行使

根据我国《计算机软件保护条例》的规定，职务性计算机软件是自然人在法人或者其他组织中任职期间所开发的软件，同时该软件的开发具有以下情形之一：第一，针对本职工作中明确指定的开发目标所开发的软件；第二，开发的软件是从事本职工作活动所预见的结果或者自然的结果；第三，主要使用了法人或者其他组织的资金、专用设备、未公开的专门信息等物质技术条件所开发并由法人或者其他组织承担责任的软件。如果自然人在法人或者其他组织中任职期间所开发的软件满足上述情形之一，那么这一软件的著作权由自然人所任职的法人或者其他组织享有，该法人或者其他组织可以对开发软件的自然人进行奖励，开发该计算机软件的自然人享有署名权。

3. 合作开发的计算机软件著作权的归属和行使

根据我国《计算机软件保护条例》的规定，由两个以上的自然人、法人或者其他组织合作开发的软件，其著作权的归属由合作开发者签订书面合同约定。无书面合同或者合同未作明确约定，合作开发的软件可以分割使用的，开发者对各自开发的部分可以单独享有著作权；但是，行使著作权时，不得扩展到合作开发的软件整体的著作权。合作开发的软件不能分割使用的,其著作权由各合作开发者共同享有,通过协商一致行使;不能协商一致,又无正当理由的,任何一方不得阻止他方行使除转让权以外的其他权利,但是所得收益应当合理分配给所有合作开发者。

4．委托开发的计算机软件著作权的归属和行使

根据我国《计算机软件保护条例》的规定,接受他人委托开发的软件,其著作权的归属由委托人与受托人签订书面合同约定;无书面合同或者合同未作明确约定的,其著作权由受托人享有。

4.3.5　集成电路布图设计专有权的归属和行使

集成电路布图设计专有权是指集成电路布图设计专有权人对于权利的客体所能行使的权利。从国际条约以及各个国家国内立法规定来看,集成电路布图设计专有权的内容主要包括复制权和商业利用权,而不包括精神权利。我国于2001年制定了《集成电路布图设计保护条例》,对集成电路布图设计这一知识产权进行法律保护。

1．集成电路布图设计专有权归属的一般规定

根据我国《集成电路布图设计保护条例》的规定,中国自然人、法人或者其他组织创作的布图设计,依照本条例享有布图设计专有权。外国人创作的布图设计首先在中国境内投入商业利用的,依照本条例享有布图设计专有权。外国人创作的布图设计,其创作者所属国同中国签订有关布图设计保护协议或者与中国共同参加有关布图设计保护国际条约的,依照本条例享有布图设计专有权。

2．职务性集成电路布图设计专有权的归属

根据我国《集成电路布图设计保护条例》的规定,由法人或者其他组织主持,依据法人或者其他组织的意志而创作,并由法人或者其他组织承担责任的布图设计,该法人或者其他组织是创作者,布图设计专有权属于该法人或者其他组织。

3．合作创作的集成电路布图设计专有权的归属

根据我国《集成电路布图设计保护条例》的规定,两个以上自然人、法人或者其他组织合作创作的布图设计,其专有权的归属由合作者约定;未作约定或者约定不明的,其专有权由合作者共同享有。

4．受委托的集成电路布图设计专有权的归属

根据我国《集成电路布图设计保护条例》的规定,受委托创作的布图设计,其专有权的归属由委托人和受托人双方约定；未作约定或者约定不明的，其专有权由受托人享有。

【知识链接】

需要注意的是，在实践中，很多军事技术合作的开展依托于科研院所、军工企业等单位、组织或个人，由国家资助单位、组织或个人完成科研项目。这种情况下，国家与单位、组织或个人之间实际上形成了委托关系。根据相关法律规定，在没有约定的情况下，由此完成的发明创造的专利申请权应当归属于单位、组织或个人。我国《计算机软件保护条例》中的规定也是如此，其中第十二条规定，由国家机关下达任务开发的软件，著作权的归属与行使由项目任务书或者合同规定；项目任务书或者合同中未作明确规定的，软件著作权由接受任务的法人或者其他组织享有。

以往受计划经济思维的影响，国家科研项目的管理机构一般在其科研项目任务书中强调科研成果归国家所有。这一做法在实践中影响了科研项目承担者的积极性和主动性，也不利于科研成果的转化。2004年，科技部和财政部借鉴美国《杜拜法案》的成功经验，颁布了《关于国家科研计划项目研究成果知识产权管理的若干规定》，其中规定除涉及国家安全、国家利益和重大社会公共利益的科研计划项目成果以外，项目承担单位可以独立享有研究成果的知识产权，依法自主决定研究成果知识产权的实施、许可、转让以及作价入股等事项，并获得相应的收益。这意味着对于在国家资助的科研项目中完成的科研成果，承担者可以享有专利申请权，并在申请获得批准之后成为专利权人。

然而，由于军事技术合作的特殊性，由此产生的多数科研成果均属于涉及国家安全、国家利益和重大社会公共利益的科研计划项目成果。因此，凡属此类科研成果，其知识产权仍然归属于国家所有。

第 5 章 国内外军事技术合作知识产权保护现状与做法

科学研究和技术开发的核心能力是一个国家增强经济水平、保障国家安全、提升国际竞争力的基本保证。军事强国、军事大国通过合作，可以聚集智力、资金和技术资源，研发新一代武器装备，维持自身技术优势；其他国家通过合作，可以弥补技术短缺、经费不足等问题，促进本国科技发展，增强自身国防实力。然而，在军事技术合作中，非法复制、仿造等知识产权侵权问题已经成为影响军事技术合作持续发展与深入的一大阻碍，加强国际军事技术合作中的知识产权保护，利用好对外军事技术合作，在错综复杂的国际环境下参与大国博弈，已成为世界各国对外交往中共同面临的重大课题。

5.1 军事技术合作知识产权保护的整体现状

在经济全球化、科技全球化快速发展的时代背景下，国家之间以自主创新能力为重点的科技竞争如火如荼，而知识产权则是决定一个国家核心竞争力的关键所在。在世界新军事变革中，各种高精尖武器装备和军事技术层出不穷，且被广泛应用于战争实践。发生在 20 世纪 90 年代的海湾战争让世界看到了高技术战争展现出的巨大威力，给人们带来了强烈震撼，同时也给全世界敲响警钟，从而引发了世界各国研究未来新型战争的热潮。然而现阶段的任何一个国家，不论其科技实力多么雄厚，都不具备完全依靠自身力量去解决本国经济发展和军备研制中一切技术问题的能力。通过军事技术合作快速获得先进武器装备、提高军事技术水平成为世界各国的普遍选择。然而，随着军事技术合作实践的不断发展，知识产权问题日渐成为制约军事技术合作开展的重要因素。世界各国对于先进技术的强烈需求和各国知识产权保护水平不平衡不充分的发展之间的矛盾日益凸显，军事技术合作知识产权保护机遇与挑战并存。

5.1.1　国际层面

从国际层面来看,作为国际交往法律保障的知识产权制度已经实现国际化,形成了较为成熟和完善的知识产权制度和通行的国际惯例。知识产权制度全球化表现为各国普遍参与知识产权国际保护谈判,缔结、加入知识产权国际条约,使本国知识产权立法服从于知识产权国际保护规则和标准,从而在更大范围、更多领域相互借鉴吸收,形成共识。由于知识产品具有无形性和可复制性,因此知识产品不能像有体物那样在空间上进行占有,从而排斥他人未经允许的利用。于是,各国逐渐颁布知识产权法,以禁止非法使用他人的技术、作品、商标等知识产品。例如,1474年,威尼斯共和国颁布了世界上第一部专利法《威尼斯专利法》;1710年,英国议会通过了世界上第一部版权法《安娜女王法令》;1803年、1809年,法国先后颁布两个《备案商标保护》法令,这是最早的商标保护的单行成文法规。然而,由于知识产品所固有的特性,可以在全球范围内迅速传播,而各国知识产权法的地域性,使得知识产品的所有人对国外未经许可使用其知识产品的行为,仍然望尘莫及。从国家利益的角度观察,由于本国的知识产品在国外得不到适当保护,因此国外市场就会受到损害,甚至丧失。为克服知识产权法的地域性与知识产品的全球传播性之间的矛盾,国际社会经历了一个从双边安排到多边条约的过程,使公约成员基于一定的保护标准,相互保护对方的知识产权。例如,1883年的《保护工业产权巴黎公约》开创了通过多边国际条约协调各国知识产权法的先河。自此以后,多边国际条约不断涌现,日渐细密,广泛涵盖了版权、专利、商标、原产地名称、集成电路布图设计、植物新品种、科学发现等领域。在世界知识产权组织(WIPO)、联合国教科文组织以及世界贸易组织的推动下,以知识产权多边国际条约为指引,各国逐渐卷入了知识产权法的全球化历程。发达国家知识产权制度建立较早,知识产权保护水平往往较高,在知识产权保护国际规则的制定中也掌握较多话语权。对于发达国家而言,在全球推行知识产权保护制度的意义早已超出了知识产权保护本身,而转化为一种经济竞争手段[1]。例如,《与贸易有关的知识产权协定》(TRIPs)即是在以美国为首的发达国家的主导下制定的侧重于保护发达国家利益的知识产权保护国际规则。一直以来,发达国家除在世界知识产权组织的框架内继续争取对其有利的高水平知识产权保护外,还在世界贸易组织框架中把

---

[1] 论知识产权法的全球化[EB/OL]. http://s.yingle.com/w/cq/76336.html.

知识产权与国际贸易勾连起来，迫使发展中国家接受其设计的知识产权国际保护规则。许多发展中国家为了加入世界贸易组织，纷纷订立、修改本国的知识产权相关立法，达到"知识产权保护最低标准"，以满足入世要求。因此，发展中国家接受 TRIPs 的结果，只能是更多地保护发达国家的而非自己的知识产权。

由于发达国家掌握大量的先进技术，因此在军事技术合作中，发达国家往往希望与之合作的国家为其先进技术提供与之相等甚至更高水平的知识产权保护，以此来获取更多利益。而发展中国家、最不发达国家作为先进技术需求方，在引进先进技术过程中为供方提供高水平的知识产权保护并非第一要务，有些国家甚至通过知识产权立法为其获取他国先进技术提供便利。军事技术合作知识产权保护作为国家政治军事经济活动的对外延伸与扩展，是地缘政治与国际关系中的一个重要变量，对国际战略格局、地区安全形势等方面有着重要影响。在军事技术合作中，不能只注重知识产权的获取，还应对知识产权进行保护，如此才能确保合作稳定持续发展，同时为科技创新提供源源不竭的动力。因此，在军事技术合作中，越来越多的国家开始重视知识产权工作。一方面通过制定知识产权战略，从激励创造、依法保护、有效运用、科学管理等方面健全知识产权保护，以此达到促进国家经济发展、进一步提升竞争力的目的。另一方面，通过与合作国家签订军事技术合作知识产权保护双边协议，或者就某一具体合作项目签订知识产权协议、在合作合同中设置知识产权条款的方式，对合作中的知识产权进行保护。

5.1.2　国内层面

从国内层面来看，自改革开放以来，随着我国科技创新能力逐步提升，我国完成了知识产权法律制度和组织体制的现代化变革，建立起了具有中国特色的本土化、现代化、国际化的知识产权治理体系[1]。在立法层面，我国已经基本建立起门类齐全、符合国际通行规则且具有中国特色的知识产权法律体系，一系列立法标准、强度在国际上都属于较高水平。在法律实施层面，一体化、专业化的知识产权司法审判体系得以建立，知识产权执法力量充分整合，行政联合执法、跨区域执法协作机制不断完善，知识产权保护格局已经基本形成。

虽然如此，但是我国在军事技术合作知识产权保护方面的立法相对薄弱，

---

[1] 马一德. 以强化知识产权保护激发创新活力[EB/OL]. http://www.china.com.cn/opinion/theory/2021-02/04/content_77187066.htm.

某些方面还存在立法空白，立法质量也有待进一步提高。为了维护国家安全和利益，履行防扩散等国际义务，加强和规范出口管制，我国于 2020 年正式出台了《中华人民共和国出口管制法》，填补了一直以来包括军品在内的有关物项在出口管制方面的上位法空白。但是，我国在装备技术领域出口方面的配套法规相对滞后。现行有效的《中华人民共和国军品出口管理条例》于 1997 年制定发布，并于 2002 年进行过一次修订。虽然《军品出口管理条例》对军品出口的许可证制度进行了较为详细的规定，但是在武器装备出口审查、出口转用评估等方面还存在不足，使得一些武器装备进口国在获得中国出口的武器装备后擅自仿制生产并出口到其他国家和地区，与中国形成恶性竞争。2002 年，我国印发了《军品出口管理清单》，该清单按照武器装备的常规分类方法将武器装备分为十四大类，每一大类又划分为若干小类，并对相关的技术术语加以注释，构成了以武器定义、武器种类、武器主要系统或部件以及与武器装备直接相关的零部件、技术和服务四个层面为主体的框架体系。然而，以上法规均未对重大敏感武器装备出口、国防先进敏感技术出口、敏感国家出口管制等进行规范。

作为发展中国家，一方面，我国必须努力提高自主创新能力，掌握更多拥有自主知识产权的创新成果，努力破除在关键核心技术方面"卡脖子"、受制于人的不利局面；另一方面，我国应当以更加开放的姿态积极参加国际军事技术合作，进一步建立完善我国军事技术合作知识产权保护相关立法，加强军事技术合作知识产权保护国际谈判，为我国引进吸收后的模仿创新以及知识产权海外保护提供有力的法律依据和坚实的法律保障。此外，需要注意的是，虽然军事技术合作知识产权保护不仅是我国参与国际军事技术合作的准入条件，也是我国知识创新发展对军事技术合作知识产权保护提出的新的要求，但是，在全球知识产权规则的博弈与制定中，发达国家总是寻求高水平的知识产权国际保护，我国不能盲目屈从发达国家制定的"高标准"，而应在保护我国国家安全、国家利益不受侵害的基础上，积极参与知识产权全球治理，坚持人类命运共同体的理念，推动全球知识产权治理体制向着更加公正合理的方向不断发展。

5.2 国外军事技术合作知识产权保护的概况

纵观当今世界，无论是利用军事技术合作保持对军事科技制高点的领导地位，还是为了集中科技资源，实现优势互补，有效降低知识的获取成本，提高科研效率，各个国家的着眼点都离不开通过军事技术合作更有效地获得世界范围内的优秀智力成果为己所用，以此来增强自身军事实力，实现利益最大化。美国、俄罗斯等国家是传统的军事大国、科技强国，无论是在军事技术合作方面，还是在知识产权保护方面，都有着较为完善的制度体系和颇为广泛的实践经验。因此，梳理总结世界主要国家在军事技术合作知识产权保护方面的经验做法，对优化完善我国军事技术合作中的知识产权保护具有十分重要的意义。

5.2.1 俄罗斯军事技术合作知识产权保护概况

1. 俄罗斯军事技术合作知识产权保护制度

俄罗斯继承了苏联庞大的军事工业体系，是军事大国，更是军事强国。一直以来，俄罗斯将军事技术合作视为维护国家利益，捍卫国家安全，调整国际关系，保持俄罗斯对全球热点地区影响力的重要手段。因此，俄罗斯十分重视军事技术合作知识产权保护方面的法规制度建设，经过长期发展，已经形成了相对完善的法律保护体系，为军事技术合作知识产权保护提供了良好的法律保障。《俄罗斯联邦宪法》第 15 条第 4 款规定："俄罗斯联邦参加的国际条约是俄罗斯联邦法律制度的组成部分。在国际条约与俄罗斯联邦法律的规定有不同时，使用国际条约的规定。"据此可知，俄罗斯军事技术合作中的知识产权，受国际条约和国内立法双重保护，并且适用国际法优先于国内法的原则。因此，俄罗斯军事技术合作知识产权保护的法律渊源由国际条约和国内立法两部分组成。

国际条约是俄罗斯军事技术合作知识产权保护重要的法律渊源，主要包括俄罗斯加入的军事技术合作方面的国际条约、知识产权方面的国际条约，以及俄罗斯与其他国家签订的军事技术合作知识产权保护协议。在与军事技术合作有关的国际条约方面，《俄罗斯联邦对外军事技术合作法》（以下简称《对外军事技术合作法》）第 14 条对俄罗斯签订对外军事技术合作国际条约的程序作出了明确规定。根据该条规定，关于签订俄罗斯联邦对外军事技术合作国际条约的谈判，由俄罗斯联邦政府提出建议后报总统批准。是否签署俄罗斯对外军事技术合作国际条约，由俄罗斯联邦政府作出决定。为实施俄罗斯联邦对外军事技术合作国际条约，如果上述国际条约规定需要签署这种协议，可签署具有跨部门性质的对外军事技术合作协议。俄罗斯联邦政府决定是否举行具有跨部门性质的对外军事技术合作协议的谈判，以及是否签署这种协议。该条款还明确了俄罗斯联邦作为苏联签约方的合法继承者，实施已签署的对外军事技术合作国际条约。俄罗斯参加的与军事技术合作有关的国际条约主要包括《联合国国际货物销售公约》《联合国常规武器登记册》《关于常规武器和两用物品及技术出口控制的瓦森纳安排》《关于集体安全条约成员国间军事技术合作基本原则的协定》等。表 5-1 所示的俄罗斯与军事技术合作有关的国际条约。在与知识产权有关的国际条约方面，俄罗斯加入的国际公约有《保护工业产权巴黎公约》《专利合作条约》《商标国际注册马德里协定》《商标注册用商品与服务国际分类尼斯协定》《保护文学和艺术作品伯尔尼公约》《世界版权公约》《建立世界知识产权组织公约》《欧洲专利合作条约》。加入上述知识产权国际条约，不仅促使俄罗斯知识产权国内立法与知识产权国际保护规则协调一致，而且为俄罗斯知识产权在其他成员国获得法律保护提供了程序上的便利。在军事技术合作知识产权保护协议方面，为了加强俄罗斯军事技术合作中的知识产权保护，俄罗斯联邦政府发布了第 703 号政府令。根据第 703 号政府令的规定，俄罗斯与其他国家开展对外军事技术合作，必须签订军事技术合作知识产权保护双边协议，并且制定军事技术合作知识产权保护的标准文本，具体事宜由俄罗斯司法部负责操作。由此可知，签订军事技术合作知识产权保护双边协议是俄罗斯开展军事技术合作的充分必要条件。因此，在俄罗斯与其他国家签订军事技术合作协议的相关新闻报道中，即便没有专门提到知识产权保护，与军事技术合作知识产权保护相关的条款也是双边协议中必然包含的内容。近年来，俄罗斯与许多国家达成了军事技术合作知识产权保护双边协议。2010 年 10 月 25 日，俄罗斯同白俄罗斯签订了《军事技术合作协议》；2013 年 11 月 10 日，俄罗斯同伊拉克签订了《军事技术合作协议》；2014 年 9 月 8 日，俄罗斯同哈萨克斯坦签订了《军事技术合作协议》；2021 年 8 月 23 日，俄罗斯分别同乌干达、尼日利亚签订了《军事技术合作协议》；2021 年 8 月 24 日，俄罗斯同沙特阿拉伯签订《军事技术合作协议》；2021 年 12 月 6 日，俄罗斯同印度签订《军事技术合作协议》；2021 年 12 月 7 日，俄罗斯同爱沙尼亚签订《军事技术合作协议》。总体来说，上述协议在知识产权保护方面均要求合作各方都要确保相互保护在军事技术合作中使用和获得的知识产权成果。

表 5-1 俄罗斯与军事技术合作有关的国际条约

条约名称	条约概况
《联合国国际货物销售公约》	1980 年 4 月 11 日,在维也纳召开的外交会议上,联合国国际贸易法委员会(UNCIT-RAL)通过了《联合国国际货物销售合同公约》。该公约旨在建立一个可以兼顾不同社会、经济、法律制度的国际货物销售合同统一规则,以减少国际贸易的法律障碍,促进国际贸易的发展。事实上,1980 年 4 月 11 日,苏联便加入了《联合国国际货物销售合同公约》。根据《对外军事技术合作法》第 14 条的规定:"俄罗斯联邦作为苏联签约方的合法继承者,实施已签署的对外军事技术合作国际条约。"因此,苏联解体后,俄罗斯作为继承国继承了苏联在该公约中的法律地位。《联合国国际货物销售合同公约》是专门调整国际货物买卖合同关系的国际公约,其关于国际货物买卖合同的一般性规定对军事技术合作中的相关活动同样适用
《联合国常规武器登记册》	1991 年 12 月 9 日,联合国大会第 46 届联大通过了题为《军备透明》的第 46/36L 号决议。该决议认为对武器转让开诚布公等透明、可预测的行事方式可以帮助各国建立信心、加强信任、预防冲突、减缓局势,有利于制约军备生产和武器转让,增强国际间的和平与安全。为此,决议要求联合国秘书长制定并在纽约联合国总部设立常规武器登记册,以登记国际武器转让的数据,成员国提供的军事资产、武器采购与生产及有关政策情况。此次决议呼请成员国每年向联合国秘书长提供上一年度列入登记范围的常规武器进出口情况,包括赠予、信贷、易货或现金支付等各种方式的武器转让。该决议在其附件中,将作战坦克、装甲战斗车、大口径火炮、作战飞机、攻击直升机、舰艇、导弹或导弹发射系统 7 类武器纳入登记范围,并且规定了每类武器的技术参数
《关于常规武器和两用物品及技术出口控制的瓦森纳安排》	1996 年 7 月,以西方国家为主的 33 个国家在奥地利维也纳签署了《关于常规武器和两用物品及技术出口控制的瓦森纳安排》(以下简称《瓦森纳安排》),决定从 1996 年 11 月 1 日起实施新的货物与技术控制清单和信息交换规则,继续限制并不断强化所谓敏感技术的出口。《瓦森纳安排》是一种建立在自愿基础上的集团性出口控制机制的文件,其根本目的在于通过成员国间的信息通报制度,提高常规武器和双用途物品及技术转让的透明度,以达到对常规武器和双用途物品及技术转让的监督和控制。《瓦森纳安排》包含两份控制清单:一份是军民两用商品和技术清单,涵盖了先进材料、材料处理、电子器件、计算机、电信与信息安全、传感与激光、导航与航空电子仪器、船舶与海事设备、推进系统 9 大类;另一份是军品清单,涵盖了各类武器弹药、设备及作战平台等共 22 类。虽然《瓦森纳安排》声称不针对任何国家和国家集团,不妨碍正常的民间贸易,也不干涉通过合法方式获得自卫武器的权力,但是无论从其成员国的组成还是该机制的现实运行情况来看,《瓦森纳安排》均具有明显的集团性质和针对发展中国家的特点。俄罗斯是生产、出口军工产品、军事技术的军事大国,作为《瓦森纳安排》的成员国,在符合其本国法律要求并得到进口国同意的情况下,需要通过外交渠道提供相应的信息
《关于集体安全条约成员国间军事技术合作基本原则的协定》	1991 年 5 月 15 日,俄罗斯、亚美尼亚、哈萨克斯坦、吉尔吉斯斯坦、塔吉克斯坦和白俄罗斯签订了《关于集体安全条约成员国间军事技术合作基本原则的协定》,该《协定》于 2001 年正式生效。《协定》是集体安全条约成员国间军事技术合作的重要法律文件,注重对国家军工企业间关系的调整,促进成员国间特别是军工企业间的军事技术合作。此外,为确保《协定》有效履行,在莫斯科设立了相应的工作机构,即独联体成员国军事合作协调司令部军事技术委员会

国内立法是俄罗斯军事技术合作知识产权保护的另一个重要法律渊源，主要包括军事技术合作方面的国内立法、知识产权方面的国内立法，以及军事技术合作知识产权保护方面的立法。国内立法与国际条约相辅相成，互为补充，共同调整俄罗斯从事技术合作知识产权保护的相关活动。在军事技术合作方面，俄罗斯相关的国内立法是一个复杂且庞大的法律体系（表 5-2），主要包括《俄罗斯联邦宪法》《俄罗斯联邦国防法》，以及一些具有法律效力的官方文件，如《俄罗斯联邦国家安全构想》《俄罗斯联邦军事学说》《俄罗斯联邦对外政策构想》等，这些均对军事技术合作作出了相关规定。此外，为了规范军事技术合作，加强军事技术合作知识产权保护，俄罗斯还制定并修改完善了军事技术合作方面的专门立法——《俄罗斯联邦对外军事技术合作法》。在知识产权方面，苏联解体后，俄罗斯逐步建立并不断完善其知识产权保护法律体系，其过程大致分为以下三个阶段[1]：第一阶段（1992—1993 年），开始出台并实施一整套知识产权法律，包括《俄罗斯联邦专利法》《俄罗斯联邦商标、服务标志和商品原产地名称法》《俄罗斯联邦计算机程序和数据库法律保护》《集成电路布图设计法律保护》《俄罗斯联邦版权和邻接权法》等。第二阶段（2002—2003 年），对上述各个法律进行了全面的修改与补充。第三阶段（2006—至今），俄罗斯于 2006 年再次对知识产权法律体系进行了重大调整，于 2006 年 12 月 18 日颁布了《俄罗斯联邦民法典》，此次调整废除了上述基本的知识产权单行法，将所有单独的各个知识产权法律法规全部汇集在《俄罗斯联邦民法典》第四部分第七编"智力活动成果和个别化手段的权利"中。《俄罗斯联邦民法典》于 2008 年 1 月 1 日起正式生效，自此俄罗斯实现了知识产权立法的完全民法典化。在《俄罗斯联邦民法典》第四部分第七编"智力活动成果和个性化标识的权利"中，知识产权保护的客体有：科学、文学和艺术作品；计算机程序；数据库；表演；音像制品；无线和有线的广播、电视节目；发明；实用新型；工业品外观设计；育种成果；集成电路布图设计；商业秘密；商业名称；商品商标和服务商标；商品原产地名称；商号；等等。此外，为了加强对秘密发明的法律保护，《俄罗斯联邦民法典》以专节的形式对"秘密发明法律保护与使用的特殊性"进行了法律规定。根据相关规定，对已经设定了秘密等级为"机密"或"绝密"的秘密发明的申请，以及属于武器装备和军事技术、属于情报活动、反间谍活动和作战侦缉活动领域的方法和手段，如果确定为"机密"等级，其专利申请应根

---

[1] 俄罗斯知识产权环境概览[EB/OL]. http://www.kangxin.com/html/1/173/174/361/2625.html.

据其主体性而向俄罗斯联邦政府授权的联邦行政机关、国有原子能公司"俄罗斯原子能"、国家航天协会"俄罗斯航天"（被授权机关）提出，其他秘密发明的申请向联邦知识产权行政机关提出。如果联邦知识产权行政机关在审查发明申请时确定，申请含有构成国家秘密的信息，则应依照国家机密法规定的程序对该申请加密，该申请即视为秘密发明申请。并且，该法还规定，秘密发明的使用和专有权的处分应遵守国家秘密法。不允许对外国公民或外国法人提出的申请予以加密。在军事技术合作知识产权保护方面，俄罗斯为了保护和发展本国军事工业，提高武器装备和军事技术在国际市场上的竞争力，非常重视军事技术合作知识产权的立法保护。2010 年，俄罗斯在《对外军事技术合作法》的修订中重点增加了对已售武器装备知识产权的保护，把维护国家对技术成果的权利作为国家对外军事技术合作政策的一项重要原则，禁止在不确定使用条件和保障权利的情况下向国外用户转让技术成果[1]。2019 年，俄罗斯司法部向俄罗斯政府主席团提交了《对外军事技术合作法》的修订草案，由主席团对其进行审议[2]。此次针对知识产权保护的修订主要包括以下几点内容：第一，修改《对外军事技术合作法》第 4 条，确定把知识产权保护作为俄罗斯对外军事技术合作领域国家政策的基本原则之一；第二，为了实施《对外军事技术合作法》第 4 条提出的原则，对第 5 条内容进行补充，指出国家对军事技术合作领域的国家垄断进行调控的方法之一是禁止在不确定使用条件或无法确保权利得到保护的情况下向国外用户转让知识活动成果；第三，对《对外军事技术合作法》第 7 条进行修改，要求国家对军事技术合作过程中俄罗斯联邦享有的知识产权的保障情况进行监管；第四，对《对外军事技术合作法》第 13 条进行补充，要求合理使用武器出口收入，包括将部分收入用于保护利用联邦预算资金产生的知识产权成果。由此可见，俄罗斯的知识产权保护意识日益增强，通过及时修改完善相关立法，不断加强军事技术合作中的知识产权保护。

表 5-2　俄罗斯与军事技术合作有关的国内立法

立法名称	立法概况
《俄罗斯联邦宪法》	1993 年 12 月 12 日，俄罗斯联邦委员会正式通过了《俄罗斯联邦宪法》。《俄罗斯联邦宪法》是俄罗斯联邦的根本大法，它不仅明确规定了俄罗斯联邦的国体、政体、社会制度、国家权力机构，也确立了俄罗斯国家安全、国防政策等

---

[1] 马建光. 俄罗斯对外军事技术合作——现状与前瞻[M]. 北京：国防工业出版社，2013：9.
[2] https://www.lawtime.cn/info/zscq/gwzscqdt/2011030164674.html，20220816.

续表

立法名称	立法概况
《俄罗斯联邦宪法》	方面的基本方针。根据《俄罗斯联邦宪法》及有关法律的规定，俄罗斯联邦总统是国家元首，是俄罗斯联邦武装力量的最高统帅，全权批准俄罗斯武器装备和国防工业综合体的发展计划；批准俄罗斯武器装备进出口，以及对外军事技术合作协议等，并以总统令的形式颁布实施
《俄罗斯联邦国防法》	1998年1月28日，俄罗斯联邦委员会正式通过了《俄罗斯联邦国防法》。《俄罗斯联邦国防法》对俄罗斯国土安全防务、武装力量建设、运用军事手段进行战争和参与军事行动、武器装备和军事技术发展、军事外交与军事技术合作以及国防科技工业发展等都作了明确规定，是俄罗斯对外军事技术合作的重要准则
具有法律效力的官方文件	具有法律效力的官方文件大体包括两类：一类是《俄罗斯联邦国家安全构想》《俄罗斯联邦军事学说》《俄罗斯联邦对外政策构想》等。这些文件虽然不以法律命名，但是经俄罗斯联邦会议或者俄罗斯联邦安全会议等立法机构通过后，由俄罗斯联邦总统正式签署颁发，对俄罗斯国家安全战略、军事战略、对外政策等方面作出明确规定。因此，上述文件与法律法规具有同等效力，是俄罗斯武装力量建设、军事装备发展、对外军事技术合作所必须遵守的规范性文件。另一类是与军事技术合作有关的总统令、政府令、其他法令，这些法令对军事技术合作的某些具体问题和程序作出了详细规定，也是俄罗斯进行军事技术合作时必须遵守的
《俄罗斯对外军事技术合作法》	早在1991年，俄罗斯国家杜马就着手起草对外军事技术合作方面的相关法律，但因种种事由而搁浅。1998年7月9日，俄罗斯联邦委员会正式审定颁发了《俄罗斯对外军事技术合作法》（以下简称《对外军事技术合作法》）。《对外军事技术合作法》明确，俄罗斯开展对外军事技术合作的目的主要包括：加强俄罗斯在世界上的军事政治地位；保持俄罗斯常规武器和军事技术的出口潜力；发展国防工业部门、科研单位以及试验设计机构的科技和实验基础；赚取外汇满足国家需要，发展军工生产；确保军工科研和生产人员的社会福利；等等。《对外军事技术合作法》共16条，规定了俄罗斯进行对外军事技术合作的基本原则，明确了俄罗斯政府在对外军事技术合作中的地位和作用，规定了俄罗斯军工企业和科研生产机构开展对外军事技术合作的程序和权利。总地来说，"两项原则""三个遵守""四种保护"是俄罗斯在对外军事技术合作中所执行的基本政策。其中，"两个原则"是指俄罗斯利益优先原则，国家垄断和普遍监督原则。"三个遵守"是指遵守军事政治和经济互利原则，遵守核不扩散国际公约、裁军和武器削减国际公约、禁止和销毁生化及其他大规模杀伤性武器公约，遵守武器及军民两用产品的出口监督的国际义务。"四项保护"的内容包括：保护军品研制、生产和销售企业的合法权益；保护关税政策；保护军事技术合作主体平等参与的权力；保护联邦权力机关对军工企业的普遍监督权力

第 5 章　国内外军事技术合作知识产权保护现状与做法

【知识链接】

1. 俄罗斯国际军事技术合作主要实践

关于对外军事技术合作,俄罗斯总统普京认为:军事技术合作独一无二的特殊性在于它处于几个重要领域的节点上,包括国际政治领域、国内政治、军事领域、对外经济贸易领域。根据军事技术合作在俄罗斯预算中的规模进行评估,这一领域对于俄罗斯来说无疑是非常重要的领域之一[1]。俄罗斯原军事技术合作委员会主席米伊尔·德米特里耶夫、副主席米哈伊尔·诺维科夫都曾经对军事技术合作的外交作用给予积极评价,他们指出:武器贸易和对外军事技术合作是俄罗斯联邦外交政策的重要工具,是在国际舞台上,它是加强军事政治和经济立场的手段,是增加外汇收入和提升国内经济的源泉[2]。对外军事技术合作是俄罗斯重要的外交筹码,通过对外军事技术合作,俄罗斯可以与相关国家之间建立政治互信、军事互信,保持俄罗斯对全局局势的影响力,提升俄罗斯的大国地位。正因如此,俄罗斯历届政府高度重视军事技术合作,并与亚太地区国家、中东地区国家、拉丁美洲地区国家以及独联体国家开展了广泛的军事技术合作实践。

1)亚太地区

亚太地区国家是俄罗斯对外军事技术合作的主要对象。在亚太地区,与俄罗斯开展军事技术合作的主要有中国、印度、越南、韩国、马来西亚、印度尼西亚等国。在对外军事技术合作中,俄罗斯向亚太地区国家销售战舰、潜艇、各种战斗机、轰炸机、直升机、坦克、火炮、导弹、通信与侦察装备等,并与其展开广泛的军事技术合作。

以越南为例,在东南亚国家中,越南长期以来一直积极谋求军事发展,企图利用军事发展来实现其武装部队现代化的计划。苏联时期,莫斯科与河内就是政治军事盟友,当时越南军队 75%以上的武器装备就是由苏联提供的[3]。苏联解体后,俄罗斯一直是越南重要的战略支持者和石油项目合作伙伴。在军事方面,俄罗斯不仅向越南出售武器和军事装备,还与越南开展军事技术合作,向越南提供技术支持。英国《简氏防务周刊》报道称,俄越在一项共同声明中

---

[1] 陈君. 俄罗斯对外军事技术合作研究[D]. 吉林:吉林大学,2011.
[2] 陈君. 俄罗斯对外军事技术合作研究[D]. 吉林:吉林大学,2011.
[3] 陈文娟. 俄罗斯对外军事技术合作与俄大国战略[D]. 山东:青岛大学,2008.

表示，军事技术合作"在两国总体关系中占据特殊地位"，俄罗斯承诺深化与越南的国防工业联系，支持越南国防工业基础的发展，并且希望扩大对越南的军备供应和技术转让[1]。1990年以来，越南和俄罗斯之间的军事贸易和技术联系一直很牢固。过去10年，俄罗斯对东南亚国家的销售包括基洛级柴电攻击潜艇、猎豹级护卫舰、狼蛛级护卫舰、斯维特利亚克级巡逻舰、苏霍伊苏-30MK2多用途战斗机和T-90S/SK主战坦克。莫斯科最近的一项重大合同是在2019年以3.5亿美元的价格供应12架Yakovlev Yak-130先进喷气教练机/轻型战斗机[2]。越南近年来从俄罗斯购买的武器还包括6艘基洛级潜艇、4艘猎豹级护卫舰、36架苏-30MK2多用途战斗机和两套用于海岸防御的K-300P反舰导弹系统[3]。根据瑞典斯德哥尔摩国际和平研究所的数据显示，1995—2021年，在越南90.7亿美元的武器进口总支出中，购买俄罗斯武器花费了74亿美元。在1995—2014年，俄罗斯武器占该国相关进口的90%。不过，这一数字在2015—2021年已经降至68.4%[4]。然而，俄越双方均认为两国是重要的军事技术合作伙伴，在军事技术合作方面潜力巨大。2022年2月，俄罗斯国防部长绍伊古与潘文江在莫斯科举行会谈，签署了俄越政府间军事技术合作协议。绍伊古在会上表示，俄越两国在长期友好和互利合作的基础上，积累了独特的联合工作经验。俄罗斯和越南一向重视军事和军事技术领域的合作。越南是亚太地区重要的国家之一，拥有现代化和装备精良的武装力量。另外，在此前越南举办的国际陆军运动会闭幕式上，俄越两国军事部门的负责人也就俄越军事和军事技术合作前景进行了讨论[5]。

2）中东地区国家

一直以来，中东地区持续动荡不安，局势十分混乱。因而，武器装备贸易在中东地区如火如荼。根据瑞典斯德哥尔摩国际和平研究所的数据显示，2012—2016年，中东地区的武器进口较此前5年增加了86%，2017—2021年进口的

---

[1] http://mil.news.sina.com.cn/2018-09-16/doc-ifxeuwwr4746557.shtml，20220815.

[2] https://mp.weixin.qq.com/s?src=11&timestamp=1660450459&ver=3981&signature=UJIAhO4uFY-uCmtuGcq0wVRfGTO0IZIMttU-MHpfzkkxbNU1ZIRxX8kCraFUw1XKix*elY-r8ZUpoc6VWzDFbck4qIWYmtddcrTJNdMLlII7GQPg8rTGiBppae2KVi1d&new=1，20220815.

[3] https://new.qq.com/rain/a/20220616A06G6B00，20220815.

[4] https://new.qq.com/rain/a/20220616A06G6B00，20220814.

[5] https://mp.weixin.qq.com/s?src=11&timestamp=1660527194&ver=3983&signature=h8A7fuHnifGmNm4o*GF57j1rKigbDIKYYxJ3sr9exrBNruOJOV*CUPOXp0r7jIRAmANyaOiAK9mV9HFehyr5ces3TjSZ1eSSeVAfSXnPu95Sif5jMMTTfrXKxGCeXPAt&new=1，20220815.

武器比 2012—2016 年增加了 2.8%，即便近 5 年武器进口增量不大，但中东地区依然是迄今为止世界上最大的武器装备进口地区。中东地区与俄罗斯的军事关系源远流长，其中很多国家是俄罗斯传统的军事技术合作伙伴，包括伊朗、叙利亚、埃及、巴林等国。俄罗斯与中东地区国家的军事技术合作除了出售武器外，还包括技术服务、军事训练甚至直接参与军事行动。

以伊朗为例，俄罗斯与伊朗之间的军事技术合作由来已久。沙俄帝国和苏联都曾经向伊朗提供大量武器。然而，俄伊之间的军事技术合作是曲折的。第二次世界大战后，伊朗国王巴列维一方面借助军事技术合作努力维持和平衡与苏联之间的良好关系，另一方面与美国结盟采购大量西方现代化军事装备，但当时苏制武器仍然在伊朗陆军武器装备中占主导地位。巴列维王朝被推翻后，伊苏关系恶化，在此后的十年中，伊朗冻结了与苏联签署的所有军事技术合作协议。直到 1979 年，美国及其盟国对伊朗进行制裁，致使伊朗无法采购西方现代化武器，遂转向进口苏制武器。苏联解体后，俄罗斯和伊朗之间普遍享有非常密切的友好关系。从 20 世纪 90 年代中期开始，俄罗斯和伊朗之间的军事关系逐渐升温，两国军事技术合作关系稳步发展，俄罗斯成为伊朗最主要的武器供应商之一。乌克兰危机后，出于共同抵御美国等西方国家威胁、抱团取暖的需要，俄伊之间军事技术合作明显加强。2015 年，俄罗斯国防部长绍伊古访问伊朗，在此期间，俄伊两国签署了军事合作协议，规定双方将加强军事部门间的合作，扩大军事互访规模，进行两国参谋部间的对话，互派观察员参加对方军演，联合培养军事干部，交流世界维和经验以及共同打击恐怖主义等。双方还商定，扩大双方军舰在对方港口停靠的规模。此外，双方还就俄罗斯向伊朗出售 S-300 防空系统问题进行了磋商，共同决定在里海进行联合军事演习，表达了合作抵抗外部威胁、阻止西方国家向该地区渗透的愿望[1]。2015 年 7 月《伊核全面协议》达成后，俄伊军事技术合作大踏步迈进。2016 年 2 月伊朗国防部长访问俄罗斯时，两国达成伊朗购买苏 30 多架战机、俄为伊朗维修俄制武器等意向的协议，总价值约为 80 亿美元。2016 年 4 月，俄罗斯出售给伊朗的 S-300 防空系统部件运抵伊朗。在就防空系统购买合同达成协议之后，俄罗斯和伊朗还达成了价值约 100 亿美元的武器出售协议，伊向俄购买 T90 坦克、战机和直升机。伊朗还表示对俄

---

[1] 毕洪业. 普京外交突围的中东之路[J]. 世界知识，2015（8）：53-55.

罗斯的 S-400 导弹防御系统颇感兴趣[1]。俄罗斯方面也表示，不排除卖给伊朗 T-90 战斗坦克和苏-30 歼击机的可能性[2]。除此之外，伊朗也在无人机技术和其他军事技术方面与俄罗斯开展合作。卫报网站 2022 年 4 月 12 日公布的信息称，俄罗斯将从伊朗获得军事装备和武器，其中包括巴伐利亚 373 防空导弹系统，将被用于其在乌克兰的战争[3]。

3）拉丁美洲国家

拉丁美洲地区一直被美国视为自己的后花园，禁止其他国家染指，特别是军火贸易。但俄罗斯对外军事技术合作从来都是一种政治行为，是其调整国际政治关系、推行国家军事与外交战略的重要工具。俄罗斯特色的军售外交，依托装备出口来扩大自己的势力范围早已不是秘密[4]。近年来，出于政治、经济等多方面考量，俄罗斯积极开拓拉美地区武器市场，与秘鲁、墨西哥、哥伦比亚、巴西、厄瓜多尔、阿根廷、乌拉圭等国签订了军售合同。

以秘鲁为例，2013 年 10 月，俄秘两国国防部部长就扩大两国军事技术合作问题进行了会谈，秘鲁国防部部长彼得罗·卡捷里亚诺在总结与俄罗斯国防部长绍伊古的会谈时表示，俄罗斯与秘鲁将通过扩大军事技术合作，加强两国在国防领域的合作关系。卡捷里亚诺提到，秘鲁政府将积极推进两国在军事技术领域的合作机制。他强调："我们希望在这一领域开发共同项目，这些项目将会成为我们双方关系发展新阶段的具体成果"。[5]2019 年，秘鲁与乌克兰签署了安-178 飞机合同，商定 2021 年交付使用，然而，截至 2019 年 9 月，飞机仅建造完成 40%，而且飞机的配套设备问题一直难以解决，于是秘鲁内政部暂时中止了与乌克兰之间的合同效力。而后，俄罗斯表示愿意向秘鲁提供全系列军用运输机，以取代乌克兰制造的安-178 飞机。

---

[1] https://mp.weixin.qq.com/s?src=11&timestamp=1660532091&ver=3983&signature=XheMFWFc5hSNRVPEc4*432CGuASOl899FLR*BRFwIqDYzyMAOGt8zGKCc3MqNHoK9qXYVKoxc7N7BnO7Kz0oKsczeaqRqQDz0xsBTkrtoqhoPrmvpvnXwsOT6xLSjmze&new=1，20220815.

[2] https://mp.weixin.qq.com/s?src=3&timestamp=1660536062&ver=1&signature=LEeMXDJ3Ka1nyOLKCI3B*3G9-a1uJypZn23T9cbbq0XtfGZY5Sx2Dqx5lfvCy31LcMSfhlOCy8vASKiSh5Sp9VB4tr0tRUmluzKj7Ikvsxepz4twn-B6qCEgoHihYvkrnIYmNbnW6GtLQbJL6xDXRtuneqDw9R8FdlaOvUFaJEA=，20220815.

[3] https://mp.weixin.qq.com/s?src=11&timestamp=1660535884&ver=3983&signature=LqDEMpMPBJSMvJzv-QNqD1e39xvaEDBS5sbqFwPYIDC1AllG701NHov0CBjTHmBMomtjKGV4Kq5oOoD0wJ26TqpRgwVo3XzLnNtve*v7*jUMWoG8V8aw3PkUiSOFHLtk&new=1，20220815.

[4] 李爽，马建光. 俄罗与拉美国家军事技术合作的特点与发展前景[J]. 国防科技，2013，34（4）：97-104.

[5] https://mil.huanqiu.com/article/9CaKrnJCH6E，20220815.

4）独联体国家

独联体国家一直是俄罗斯对外军事技术合作长期且可靠的伙伴。独联体国家是由苏联大多数共和国组合而成的，独联体各国拥有大量的苏制武器装备。苏联解体后，俄罗斯继承了苏联庞大的国防工业体系，开始与独联体各国进行军事技术合作。俄制装备价格低，适宜独联体各国的气候地形条件，并且，独联体各国军人熟悉俄制武器系统，这为俄罗斯与独联体各国开展军事技术合作奠定了良好基础。一方面，俄罗斯为独联体内各个国家现有的武器装备进行现代化改装，并对产品进行升级换代；另一方面，俄罗斯向独联体内各个国家出售现代化武器装备、武器装备零部件，以及提供售后服务。

以哈萨克斯坦为例，俄哈军事技术合作历程经历了从疏远到密切的发展过程。苏联解体后，俄哈在哈境内的靶场事务、军事力量部署等问题上分歧较大，致使双方军事技术合作受到很大影响。直到1994年，随着俄哈双边关系的整体改善，这一关系才实现由分到合的转变。

1994年3月28日，俄哈两国总统签署《军事合作协议》，成为双方军事合作的基础性文件。在此基础上，两国签署《军事技术合作协议》等一系列协议[1]。依托这些协议，俄哈基本奠定了双边军事关系的法律基础。两国在建立联合武装力量、靶场租用、军事援助等领域的合作得到扩大和深化。2020年10月16日，俄罗斯国防部长绍伊古访问哈萨克斯坦，与哈防长叶尔梅克巴耶夫签署新军事合作协议，并同哈总统托卡耶夫就地区安全问题和双边军事合作举行会谈[2]。根据协议，俄哈两国间的军事合作范围将更加广泛，主要包括军事教育和训练、武器装备供应、组织双边和多边联合演习等。协议还拓展了新的合作领域和形式，增加维和、国际组织内的合作、应对地区安全挑战和威胁、文化和体育等方面内容。这意味着，俄哈军事技术合作迈向新的阶段，俄哈军事合作的深化将继续推动两国双边关系更好地发展，不断增强俄在中亚地区的影响力。

2. 俄罗斯军事技术合作知识产权保护实践

1）签订军事技术合作协议

2010年10月25日，俄罗斯同白俄罗斯签订了《军事技术合作协议》；2013年11月10日，俄罗斯同伊拉克签订了《军事技术合作协议》；2014年9月8

---

[1] https://www.163.com/dy/article/FPS15M5U05346936.html，20220815.

[2] https://www.163.com/dy/article/FPS15M5U05346936.html，20220815.

日，俄罗斯同哈萨克斯坦签订了《军事技术合作协议》；2021 年 8 月 23 日，俄罗斯分别同乌干达、尼日利亚签订了《军事技术合作协议》；2021 年 8 月 24 日，俄罗斯同沙特阿拉伯签订《军事技术合作协议》；2021 年 12 月 6 日，俄罗斯同印度签订《军事技术合作协议》；2021 年 12 月 7 日，俄罗斯同爱沙尼亚签订《军事技术合作协议》。

2）签订军事技术合作知识产权保护双边协议

2005 年 12 月 5 日，印度总理辛格与俄罗斯副总理兼国防部长伊万诺夫会晤，双方签署了价值 100 亿美元的一系列军事合作协议。次日，印度总理辛格与俄罗斯总统普京签署了加强军事技术合作知识产权保护、加强俄印两国在空间技术领域的合作，以及两国在军事技术方面长期合作等协议，并决定双方将联合研制多功能运输机和第五代战斗机[1]。2006 年 11 月 15 日，在罗马开展的第八届俄罗斯-意大利军事技术与防务工业合作混委会上，俄罗斯与意大利签署了军事合作纪要。同年，两国达成保护知识产权协议，约定两国在军事技术领域相互协作，优先合作项目包括军用及民用航空发动机、各种用途的通信系统、航空电子设备的研制与生产，以及军舰的建造[2]。2008 年 12 月 11 日，俄罗斯国防部长谢尔久科夫访问中国，在中俄两国举行的第 13 次政府间军事技术合作委员会双边会议上，双方签署了有关军事技术合作领域知识产权保护方面的框架协议[3]。2011 年 5 月 30 日—6 月 3 日，蒙古国总统额勒贝格道尔吉对俄罗斯进行了访问。在访问期间，额勒贝格道尔吉与时任俄罗斯总统的梅德韦杰夫在莫斯科举行了双边会谈，并签署了联合声明。在两国元首的见证下，俄罗斯司法部部长亚历山大科诺瓦洛夫和蒙古国国防部长包勒签署了《在双边军事合作框架内保护知识产权的政府间协议》[4]。

3）就某一军售合同或合作项目单独签订知识产权保护协议

2012 年 3 月 6 日，俄罗斯《生意人报》报道称，俄中双方已经通过谈判，就俄罗斯向中国供应 48 架总价值 40 亿美元的苏-35 歼击机的事宜达成一致，但俄方仍然坚持在签署苏-35 供应合同时签署单独的知识产权保护协议，以得到额外的法律担保。

---

[1] 沈鹤. 俄印军事合作关系研究[D]. 武汉：华中师范大学，2015.

[2] 王明松. 冷战后中俄武器贸易研究[D]. 北京：中国政法大学，2010.

[3] http://mil.news.sina.com.cn/p/2008-12-19/0858535589.html，20220816.

[4] 申达宏. 21 世纪以来的俄罗斯东北亚政策研究[D]. 北京：北京外国语大学，2019.

【知识链接】

1. 俄罗斯就是以前的苏联吗

俄罗斯并不是原来的苏联,在苏联时期,俄罗斯的正式名称叫作俄罗斯苏维埃联邦社会主义共和国,是苏联的一个加盟共和国,和其他 14 个加盟共和国一起组成了原来的苏维埃社会主义联盟。俄罗斯苏维埃联邦社会主义共和国是 15 个加盟共和国中人口最多、国土面积最大的国家,并且俄罗斯民族是苏联最大的民族。苏联解体后,俄罗斯宣布独立,成为一个主权国家,它不仅继承了苏联绝大多数的国土、人口,而且继承了苏联绝大多数的军队和几乎全部的战略核武器,取代了苏联国际政治、军事大国的地位。

俄罗斯联邦(俄语为Российская Федерация,英语为 Russian Federation)亦称俄罗斯(俄语为Россия,英语为 Russia),是由 22 个自治共和国、46 个州、9 个边疆区、4 个自治区、1 个自治州、3 个联邦直辖市组成的联邦半总统制共和国,总统是其国家元首,同时也是武装部队的最高统帅以及国家安全会议的主席。俄罗斯是世界上面积最大的国家,其国土面积约 1709.82 万平方千米,占地球陆地面积的 1/8,拥有世界上最大储藏量的矿产和能源资源,天然气、铁、镍、锡蕴藏量居世界第一位。俄罗斯的军事实力仅次于美国,是世界上少有的能够生产海、陆、空、天武器装备的国家,具有从设计、研发、试验到生产的完整工业体系,其丰富的矿产和能源也为武器装备的研发生产提供了重要资源。正因如此,能源出口、军事技术合作成为俄罗斯外汇收入的两大主要来源。

2. 俄罗斯军事技术合作发展历程

俄罗斯是世界军事强国,也是军事技术大国。国际军事技术合作在俄罗斯官方用语中称为"对外军事技术合作",亦称军品贸易,是指与军品进出口(包括购买和提供)、研制和生产有关的国际关系领域内的活动[1]。俄罗斯与其他国家之间的对外军事技术合作历史悠久,对外军事技术合作既带有经济因素,又包含军事特征,俄罗斯将其作为一种特殊手段,渗透政治影响力、维护国际形象、追求国家经济利益。通过对外军事技术合作,在国内,俄罗斯挽救了本国濒危的军事工业,保存了自身的科技潜力,获得了恢复经济所需的大量资金,

---

[1] 总装备部国防知识产权局. 俄罗斯军事技术合作知识产权相关法律文件汇编[M]. 北京:国防工业出版社,2013:81.

促进了转型时期国内社会的稳定；在国外，俄罗斯巩固和扩大了自身在亚太、中东、南美及俄罗斯周边地区的影响力，增进了与这些国家和地区的合作关系，尤其是像中国和印度这样在世界舞台上发挥着举足轻重作用的大国的关系，增加了与美国进行博弈的筹码。

1）苏联时期（1922年12月30日—1991年12月25日）

1955年9月，苏联和埃及签订了用重型武器换取棉花、大米的贸易协定。这是苏联历史上第一次公开向第三世界国家出售武器装备。此后，苏联拉开了对外军事技术合作的序幕，并且一直将武器装备出口作为对外谋求政治、军事、经济利益的重要手段之一[1]。在政治上，苏联通过武器装备出口扩大了在第三世界国家中的影响力；在军事上，苏联通过销售武器装备获得了国外一些国家军事设施的使用权；在经济上，苏联通过武器装备出口获得了大量的外汇收入。据有关报道，苏联在第四次中东战争前后（1973年10月6日—10月26日）通过出售军火赚取了几十亿美元[2]。1980—1989年，苏联每年武器装备出口的价值约为200亿美元[3]，其主要出口对象是社会主义阵营国家和第三世界友好国家。根据瑞典斯德哥尔摩国际和平研究所的统计，1986年，苏联在世界武器装备交易市场所占份额为43%。1989年后，苏联国内形势的逐步恶化，1989年，苏联军火出口贸易额为180亿美元；1990年，苏联军火出口贸易额为160亿美元；1991年，苏联军火出口贸易额为78亿美元。通过上述数据，苏联武器装备出口额呈逐年递减的趋势。在这一时期，苏联对外军事技术合作的最高目的是通过对外军事技术合作直接服务于意识形态斗争以及东西方两大阵营的对抗[4]。

2）叶利钦时期

苏联解体之前，通常在世界武器交易中约占1/3的份额，俄罗斯苏维埃联邦社会主义共和国又在其中占了主要部分[5]。据资料显示，在1992—1995年，世界各主要军火供应国的武器出口额和市场份额如表5-3所示，从中可以看出，在此期间，俄罗斯在世界武器销售中所占的份额从未超过10%。这表明，苏联解体后，虽然俄罗斯取代了其军火出口地位，但俄罗斯军火贸易的热度却已今非昔比。

---

[1] 卢翔宇. 经济与外交视角下俄罗斯对外军事技术合作分析[D]. 黑龙江：黑龙江大学，2013.
[2] 伟德. 苏联的武器出口[J]. 国际展望，1983（5）：22-23.
[3] 卢翔宇. 经济与外交视角下俄罗斯对外军事技术合作分析[D]. 黑龙江：黑龙江大学，2013.
[4] 王伟. 中俄战略协作伙伴关系下的军技合作[J]. 俄罗斯中亚东欧研究，2006（4）：62-68.
[5] 侯宝泉. 俄罗斯武器出口的现状及前景分析[J]. 东欧中亚研究，1999（2）：69-74，80.

表 5-3　1992—1995 年世界各主要军火供应国的武器出口额和市场份额[1]

		1992	1993	1994	1995
美国	出口额/亿元	150.93	175.06	152.75	133.00
	市场份额/%	49	52	52	44
英国	出口额/亿元	47.97	44.91	42.50	48.00
	市场份额/%	16	13	14	16
法国	出口额/亿元	15.64	26.13	30.27	38.00
	市场份额/%	5	8	10	13
俄罗斯	出口额/亿元	23.98	31.64	17.00	30.00
	市场份额/%	8	9	6	10
中国	出口额/亿元	9.65	11.23	8.00	6.00
	市场份额/%	3	3	3	2
德国	出口额/亿元	13.56	17.35	13.13	14.00
	市场份额/%	4	5	4	5
其他国家	出口额/亿元	25.77	20.19	24.05	29.00
	市场份额/%	8	6	8	10
合计	出口额/亿元	306.80	337.06	296.00	302.00

从国际与国内两个层面分析，造成俄罗斯军火贸易市场份额下降主要有以下两方面原因。一是在国际层面，冷战结束后，世界各国军费开支从整体上讲呈下降趋势。英国国际战略研究所的资料显示，1985 年，世界军费开支达到 1.13 万亿美元，1994 年降至不足 8000 亿美元[2]。并且，除了美国外，更多的欧洲国家开始发展军火贸易，加入军火供应国行列，使有限的世界武器装备市场竞争更趋激烈。再加上东欧剧变，华沙条约垮台，一部分前华约成员国大量放弃苏制装备，改装北约标准武器装备，导致俄制武器装备出口市场受到大幅挤压。二是在国内层面，苏联解体后，最大的加盟国俄罗斯继承了苏联约 70%的国防工业企业、80%的科研院所和 85%的军工生产设备，以及绝大多数科研和生产

---

[1] 陈文娟. 俄罗斯对外军事技术合作与俄大国战略[D]. 山东：青岛大学，2008.
[2] 侯宝泉. 俄罗斯武器出口的现状及前景分析[J]. 东欧中亚研究，1999（2）：69-74，80.

人员[1]，但俄罗斯并没有立即延续苏联时期辉煌的军事工业，而试图以妥协与合作的方式谋求西方国家的经济援助，力求融入西方的整体目标当中[2]。然而，事与愿违，困境中的俄罗斯并没有得到西方国家的有效帮助，1991—1998年，俄罗斯经历了长达8年的经济下降的艰难时期。这一切导致俄罗斯国内陷入严重危机，军工企业处于亏损甚至濒临破产的状态，大量科研人员流往国外。

3）普京时期

1992年1月2日，俄罗斯开始实施"休克疗法"式经济改革，即以一步到位的激进方式实现从计划经济向市场经济过渡。"休克疗法"虽然迅速打破了俄罗斯原有的高度集中的计划经济体制，但是并没有成功挽救国内的经济危机。处于转型中的国民经济对资金的需求十分迫切，俄罗斯重新认识到武器装备出口对于振兴国防、促进就业、增加外汇收入以及重塑国际地位的重要意义，并开始逐步对武器装备贸易进行调整和恢复[3]。

普京出任俄罗斯联邦总统后，俄罗斯联邦政府采取了多项措施对其对外军事技术合作管理体制进行改革。2000年5月，俄罗斯联邦政府改组中将贸易部撤销，把原来由贸易部主管的对外军事技术合作的机构转到新成立的工业、科学和工艺部。其中，武器和军民两用产品的出口许可管理转给新成立的经济发展和贸易部。2000年11月，普京颁布总统令，将对外军事技术合作的管理权从工业、科学和工艺部转到国防部。2000年12月，普京下达《俄联邦对外军事技术合作问题》总统令，将"总统下属的俄联邦对外军事技术合作问题委员会"中的"总统下属"几个字去掉，但该委员会仍然隶属于总统。同时，在国防部之下成立了"俄联邦对外军事技术合作委员会"，该委员会是俄联邦的权力执行机关，主要职责是在其职权范围内执行俄联邦总统及俄联邦政府在军事技术合作问题上所作出的决定，执行俄联邦签署的国际军事技术合作协议。2004年，将国防部下属的俄联邦对外军事技术合作委员会改组为俄联邦对外军事技术合作总局。俄联邦政府可以委托俄联邦对外军事技术合作总局在其职责范围内在国际场合代表俄联邦参与制定、签署国际军事技术合作条约。此外，2000年，俄罗斯联邦军事技术合作总局将原有的两个特种出口国家级代理商联邦国

---

[1] 侯铁建. 调整中的俄罗斯国防工业——结构调整中的经济理性和政府的作用[J]. 东北亚论坛，2005（3）：59-63.

[2] 史本叶. 俄罗斯武器出口面临的挑战及应对措施[J]. 东北亚论坛，2016，25（2）：114-126.

[3] 朱博，张允壮，曾立. 俄罗斯发展军贸的经济动因探析[J]. 国防科技，2008（1）：88-92.

有单一制企业"俄罗斯武器公司"和联邦国有单一制企业"工业出口公司"组建为联邦国有单一制企业"俄罗斯国防出口公司"[1]。该公司是俄罗斯国家军品进出商和专门对军品及技术进出口进行宏观调控和指导的机构,代表了俄罗斯著名的武器品牌和先进的军事科学与技术基础。该公司的主要业务包括出口各种常规武器、提供后勤和维护支援、建造永久性防务设施,以及为客户提供人员培训等。

除此之外,俄罗斯联邦政府对其军事工业体系进行改造。2001年,俄罗斯通过了《2001年前国防工业综合体改革与发展》联邦专项纲要,规定对国防企业实行大规模结构改造,最终建立起数量优化、具有完整生产流程的联合控股公司。鉴于军工部门的特殊性,俄罗斯对股份化进程制定有若干限制,对生产战略性产品的股份公司,国家必须掌握控股权,对重要企业拥有一票否决。2006年2月,俄罗斯总统普京下令集中伊尔库特、米格、苏霍伊、伊留申和图波列夫等飞机制造公司的所有股份成立联合航空制造集团,并发布声明称,成立联合航空制造集团的目的在于保存并发展本国航空制造行业的科研潜力并保障国家安全,同时集中国家的人力、物力和财力来发展本国的航空技术[2]。并且,俄罗斯联邦政府通过参加国际武器展销会、博览会、订货会等,积极向世界推销俄制武器装备,俄罗斯军工企业通过参加此类活动获得了大量订单。莫斯科国际航空航天展览会航展是世界五大航展之一,创办于1993年,每两年举办一次,截至2021年共举办15届。第15届莫斯科航展于2021年7月20日至7月25日举行,有来自30多个国家的800余家航空航天企业、科研单位集中展示新产品、研发成果和设计方案。在此次航展中,最引人瞩目的是俄第五代单发多用途轻型战斗机"Checkmate"的原型机。"Checkmate"一词源自象棋术语,其含义为"将军、将死",充分体现了此款战机"出敌意料地行动并影响战局结果"的设计理念。据介绍,该战机由俄国家技术集团旗下苏霍伊设计局设计,最大飞行速度约马赫数2(马赫数1约等于1224千米/小时),重约18吨,作战半径为1500千米,实用升限1.65万米,最大战斗载荷7.4吨,最多可携5枚空空导弹。此外,该战机具有航电设备先进、推重比高、机动性较强、不易

---

[1] 陈文娟. 俄罗斯对外军事技术合作与俄大国战略[D]. 山东:青岛大学,2008.
[2] 俄罗斯联合航空制造集团公司[EB/OL]. https://baike.sogou.com/v5131937.htm?fromTitle=%E4%BF%84%E7%BD%97%E6%96%AF%E8%81%94%E5%90%88%E8%88%AA%E7%A9%BA%E5%88%B6%E9%80%A0%E9%9B%86%E5%9B%A2%E5%85%AC%E5%8F%B8,20220812.

被雷达发现、配备人工智能系统等特点。该战机可部署在高海拔机场，适应不同气候环境，易于维修。俄国家技术集团总裁切梅佐夫介绍说，该战机造价为2500万至3000万美元，其飞行成本和维护成本将相对较低。目前这款战机处于研发测试阶段，未来还将开发海军版和无人驾驶版，计划2023年首飞，2026年开始批量交付[1]。

根据瑞典斯德哥尔摩国际和平研究所发布（SIPRI）数据库国际军备贸易趋势（TIV）分析表统计显示，2010—2019年，俄罗斯的军备出口额仅仅落后于美国，常年处于第二的位置，并在近十年间以31%的占比成为唯一可以与美国（45%）抗衡的军备出口超级大国[2]。

3. 世界五大最具国际影响力的航展[3]

1）中国航展

中国国际航空航天博览会简称中国（珠海）航展或珠海航展，由中央政府批准举办，是国际性专业航空航天展览，以实物展示、贸易洽谈、学术交流和飞行表演为主要特征的国际性专业航空航天展览会。从1996年成功举办首届航展以来，已是世界五大最具国际影响力的航展之一。

2021年，中国电科集团受邀参加第十三届中国国际航空航天博览会，携带全新MPP飞机"海洋鹰"参加此次大会。

2）巴黎航展

"巴黎-布尔歇国际航空航天展览会"简称巴黎航展，是世界上规模最大、最负盛名、历史最悠久的国际航空航天展览会。巴黎航展的组织者是法国航空航天工业协会（1985年第36届航展以前称为法国航空工业企业联合会），两年举办一次，在单数年的初夏举行，展览会场设在巴黎东北的布尔歇机场。

2019年6月，中国电科受邀参加第五十三届巴黎航展。

3）范堡罗航展

两年一度的英国范堡罗航展，全称是"范堡罗国际航空航天展览会"，这是规模和知名度仅次于巴黎航展的世界第二大航展。它最早可以追溯到1920年开

---

[1] 莫斯科航展今年有啥亮点？新华社记者带你一探究竟[EB/OL]. http://www.xinhuanet.com/world/2021-07/26/c_1127696916.htm，20220812.

[2] 瑞典斯德哥尔摩国际和平研究所数据库[EB/OL]. https://www.sipri.org/.

[3] 电科飞机. 航空科普|世界航展有哪些[EB/OL]. https://mp.weixin.qq.com/s?src=11&timestamp=1660306558&ver=3978&signature=UcNOpHRBBwBttTsZpCYb8-e6FNg0pOz00ZCu1OFXTTZwA43X*3gbbiLtbXLwfwctceIHBqKJRNXhQjt9U6jtpkm5b7*I*ixF8sbBQJF5fh*U*uAHROYVqmWoa-CuwN23&new=1，20220812.

始的一系列称为航空"庆典"的活动。当时人们在庆典上进行一些飞行表演。到了 1948 年，航展移到范堡罗举行，第一次采用"专业日+公众日"的模式，公众第一次被允许在贸易日之后的星期六和星期天进场参观。那一年，两天的公众日吸引观众达 20 万人次，公众日从此成为后来航展的惯例。

4）莫斯科航展

莫斯科国际航空航天展览会（MAKS）航展是由俄罗斯举办的国际航空航天展览会，1993 年举办的第一届莫斯科航展是由俄罗斯航空工业各企业和设计局联合举办的。

5）迪拜航展

阿联酋迪拜国际航空航天展览会创办于 1987 年，每两年举行一次，被认为是中东地区最有影响力的航空展，是规模仅次于巴黎和莫斯科航展的世界第 3 大航空展。随着阿联酋经济实力的不断增长，迪拜航空航天展越来越受到人们的关注，成为展示航空航天工业最先进技术和成果的一个重要平台。

5.2.2 美国军事技术合作知识产权保护概况

1. 美国军事技术合作知识产权保护制度

美国是世界上较早提出知识产权战略的国家。1979 年，美国总统卡特提出"要采取单独的政策提高国家的竞争力，振奋企业精神"，并且首次将知识产权战略提升到国家战略层面。美国的知识产权战略主要是通过美国创新战略和美国专利战略计划得以实现的。在创新战略方面，2009 年，美国首次发布了《创新战略——推动可持续增长和高质量就业》；2011 年、2015 年，美国分别发布了《创新战略——确保经济增长和繁荣》和《创新战略——投资建立美国创新区》，这两个战略对知识产权都提出了具体的举措。在专利战略计划方面，自 2002 年开始，美国专利商标局每 5 年正式发布一次专利战略计划，至今已经发布了 5 版专利战略计划，分别为《21 世纪战略计划》（2002 年发布）《2007—2017 年的战略计划》（2006 年发布）《2010—2015 年的战略计划》（2010 年发布）《2017—2018 年战略计划》（2017 年发布）《2018—2022 年战略规划》（2018 年发布）。在《2018—2022 年战略规划》中，美国提出的战略重点包括：优化专利质量和专利审查的时效性；优化商标质量和商标审查的时限性；改善全球的知识产权政策、执法和保护力度。除此之外，美国特别注重对关键技术、尖端技术的保护，利用《出口管制法》《国家安全法》等法律，对关键技术、尖端技术施加严格保密措施，限制关键技术流失到国外，以巩固和维持其技术优势和垄断地位。美国在经济、科技、军事等诸多方面始终走在世界前列,其知识产权战略发挥了重要作用。综合来看,美国实施的知识产权战略具有较强的进攻性色彩。一方面,美国不断建立高标准的知识产权保护,通过修改完善其国内知识产权立法,扩大保护范围,加强保护力度。另一方面,美国将其专利制度和贸易战结合起来,试图向全世界输出其倡导的知识产权政策制度,掌握制定知识产权国际规则的话语权,在全球范围内形成对其知识产权最为有力的保护。

美国是当今世界首屈一指的军事强国、知识产权强国。第二次世界大战以来,科技在美国经济增长、军力提升等方面发挥了十分重要的促进作用。因此,美国高度重视专利、技术秘密等知识产权的保护工作,早在里根政府时期就发布命令要求政府各部门在与外国签订合作协议时必须对知识产权达成协议[1]。美国从国家层面主动介入、整合资源、积极谋划,为军事技术合作中的知识产权保护构建了较为完善的法规制度体系。美国军事技术合作知识产权保护的法律渊源由国际条约和国内立法两部分组成。

国际条约是美国军事技术合作知识产权保护重要的法律渊源,主要包括美国加入的军事技术合作方面的国际条约和知识产权方面的国际条约。在与军事技术合作有关的国际条约方面,美国不但加入了《联合国国际货物销售公约》《联合国常规武器登记册》《关于常规武器和两用物品及技术出口控制的瓦森纳安排》等常规国际条约,而且加入了一些专门控制技术出口的国际条约,如《导弹及相关敏感技术转让指针》等。在与知识产权有关的国际条约方面,美国加入了诸多知识产权保护国际条约,如《保护工业产权巴黎公约》《保护文学艺术作品伯尔尼公约》《世界版权公约》等。并且美国一直积极参加知识产权保护国际条约的谈判工作,《与贸易有关的知识产权协定》(TRIPs)即是在以美国为首的发达国家的主导下建立的。迄今为止,TRIPs 仍然是知识产权国际保护领域最具有影响力的国际条约。然而随着贸易全球化的快速发展,TRIPs 设置的"最低保护标准"已经不能满足美国日益强烈的知识产权保护需求。美国不断尝试跳出 TRIPs 设置的"最低保护标准",从而建立对美国知识产权保护更为有利的知识产权国际规则。例如,2015 年,美国等国家达成了《跨太平洋伙伴关系协定》(TPP),然而仅仅过了两年时间,美国便基于国家利益宣布退出 TPP;2018 年,日本、澳大利亚、加拿大等 11 个国家达成了《全面与进步跨太平洋伙伴关系协定》(CPTPP),美国宣称不再加入 CPTPP,而要寻求成立一个超越 CPTPP

---

[1] 潘葆铮. 我国国际科技合作中的知识产权问题及其管理建议[J]. 海峡科技与产业,2005(2):27-30.

的新经济架构；2018 年，美国签订《美国-墨西哥-加拿大协定》；2020 年，美国签订《中美经贸协议》。总体来看，这些协定（协议）所确定的知识产权保护标准可谓"一山更比一山高"，呈现出美国不断强化知识产权保护的价值取向。

国内立法也是美国军事技术合作知识产权保护重要的法律渊源，主要包括军事技术合作方面的国内立法和知识产权方面的国内立法。在军事技术合作方面，美国与军事技术合作相关的国内立法大体可以分为三个部分：一是国会制定并颁布的法律，如《对外援助法》《武器出口控制法》《出口管理法》等，这些法律重点对涉及国防关键技术领域的军事技术合作知识产权保护问题进行了全局性的法律规范。二是政府部门制定并颁布的规章条例，如《国际武器贸易条例》《出口管理条例》《联邦采办条例国防部补充条例》等，这些条例对军事技术合作中的知识产权保护问题作出了进一步的规范。其中，《国际武器贸易条例》是美国为控制与国防有关的产品和服务进出口而制定的一部联邦行政规章，旨在通过实施单边武器出口管制，来保障美国国家安全，实现美国外交政策目标。该条例由美国国务院于 1976 年颁布，美国国务院国防贸易管制局负责解释与执行，最新修订时间为 2022 年 9 月。《联邦采办条例国防部补充条例》对军贸活动中的专利权、资料权等作出了规定，其内容主要包括针对外国许可证和技术援助协议，规定了资料、技术秘密等涉及知识产权的确权建议及合同价格的参考因素。技术资料权包括军贸产品、部件加工方法中技术资料的许可权、版权许可等。在国防部第 2040.2 指令《国际间技术、产品与服务的转让》中，还明确了国防部技术出口的限制事项。三是政府部门专门针对最终用户及其最终用途制定的知识产权实施审查规范，例如《如何实施许可前检查和发货后核查》等。相对于其他国家，美国的出口管制体系比较成熟，特别是在限制涉及军事技术的出口，以及控制高端专利技术的域外传播等方面，形成了较为完备的制度体系。美国出口管制的法律框架有两个基础：一个是军民两用品范畴的法律制度，其肇始于 1949 年的《出口管制法》，1969 年修改为《出口管理法》，之后经过 1979 年、1985 年、1988 年等几度修改沿用至今。尽管该部法律多次到期，但在新的法律没能及时出台的情况下，历任美国总统仍利用《国际紧急经济权力法》的授权来执行《出口管理法》和它的相关规定。美国商务部根据该法颁布了《出口管理条例》作为对军民两用品出口进行管制的实施细则。另一个是军品范畴的法律制度，美国国务院在 1976 年通过的《武器出口管制法》的基础上又制定了《国际武器贸易条例》作为其实施细则，加上《国防授权法》《核不扩散法》《原子能法》《化学武器条约执行法》等单行法，对军品、军事技术、国防服务进行了全面的出口管制。在知识产权保护方面，美国是世界上实行知识产权制度较早的国家之一，已经形成一套完整的知识产权保护法律体系。美国对知识产权保护的立法基础来自于《宪法》第一条第八节第八款和第十八款的授权性规定，即："（国会有权）（8），通过保障作者和发明人对其作品和发明的有期限的排他权，促进科学和实用技艺的进步；和（18）制定一切必要的和适当的法律，以行使上述权力。"这一条款为专利和版权的宪法条款，而商标权的宪法基础则体现在有关贸易的条款中。美国的知识产权立法体系主要包括《专利法》《商标法》《版权法》和《反不正当竞争法》等传统知识产权法律，以及《拜杜法案》《联邦技术转移法》《美国发明人保护法》《技术转让商业化法案》等促进成果转化方面的法律。美国军事技术合作知识产权保护也应遵守上述法律的相关规定。

2. 美国军事技术合作知识产权保护实践

一直以来，美国非常重视军事技术合作知识产权保护，不但将知识产权提升到国家战略高度，从法规制度层面建立全方位、宽领域、多层次、立体化的知识产权保护体系，而且在军事技术合作中，针对不同合作对象"分而治之"，从全程管理、技术措施、追踪取证等方面入手，采取多样化的知识产权保护措施，不断强化军事技术合作知识产权的保护力度。

1）实施差异化的合作谈判策略

在知识经济时代，知识产权制度的重要性日益凸显。知识产权作为一个国家发展所依靠的核心战略资源，在军事技术合作中受到世界各国的高度重视。目前，世界上已经建立了《与贸易有关的知识产权协议》（TRIPs）、自由贸易协定（FTA）等知识产权国际规则，然而知识产权国际规则的建立并不意味着各参与国的法律统一或法律整合，而是求同存异。也就是说，在知识产权保护国际规则建立的"知识产权最低保护标准"的基础上，各国在制定其国内的知识产权立法时享有一定的自由空间。这就导致了受 TRIPs 管辖的 WTO 成员与不受 TRIPs 管辖的非 WTO 成员，以及受 FTA 管辖的成员与不受 FTA 管辖的成员之间在"知识产权最低保护标准"上存在差异。而且一些国家通过设置极低的知识产权保护标准，为其获取他国先进技术提供便利。由此可见，世界各国在知识产权保护水平方面存在较大差异。因此，世界主要国家在选择军事技术合作对象时，一方面，会对目标国的国家性质、政治立场、对外政策、利益追求等方面进行综合考量；另一方面，会对目标国的知识产权保护水平进行综合考察，包括目标国参与知识产权保护国际条约的情况，目标国知识产权国内立法、执法、司法状况，以及已经和正在发生的知识产权侵权事件进行分析研究，综合研判与目标国开展军事技术合作可能面临的知识产权风险。通过分析研究和综合研判，找到合作双方在军事技术合作知识产权保护方面的利益平衡点，以及目标国在知识产权保护方面的弱点。根据以上考察结果，实施差异化的谈判策略，采取针对性的应对措施。以美国为例，它在进行军事技术合作时，往往会与合作对象签订知识产权备忘录或知识产权保护协议。无论采取哪种方式，都会在谈判中与合作对象就背景知识产权、前景知识产权、基于背景/前景知识产权产生的新知识产权的相关问题等作出明确约定。

2) 加强全流程的知识产权管理

一直以来，美国十分重视知识产权的全流程管理。在美国国防部启动的新一轮知识产权改革中，重点推动知识产权管理与国防采办流程实现更加深度的融合。强制要求所有项目必须制定覆盖项目全寿命周期的知识产权策略，全面提升国防采办项目的整体效益。此外，加强国防科研项目知识产权全流程管理，建立了发明报告、专利申请、专利权转让等制度，明确了政府资助项目产生的专利的权利归属。以美国陆军专利管理为例，其管理涵盖了从发明构思到转化应用的全过程，主要包括专利检索制度、发明报告制度、职务发明制度、专利转让制度、专利使用费制度等。其中，发明报告制度是实现知识产权全流程管理的重要手段，该制度对专利使用费、从属发明的产生和应用、不履行发明报告义务的后果等方面进行了明确规定。在涉及国家秘密、国防安全等方面的问题时，一方面，通过保密扣押制度进行保护。保密扣押制度是指，经国防部门审查后，确需对专利申请进行保密时，采取保密扣押形式，并且不对涉及国防安全的专利申请予以授权答复，而是由专利与商标局局长向申请人发送保密命令，并将相关技术措施予以保密，在规定期限内不允许权利人实施相应的权利。保密期限通常为1年，在特殊情况下可延长。因保密命令或因政府使用其发明而限制其发明公开所造成的损失，所以符合补偿条件且获得补偿资格的发明人有权要求补偿。另一方面，要求严格遵守《国家工业安全方案》中关于联邦政府委托合同的保密管理规定。美国《国家工业安全方案》基本统一了对联邦政府委托合同的保密管理规定，其中三点值得注意：一是非美国人不允许参加涉密合同；二是对敏感技术和秘密信息进行交易行为限制；三是严格控制独立研发中的涉密信息。此外，国防领域技术转移中的知识、技术涉及国家秘密的，也应当按照《国家工业安全方案》中的有关规定执行。

3）采取限制措施防止技术流失

运用技术、管理等手段限制关键核心技术、信息、数据外溢，已经成为世界主要国家加强知识产权保护的通行做法。以美国与英国、意大利等 9 个国家联合研制 F-35 多用途隐身战斗机为例，为了保护先进技术，维持技术优势，美国采取了多种限制措施防止技术流失，主要包括以下几个方面：一是保留机载软件源代码。F-35 是基于网络中心战理念设计的第四代战斗机，其机载软件源代码是控制战斗机飞行及作战系统的核心技术。据统计，F-35 机载软件约有 800 万行源代码，是迄今为止最为复杂的飞机控制系统软件。在联合研制过程中，美国为了防止其核心技术泄露，决定最终由国防部保留 F-35 的机载软件源代码，一律不向任何参与国、购买国公开或提供机载软件源代码。但美国建立了软件升级中心，不断更新机载软件，交付上述国家使用。二是采用多种新型防篡改技术。一方面，美国不但在 F-35 的飞行控制源代码中加入了防篡改技术，而且美国国防部向负责研制 F-35 项目的洛克希德·马丁公司拨款 10 亿美元专项资金，用于研究开发保护 F-35 隐身特性的防篡改技术。另一方面，为了对其关键核心技术进行保护，美国在对卖到国外政府或可能落入敌对势力手中的出口机型配置中"删减"了部分"尖端技术"。此外，美国还于 2008 年出台了国防部第 5200.39 号"国防部关键信息保护"准则，该准则要求防篡改技术必须在新武器系统设计之初就纳入其中，以保护美国的关键技术不被仿制、篡改。三是对出口机型运用不同技术。隐身战斗机躲避雷达技术的关键在于机载软件，这种机载软件可以对已知类型的对自身构成威胁的雷达探测进行计算，进而确定战斗机规避威胁的航线。并且，从其计算数据中可以分析出雷达探测到战斗机的方法。因此，美国在生产出口型 F-35 时采用了不同的制造技术，使出口型战斗机与美军使用的战斗机相比更容易被雷达侦测并遭受攻击。

4）建立知识产权调查取证机制

知识产权一直以来都存在侵权成本低、维权成本高的特点。一方面，由于除技术秘密信息外，其他类型知识产权所保护的信息都是公开的，侵权人想要获取并利用知识产权信息非常容易且成本低廉。比如，一项知识产权的产生需要投入研发成本、推广成本、原材料成本等，但侵权人通常是在知识产品被推广成功后才进入市场，无须承担研发风险、付出推广成本。因此，侵权人的生产经营成本较低，其产品进入市场后会与权利人形成竞争关系，挤占权利人原有市场份额。另一方面，与其他有形财产相比，知识产权侵权行为具有隐蔽性、不确定性和因果关系复杂性等特点，发现和认定侵权行为比较困难，被发现侵权的概率相对较低。而权利人的维权成本是巨大的，包括调查取证成本、法律服务成本等。众所周知，胜诉的关键在于证据。然而在知识产权维权中，调查取证是十分困难的。侵权人一旦发现权利人可能采取行动之后，就会立即采取隐匿或销毁证据的行动。而且，权利人在对其合法拥有的知识产权进行维权的过程中，往往会有一些无法直接获得的证据，比如证明制造使用行为的侵权事实、侵权规模、相关产品的市场占有率、公众混淆程度等证据。加之军事技术合作涉及不同的国家，异地取证除了受时间、空间上的约束之外，还可能遭遇地方保护主义的限制。上述原因使军事技术合作知识产权保护陷入发现难、取证难、认定难的困境。正因如此，在军事技术合作知识产权纠纷中，对知识产权进行跟踪调查，及时固定证据变得尤为重要。在英美卫星信号（MBOC）专利纠纷案中，英国胜诉的关键就在于预先积累了涉外知识产权诉讼中对己方有力的证据[1]。此外，美国建立了知识产权追踪取证机制，设置了贸易代表办公室，主要负责对本国知识产权在联合研制参与国的应用情况进行追踪调查和取证，并定期向国会递交评估报告。

【知识链接】

2022 年美英军方两次合作成功部署人工智能技术[2]

据太空战争网站 1 月 10 日消息称，美国美国空军研究实验室（AFRL）与英国国防科学技术实验室（DSTL）在两次连续的大型军事演习中展示了最先进的人工智能技术。2022 年 11 月，来自英国和美国的 30 名人工智能和自主专家组成了一个联合工作组，在加利福尼亚州欧文堡的美国国家培训中心进行了"融合 22 项目"（PC22）实验。2022 年 12 月 4 日，工作组的一个小组在英国威尔特郡的英国陆军索尔兹伯里平原训练区综合概念评估试验的一部分，吸取"融合 22 项目"教训，首次将 AI 快速部署到英国无人机上，并由地面站联合 AI 工作组进行训练，在飞行中更新模型，这是英国国防科学技术实验室"分布式任务处理项目"（HYDRA）综合概念评估（ICE）的一部分。

2022 年 12 月 4 日，在英国索尔兹伯里平原，无人驾驶飞行器准备部署人工智能工具箱有效载荷技术，作为国防科学技术实验室"分布式任务处理项目"

---

[1] 张曦，陶炜. MBOC 信号专利争议对我国北斗产业的启示[J]. 电子知识产权，2014（5）：82-85.

[2] 蓝海长青智库. 2022 年美英军方两次合作成功部署人工智能技术[EB/OL]. https://www.163.com/dy/article/HR9ESN220511DV4H.html，2023-01-17/2023-04-07.

试验的一部分，这次演示展示了 AI 工具箱如何适应新的数据源、平台和操作位置，为部署到自主系统上的 AI 提供快速更新。美国空军研究实验室与英国国防科学技术实验室合作，在这次军事演习中展示了最先进的人工智能技术。尽管这两项演习分别是在美国和英国军事用例下进行的，但是都解决了使人工智能自主敏捷、适应性强、值得信赖和易于作战人员使用的挑战，目标是提供特定任务的 AI，结论是可以进行部署，以满足不断变化的任务条件和作战人员的需求。

5.2.3 欧盟军事技术合作知识产权保护概况

1. 欧盟军事技术合作知识产权保护制度

欧洲是现代意义上的知识产权保护制度的发源地，在知识产权政策制度方面的探索一直走在世界前列。欧盟作为一个区域性国际组织，在制定知识产权战略时既要兼顾各个内部成员之间的利益，还要应对其他外部国家的对抗和挑战，这一点在《2025 战略规划》中有所体现。该战略规划的核心是通过战略驱动因素将欧盟知识产权局（EUIPO）及其利益相关者联合起来，打破成员国在专利领域各自为政的局面，统一各成员国的专利申请和诉讼制度。近年来，欧盟在知识产权领域的政策重点主要包括以下几个方面：第一，积极探索适应数字时代的知识产权保护体系；第二，进一步在欧盟层面推进统一的知识产权保护，包括单一专利、共同体商标等；第三，加强知识产权保护执法力度。在欧盟成员国中，知识产权战略执行得比较突出的国家有德国、英国等。德国对欧盟知识产权战略的执行主要体现在其制定的高技术战略中。2006 年，德国发布了《高技术战略》，该战略旨在将德国打造为全球最重要且具有先导地位的国家；2010 年，德国制定了《面向 2020 年的高技术战略》；2018 年，德国联邦内阁通过了《高技术战略 2025》，制定了跨部门的发展目标、发展重点，以及未来几年中研究与创新政策的发展规划。其中，在促进知识产权转化方面，联邦政府将通过实施一系列的政策措施，重点支持企业的知识产权转化活动。2015 年，英国发布了《知识产权局 2015—2018 年行动计划》和《知识产权局五年战略（2015—2020 年）》。提出了"通过知识产权政策促进英国发展"等六大战略目标，部署了"推动全球专利改革""加强与中国的双边关系""实施知识产权局数字化工程"等战略任务。虽然英国女王伊丽莎白二世于 2020 年批准了《退出欧盟法案》，英国正式"脱欧"，结束了 47 年的欧盟成员国身份，但是英国知识产权局表示，英国将会继续参与欧洲统一专利系统和支持其运转的欧洲统一专利法庭（UPC）。

在欧盟范围内，与军事技术合作有关的政策性文件或公约性文件中，涉及知识产权的内容寥寥无几。2008年，欧盟各国外长在共同外交与安全政策框架下通过的《关于军事技术与设备出口控制的共同规则》，该规则列出了8条军事技术和设备出口的管制性规则，包括：①尊重欧盟成员国的国际义务和承诺，特别是联合国通过并实施的制裁决议及有关核不扩散协议；②考察出口最终目的地国家对人权及国际人权法的尊重状况；③考虑最终目的地国家的内部形势，特别注意是否存在紧张或武装冲突的情形；④确保地区和平、安全稳定；⑤保证成员国、周边国家及所有盟国、友邦的安全利益；⑥考察买方国家的国际社会行为，特别是对恐怖主义的态度、对外结盟的性质以及对国际法的尊重情况；⑦谨防技术或设备被买方国家在国内转包或非法再出口的危险；⑧平衡买方国家已有军事技术及设备与其经济技术能力的关系，确保进口国在满足合法的安全与防卫需要的同时，尽量减少军备对人力物力的占用。《关于军事技术与设备出口控制的共同规则》第8条第7项的内容，要求欧盟成员国要谨防技术或设备被买方国家在国内转包或非法再出口。根据此项规则可以预测，欧盟国家在开展军品出口活动时，应当在军品出口活动中对买入国军品使用和再利用进行约束，包括对军品包含的专利、技术秘密等知识产权的使用限制与保护。

德国是军事技术强国，也是世界上最大的军品出口国之一。在坦克、潜艇等领域，德国拥有高超的制造技术。例如，德国的猎豹2主战坦克因采取了能够为士兵的人身安全提供有效保护的技术手段，极大地增加了安全性能，而广受加拿大等主要客户的欢迎。在军事技术合作方面，德国首先以国家安全利益和外交目标为出发点，商业经济利益只居于次要地位。1961年，德国制定的《战争武器控制法》和《对外贸易法》是其军事技术合作的法律基础。1971年，德国又在上述法律的基础上制定了《联邦政府关于输出作战武器和其他军备物资的政策原则》。在这一文件中，对军品输出和军事技术合作做出了以下几点原则性规定：①武器和其他军品物资输往北约组织国家原则上不受限制；②武器和其他军备物资输往北约以外的国家要受到限制，只有作为例外得到联邦政府同意的才许可；③原则上不向局势紧张地区输出武器和其他军备物资；④不得向C类国家（主要指社会主义国家）输出武器和其他军备物资，例外情况只有得到巴黎统筹委员会同意后才许可。1982年，德国对1971年制定的《联邦政府关于输出作战武器和其他军备物资的政策原则》作了部分修改，取消了"不向局势紧张地区输出武器和其他军备物资"的规定，而代之以"提供作战武器和其他军备物资不得加剧现存紧张局势"。因此，对于面临爆发武装冲突危险的国家，原则上不提供作战武器和其他军备物资。修改后的条款比原有的规定稍显灵活性，但实际上适当放宽了向第三世界国家出口军品的限制。即便如此，与别的北约国家相比，德国对军品出口和军事技术合作的限制仍然比较严格。

2. 欧盟军事技术合作知识产权保护实践

法国与印度之间的军事技术合作由来已久，早在 2003 年法国政府就曾经宣布，决定向印度提供包括联合研制、技术转让以及高技术武器销售等方面内容在内的长期军事合作。时任法国国防部长的阿里奥·马里在访问印度期间与印度领导人进行了密切会谈，两国就签署一项价值约 20 亿美元的军工生产合同达成一致，该合同将允许印度利用法国技术在本国制造 6 艘先进的柴油动力潜艇。法国将为其出售给印度的军事装备提供技术升级保障，使这些装备始终处于最佳应用状态。此外，法国还向印度提出，愿意向印度出售最新改进型"海市蜃楼 2000-5"军用飞机，包括转让相应的生产技术。与此同时，法国将为在印度生产的俄式 T-72 和 T-90 坦克提供热成像仪以及配套的火炮控制系统[1]。

2023 年，法国和印度签署了一项合作协议，法国将向印度提供潜艇升级的关键性技术"不依赖空气动力系统"（AIP）。AIP 可以使常规潜艇在水下停留数周，大幅提升水下续航时间，因此配备这一系统的常规潜艇也被称为"准核潜艇"。军事观察员邵永灵认为，得到法国的 AIP，印度就有了打造"准核潜艇"的可能。法国的此次技术转让，除了进一步开拓印度军贸市场外，还有向外界推销其军工技术的意图[2]。

5.2.4 日本军事技术合作知识产权保护概况

1. 日本军事技术合作知识产权保护制度

日本是世界上实施知识产权战略最为成功的国家，也是从知识产权战略中崛起的国家。一直以来，日本政府高度重视知识产权，通过实施知识产权立国发展战略，日本实现了从第二次世界大战后初期"贸易立国"，到 20 世纪八九

---

[1] 张静宇. 法国政府决定向印度提供长期军事技术销售合作[EB/OL]. http://news.sohu.com/07/55/news208895507.shtml，2003-04-29/2023-04-07.

[2] 央广军事. 法国出手，帮印度打造"准核潜艇"[EB/OL]. https://mp.weixin.qq.com/s?src=11&timestamp=1680836416&ver=4453&signature=LVgXG*1ZE6ve8w0qE7GYwPwWSn3s1GClsgn45Mb2*f7pLJcO6Bv7rk-UnaGPB5xka8ePjahFHcQpynBmWpnHZbXat8kWEXxHdOm*FyVnVyQQ9ln6v9R3wkfKQtXo*AS8&new=1，2023-02-06/2023-04-07.

十年代"技术立国",再到21世纪初"知识产权立国"国家发展战略的升级与转变。2002年,日本发布了《知识产权战略大纲》,将知识产权从保护提升到国策的高度;同年,通过了《知识产权基本法》,为知识产权立国提供了基本法律保障。此后,日本政府几乎每年都会发布《知识产权推进计划》,提出知识产权目标,并制定相应的实施措施。2006年,《知识产权推进计划》的目标是日本知识产权水平进入世界先进行列;2011年,《知识产权推进计划》提出国际标准化组升级战略,知识产权创新竞争战略,最尖端数字化、网络化战略,以及"酷日本战略";2012年,《知识产权推进计划》提出"知识产权创新综合战略"与"数字内容综合战略";2016年,《知识产权推进计划》主要包括推进第四次产业革命时代知识产权的创新和普及,渗透知识产权意识,推进文化信息产品内容新拓展,完善知识产权体系基础等内容;2021年,《知识产权推进计划》提出,未来日本要实现以"绿色""数字"为主轴的、面向社会的创新创造,并在国际竞争中占据优势。该计划总结了日本对知识产权形势的认识,讨论了未来日本知识产权战略,制定了7项优先措施。这7项措施的主要内容包括:强化资本、金融市场功能,鼓励作为竞争力源泉的知识产权的投资和活用;为扩大竞争性市场推进标准的战略性利用;改善环境,促进知识产权数据的活用;建立适应数字时代的战略;加强初创企业、中小企业以及农业领域的知识产权的活用;加强支撑知识产权活用的制度、运用、人才基础;重新构建"酷日本战略"。

日本政府十分重视增强国家的军事技术和军事经济潜力,在积极发展和优化技术和工业合作体系的同时,采取了一系列措施以确保对进口军用品的依赖最小。同时保持从国外购买武器装备生产许可权和成品的做法。2014年6月通过的"国家军事生产和军事技术发展战略"充分表述了日本军政领导人对保障本国武装力量的需求的观点[1]。该文件由防卫省制定,反映了对军事技术合作限制(根据和平宪法由国家自愿承担的义务)的软化。该战略把军事领域国际合作和本国生产的主要目标确定为"及时和充分地以可接受的价格为本国武装力量提供主要由日本公司生产的现代化武器装备"。为了实现这个目标,战略认为国家应该集中力量于:①消除日本军事公司与西方伙伴军事

---

[1] 舒克,编译.日本对外军事技术合作的主要特点[J].外国军事评论,2016(3).本文原载于俄罗斯国防部《外国军事评论》杂志2016年第3期,作者为俄军中校 D·科科申。原文标题:Основные особенности развития военно-технического сотрудничества Японии с зарубежными странами.

工业之间的技术差距;②优化军用产品研发和生产开支;③为防卫省形成更灵活和透明的采购系统。战略要求日本公司在武器装备生产和先进型号研发方面通过发展国际军事工业合作来获得西方技术。与此同时,根据防卫省的意图,这种合作将有利于减少科研工作产生的财政负担,扩大现代化武器装备在本国企业的生产,从而在总体上促进日本武装力量军事产品价格的大幅度下降。

2. 日本军事技术合作知识产权保护实践

日本"国家军事生产和军事技术发展战略"将美国、英国、法国和澳大利亚确定为未来的伙伴,主要合作领域是生产航空技术装备(作战飞机和无人机),发展导弹武器(首先是防空和反导防御系统)、舰船制造(护航舰和潜艇)、无线电电子装备和航天技术装备。同时,日本防卫省注意到向世界军火市场出口军事和特种产品的重要性,这将刺激本国制造商参与用户竞争,并促进生产的延伸发展。在这种情况下,日本打算加强与印度和东南亚国家的合作,这些国家被视为日本军事产品的未来销售市场。与此同时,为了实现既定目标,日本计划完善现有的科研系统,在该方向上将更广泛地利用民用科研机构的研究成果,在应用机器人技术和无人机设计领域,特别重视为那些成果可能被用于武器装备研发的研究提供国家财政支持,支持方案是从防卫省预算的科研项目中向私营研究中心拨款,同时,防卫省着手优化军事技术装备采购、技术维护和修理系统。2015年10月,武器装备局(由军事供应局和科研技术中心合并而来)开始在防卫省中运行,确定了缔结军品采购合同最长期限为5年,并要求明确每个采购品种的价格。防卫省认为不应当出现只有一方参加的竞标,因为这会阻碍在本国制造商中间发展竞争。同时,中标公司有获得国家资助的可能。

日本政府目前对军队装备外国武器装备的态度有三个基本方向:进口成品武器装备;通过与外国的军事工业合作获得外国研制的武器装备;通过军事经济促进计划供应外国研发的武器装备。成品的进口取决于日本在实践中传统上形成的一系列特点:①只进口本国企业在技术上无法组织生产的武器装备和军品;②如果在日本研发生产所需武器装备经济效益低下,则可能进口相应的外国武器装备;③组织武器装备供应的一个必要条件是,利用本国军事工业企业组装(后续修理和改进)终端产品,生产配套设备、备件和部件,或获得外国先进技术;④由日本政府根据防卫省的请求具体地做出每个采购决定。日本防卫省军事供应局负责组织外国武器装备成品的进口。该局有一个进口供应处,其任务是:在外国组织武器装备采购,制定客观的价格制定标准,不允许人为提高合同价格，监督伙伴执行达成一致的供货期限和其他条件。

外国军品采购方案研究是既定的日本军队技术保障决策程序的一部分。同时，在有必要大批进口对军队建设具有战略意义的武器装备时将简化上述程序。在实践中可不根据政府的指示准备和进行招标。同时，防卫省必须研究多个可供选择的采购方案（包括经济论证）。最终决定由防卫省提交安全委员会做出，由部长内阁会议批准。在制定方案过程中，专家以下要求为基础：①所购买的武器装备具有先进的战术技术性能。新装备的关键参数应超过中国、朝鲜和日本认为最有可能构成威胁的其他一些国家的同类武器装备。此外，所采购的武器装备的能力应与外国（首先是美国）的武器装备相当。在使用过程中应最大限度地使用军队现有的基础设施。只允许在能显著提高使用性能和成本适中的情况下作较小的改进（评估参数由防卫省具体拟定）。②保证日本军事工业参与所购武器装备的生产进程。武器装备供应国（研制方）应保证日本公司参与所购武器装备的部件、设备的生产。具体的生产本地化水平不由政府确定。③能对所购武器装备组织高效和稳定的维护。④在所购武器装备的整个生命周期，在财政保障方面有最大限度的有利条件。在执行其他要求时，在研究建议过程中倾向于在整个生命周期开支最少的方案，同时可能提出补充条件，如组织装备操作人员培训或提供特种弹药。在批准所选择的方案之后，政府研究合同草案，并在对所有合作内容达成一致和检查是否符合现行法规之后予以签署。国家级的军品进口基本文件是《货币流通与对外贸易法》（1949年12月1日通过，1997年4月修正）、《出口和进口贸易法》（1952年8月5日通过）和《进出口交易法》（1952年通过）。

同时，日本防卫省正在采取一系列措施强化对军品采购开支的管理。作为该领域的一个主要工作方向，正在建设统一的军品数据库，它将包括武器装备系统及其分系统、配套设备和备件的详细分类以及价格和生命周期成本数据。防卫省武器装备局负责建设和管理新数据库。该部门通过分析从制造商获得的配套设备和备件的资料，建立数据库的原始信息数据集。其中，高技术武器装备系统（作战飞机、舰艇、装甲战车）被分解成多个分系统，而分系统将被分解为配套设备和备件。这种详细的拆分能更精确地计算最佳价格。例如，若作战飞机包括约1000个位置，则对每个位置进行评估。首先确定武器装备的最大生产费用，然后根据该产品特点进行具体研究。预计在所收集的出厂价格、运输-采办开支和其他参数数据的基础上可计算出军品的最佳价格，并在以后形成军事订货时使用该指标。如果工业部门的建议超过所计算的指标，防卫省将有权寻找在国外购买同类产品的可能性，或者采取措施将军品价格降低到最佳水平。目前出厂价格的计算基于成本（备件、配套设备和生产过程开支）和制造商的利润（由私营公司自己决定）。防卫省的专家认为，如此核算武器装备的成本，通常会导致军品价格实际提高，并对财政能力产生消极影响。据他们预测，采取所研究的措施将能在短期内使武器装备采购开支下降 20%～25%，并使武装力量的保障水平在质量上有大的提高。

通过军事工业合作获得外国研制的武器装备被政府视为军队装备外国军品的最佳形式，目前得到了广泛运用。日本对外军事工业合作的主要类型的形成考虑到了本国特点：①在本国企业组织外国武器装备的全周期许可生产；②日本科研机构参与新型武器装备的研发，并在本土组织生产；③在国内成立联合企业并理顺武装力量所需武器装备在其中的生产（根据针对本国企业所生产军品的有效法律文件采购此类装备）。在发展工业合作的过程中，日本政府正在单独研究关于外国投资本国军事工业综合体的问题。与此同时，日本领导人认为，外资不受控制地进入军事生产领域可能对经济和国家安全保障构成威胁。因此，政府要求投资计划必须报告。职能机关（防卫省和其他在具体情况下确定的部门）应在接到报告后 30 天内进行审查和给予批准。同时，日本领导人与美国进行最密切的生产合作。2015 年 4 月"日美防务合作基本原则"协议的更新是这一关系的重要阶段。合作依据还包括"日美物质技术相互保障协议"，但该文件只涉及武器装备的修理。必须指出，如果说在 2011—2014 年军事技术合作原则软化之前与美国的军事工业合作主要涉及日本企业按许可生产美国装备，那么目前合作正在逐步扩大。这首先涉及美国计划出口的军品的一系列部件的生产。例如，正在研究在日本三菱重工公司生产"爱国者"PAC-2 防空导弹部件（红外自导头）的问题。这笔计划中的交易的特点是，美国领导人打算利用日本生产配套设备向第三国（包括近东国家）出口导弹。以前没有进行过这种合作。美国有意扩大来自日本的供货是因为美国本国企业正在转向为最新的"爱国者"PAC-3 反导导弹生产部件。两国正在研究的未来联合计划包括：①扩大日本参与生产 F-35 战斗机（预计日本将成为该型机在亚洲最大的生产、维护和修理中心）。三菱电机公司将参与供应航电设备部件，三菱重工公司将供应机身部件，石川岛播磨重工公司将供应 F-135 发动机 17 种主要的配套零件和部件，包括喷嘴和涡轮。②研发"标准-3"Block 2A 新型反导导弹（装备日本国家反导防御系统）。③在各种最新的无人机研发领域进行合作。④联合生产雷达部件和部队指挥系统设备。美国只能根据国防部《对外军品贸易计划》（Foreign Military

Sales)在军事经济促进框架内向日本武装力量供应武器装备,并且不具有长期性。在每个具体情况下,组织供货都需要由政府决定。采用这种采购、修理和改进外国武器装备的方式是为了在实施安全领域(例如部署反导防御系统)的双边项目时简化订约过程。

总体来说,目前日本对外军事技术合作领域正在发生一系列结构变化。进口成品只在对经济特别有利并且交付部队时间最短的情况下才被视为理想方式。同时正在扩大军事工业合作方面采取一些系统性措施,旨在创建全新的军事技术合作形式,以使日本军品在中期远景不仅质量得到提高,还能打入国际军火市场。

第6章 我国军事技术合作知识产权保护需要着重解决的问题

我国军事技术发展的过程也是不断参与国际竞争与国际合作的过程。作为发展中国家，我国始终以开放的姿态积极参与军事技术合作，努力缩小与发达国家之间的差距。长期以来，我国将开展军事技术合作作为推动我国武器装备和军事技术进步的重要手段之一，从中受益匪浅，取得了良好的效果。但是，应当清醒地认识到，在军事技术合作知识产权保护方面我们与发达国家之间仍然存在较大差距，战略布局能力有待加强、法律保护体系并不健全、全程性的管理亟待完善、风险预警机制尚不健全、人才支撑体系存在短板等是我国军事技术合作知识产权保护需要着重解决的问题。

6.1 战略布局能力有待加强

当前，国际科技竞争趋于白热化，大国科技竞争逐渐向高端技术、前沿技术、战略技术等领域聚焦，利用专利战略抢占科技创新制高点。许多国家已经意识到专利布局在竞争格局中的重要性，并将其看作开拓和占领国际市场的重要资源和有力武器，战略地位不断提升。美国、日本等发达国家掌握了大量科技资源，具有先发优势，将专利战略作为占领国际市场、获得竞争优势的重要手段，从国内、国外两个层面积极布局。国内层面注重提高国民专利意识，完善专利法律体系；国外层面注重本国专利的海外布局和权利保护。其中，美国实施的主要是进攻型专利战略，表现为专利开发、专利诉讼、海外专利布局等方式。日本实施的专利战略则以防御为主、进攻为辅，表现为外围专利开发、专利引进仿制、专利交叉许可等方式。自实施专利战略以来，美国、日本等发达国家积累了许多先发优势，而我国实施专利战略时间较晚。2008年，《国家知识产权战略纲要》首次将知识产权建设提高到国家战略高度。2010年，国家知识产权局发布《全国专利事业发展战略（2011—2020年）》，其整体战略目标是提升国家核心竞争力，为营造良好的专利法制环境、市场和文化氛围做出努力，从专利的创造、保护、运用及管理等方面进行着手，以迎合建设自主创新型社会的方针。2014年，国务院办公厅发布《深入实施国家知识产权战略行动计划（2014—2020年）》，重点强调从知识产权的创造、运用、管理等方面加强国内知识产权建设，拓展知识产权国际合作，推动国际竞争力提升。通过实施知识产权战略，我国成功迈入知识产权大国行列，但我们应当清醒认识到，知识产权大国并不等于知识产权强国。我国知识产权战略布局的重心一直停留在国内层面，海外布局主要集中在美国、日本、欧洲等发达国家，忽视了对周边发展中国家的布局。据有关统计显示，我国在与巴基斯坦等主要武器出口国开展军事技术合作时几乎没有专利布局。这给我国军事技术合作知识产权保护带来非常不利的影响。

6.2 法律保护体系并不健全

过去，由于不掌握先进科技，我国军事技术合作主要是从国外进口整装武器装备和引进先进军事技术，这对提高我国技术水平发挥了重要作用。但单纯依靠进口、引进，就会陷入受制于人的不利局面。因此，我国非常重视引进技术的消化吸收和创新，以及先进科技的自主研发。随着我国自主创新能力提高、科技实力增强，以及知识产权法律体系的健全与完善，我国在军事技术领域掌握了一批重大创新成果和关键核心技术，促使我国武器装备走出国门，军事技术向着更加深入的联合研发、合作生产模式转变。然而，在军事技术合作知识产权法律保护方面，我国有以下两个亟待解决的问题：一方面，我国并未出台军事技术合作知识产权保护专项法律。2021年3月，我国颁布了人民军队在新时代国际军事合作领域的第一部基本法规——《国际军事合作工作条例》，该条例共8章48条，明确了国际军事合作工作的主要任务和合作领域，确立了国际军事合作工作规划计划、风险管控、工作保障以及检查评估等制度，规范了组织实施国际军事合作的程序和方法，为进一步提升新时代国际军事合作的综合效益、推动国际军事合作工作创新发展提供了有力保障[1]。但是，该条例并未

---

[1] 2021年中国军队开展国际军事合作回眸. 光明军事[EB/OL]. https://mil.gmw.cn/2021-12/23/content_35401720.htm，2021-12-23/2022-11-28.

提及知识产权保护方面的内容，对军事技术合作知识产权保护工作而言缺乏针对性、实效性和可操作性。另一方面，现有法律法规尚未形成系统完备的保护体系。我国颁布了《中华人民共和国军品出口管理条例》《中华人民共和国军品出口管理清单》《中华人民共和国导弹及相关物项和技术出口管制条例》《中华人民共和国敏感物项和技术出口经营登记管理办法》等，虽然这些规定能够起到一定的保护作用，但是随着我国科技实力逐渐增强、军事技术合作更加深入，这种保护方式已经难以满足现实需要。

6.3 全程性的管理亟待完善

在军事技术合作中，对知识产权进行全程性的管理是确保军事技术合作知识产权研发、保护、利用最为可靠的方式。虽然，自《国家知识产权战略纲要》实施以来，我国知识产权事业取得了巨大成就，知识产权数量快速增长，质量稳步提升，并且形成了较为完善的知识产权管理体系，但是，军事技术合作知识产权管理工作还停留在浅层管理水平（事务型管理层面），没有形成统一、高效、顺畅的管理链路，特别是在谈判签约阶段和成果推广阶段，有一些重点问题尚未引起关注和重视。在谈判签约阶段，未对背景知识产权保护有足够的重视。在军事技术合作中，会涉及大量背景知识产权的使用和共享问题。一般而言，合作各方会在谈判中将背景知识产权作为重要谈判筹码，对彼此拥有的背景知识产权的使用和归属问题进行谈判，为己方争取更大的利益。然而，由于长期以来我国"义务本位"思想色彩浓厚，知识产权的私权属性尚未在我国形成根深蒂固的思想意识，因此，在军事技术合作中往往会直接将我方拥有的背景知识产权拿来共享，忽视了背景知识产权的保护和管理。长此以往，不仅会对自身知识产权造成侵害，而且极易引发第三方知识产权纠纷。在成果推广阶段，知识产权成果的转化运用率有待提升。军事技术合作中的知识产权既包括一般知识产权，也包括国防知识产权。不论是一般知识产权，还是国防知识产权，我国的知识产权管理大都停留在简单保护而非有效利用的层面。由于国防知识产权具有信息保密性、军事垄断性、国防服务性等特点，因此，重保护而轻利用的现象在国防知识产权领域表现得更为突出。在实践中，国防知识产权管理受困于现有体制机制障碍，缺少降密解密机制、转化应用平台、产权价值评估、中介服务机构等，导致大量国防知识产权被束之高阁，形成了数量庞大的"睡眠专利"，使得国防知识产权转化利用率明显较低，造成了严重的资源浪费。

6.4 风险预警机制尚不健全

随着新技术、新知识的不断涌现，知识产权的保护范围越来越大，知识产权所面临的风险也呈现出多样化的发展趋势，还给我国军事技术合作知识产权保护带来了极大的困难和挑战。为了应对知识产权风险，以美国、日本为代表的发达国家均建立了完善的知识产权检测、预警体系和反倾销预警机制，以稳固本国在知识产权领域的优势地位。例如，美国有COMPAS模型机制；日本有专利地图；韩国有知识产权审核制度。这些都是发达国家主导下的知识产权风险预警政策措施，有助于本国避免或减少知识产权争议、防御海外侵权、布局海外知识产权甚至发动知识产权攻击。虽然我国正在建立知识产权风险预警机制，但是，相较于美国、日本、韩国等发达国家构建的具有全面性、完整性和前沿性的知识产权预警机制而言，我国军事技术合作知识产权风险预警机制仍在诸多方面存在不足和亟待完善之处。第一，我国海外知识产权风险预警机制的具体实施措施有待加强。虽然，我国国家知识产权局保护司在2022年2月发布的《关于进一步加强海外知识产权纠纷应对机制建设的指导意见》中提出要加强海外风险防控与纠纷应对指导服务，但是，该指导意见还停留在政策导向层面，没有形成具体的实施规则。第二，知识产权信息服务平台的数据资源未得到充分挖掘利用。长期以来，我国知识产权信息网络平台建设条块分割、重复建设的现象十分普遍，各个平台的数据体量十分庞大，但是缺乏对数据的深度加工，也没有形成有效的集成和共享机制，不利于为我国知识产权风险防范提供有效的信息情报，支撑相关风险管理主体进行有效决策。第三，缺少军事技术合作知识产权的动态跟踪管理和证据固定机制。在向外国出口武器装备、转让军事技术时，由于一些国家不注重知识产权保护，擅自仿制我国知识产品或者未经我国允许向第三方转售。由于我国还没有建立起成熟的海外知识产权跟踪管理和证据固定机制，因此知识产权海外维权十分困难。

6.5 人才支撑体系存在短板

知识产权人才是发展知识产权事业的第一资源，是知识产权高质量发展的先决条件，是知识产权强国建设的战略支撑。党的十八大以来，我国知识产权人才队伍建设取得了巨大成就，为我国知识产权强国建设提供了重要的战略支撑。近年来，一系列法规规章也对建设高层次、复合型、国际化的知识产权人才体系提出了要求。《知识产权强国建设纲要（2021—2035 年）》提出，要加强知识产权国际化人才培养；《知识产权人才"十四五"规划》提出，要构建"4+1"知识产权人才体系，重点推进知识产权保护、运用、公共服务、国际化 4 支重点人才队伍和审查注册 1 支基础人才队伍的建设，在重点区域建设高水平知识产权人才高地，满足知识产权强国建设对高层次人才的需要。军事技术合作知识产权人才是国家知识产权人才体系的有机组成部分，应当认识到，我国军事技术合作知识产权保护人才支撑体系还存在一些短板和问题，具体表现在以下方面：第一，知识产权人才的知识结构较为单一，培养模式有待优化。军事技术合作知识产权保护涉及国际规则、外交政策、经济发展等诸多方面，这就决定了军事技术合作知识产权保护人才应当是具有多种学科知识、知识结构交叉的复合型人才，然而我国知识产权人才培养模式倾向于培养知识产权法学人才，只将与知识产权相关的法律知识作为培养内容，忽视了对知识产权人才经济、管理、技术、实务、外语等方面的培养，使知识产权人才的知识结构缺乏合理性，难以满足现实需求。第二，各类人才力量并未形成军事技术合作知识产权保护合力。军事技术合作知识产权保护需要通晓知识产权法理和国际知识产权规则的人才、具有外交谈判能力和商务沟通技巧的人才、熟悉技术发展前沿与运行原理的人才等。在我国，上述各类人才都有相关的资深专家和从业人员，可以为军事技术合作知识产权的纠纷处理、签约谈判、风险防范、运营管理等方面的工作提供有力支撑。但是，这些人才力量分散于社会各行各业，尚未在我国军事技术合作知识产权保护中形成合力、发挥作用。

【知识链接】

改革开放后中国与西方的军事技术合作[1]

中华人民共和国成立后，以美国为首的西方国家对中国采取了军事封锁和经济遏制。朝鲜战争爆发后，中国军队赴朝参战。1950 年 12 月，美国商务部宣布中国为"敌对国家"，并按照美国《1949 年出口管制法》，将中国列入全面禁运的 Z 组。1952 年，巴黎统筹委员会（又称输出管制统筹委员会）成立专门的中国委员会，设立"中国禁单"，即对中国贸易的特别禁单。该禁单所包括的项目比对苏联和东欧国家所适用的"国际禁单"项目多 500 余种。1972 年，美

---

[1] 姬文波. 改革开放后中国与西方的军事技术合作[J]. 党史博览，2012（6）：12-15.

第6章 我国军事技术合作知识产权保护需要着重解决的问题

国总统尼克松访华,中美关系改善,美国对华技术禁运有所松动,但中美军事关系仍然停滞不前。1978年12月,中共十一届三中全会召开,中国确定了改革开放的基本国策。1979年1月,中美正式建交,中国与西方国家的安全关系不断扩展深入,军事技术合作迅速展开。

1. 对与西方国家军事技术合作的基本政策和态度

20世纪70年代末80年代初,中央虽然估计到战争风险有所减弱,但对军队建设仍非常重视。1977年12月28日,邓小平在中央军委全体会议上强调:"仗总可能有一天要打起来,我们绝不能浪费时间,要加紧备战工作。"同时,随着中外军事交往的进行,中共中央、中央军委清醒地认识到我军在国防现代化建设方面严重落后于时代,与军事先进国家的差距相当大。

1979年1月2日,国防部部长徐向前在军委座谈会上说:"国防现代化,一个是人的问题,一个是物的问题……物的问题,武器、装备,现有的东西很落后,怎么现代化?着急不着急?"

1982年11月,中央军委常务副主席兼秘书长杨尚昆在全军参谋长会议上不无忧虑地说:"(我国武器装备)同发达国家相比,还是比较落后的,特别是在电子技术方面差距更大。"

1983年10月,杨尚昆强调,要"尽快改变这种状况……现在摆在我们面前的任务,就是争取时间,加速发展我军的现代武器,包括战略武器、常规武器"。11月,杨尚昆在全军教育训练改革座谈会上讲:"抓住当前有利时机,有计划地加强军队建设,是一个带战略性的问题……我军的战备水平,特别是武器、装备,同一些国家的差距本来就比较大,如果不抓紧,几年、十几年时间,一晃就过去了,很可能差距越来越大。我们有些同志的精神状态同形势的要求很不适应,说什么'北边搞缓和,南边搞谈判,东南边搞统一',反正打不起来,军队建设可以慢慢来。这要引起我们注意……要抢时间,绝不能浪费时间,军队就是为打仗而存在的。"

中央军委领导明确肯定应该以引进外国的先进军事技术作为起点,加快国防现代化建设。1977年12月,邓小平连续会见了第三机械工业部、第五机械工业部、第六机械工业部的负责同志,了解军工企业的发展现状和问题。他强调:"我们要有自知之明,我们技术水平不够,应当先引进,引进外国的新技术作为起点……独立自主不是闭关自守,自力更生不是盲目排外。要学习和适当引进国外先进技术,学习先进才能赶超先进……杨成武同志去法国看了,与人家现代化指挥系统比,我们要落后得多……要逐步实现指挥系统的现代化,总不能拖得太久吧！自己不行，可以引进外国的新技术。当然，主要的技术他们不一定会给，但有些东西弄点儿回来还是可能的……国防口也有个引进问题，有没有条件吸收外国的先进技术？军事部门也要吸取外国的技术，自己不行嘛……本来水平不行，也来不及做，而且质量又不好，引进是重要的手段……解决途径要包括引进外国先进技术，例如幻影-2000战斗机。"

邓小平多次强调要抓住机遇，加快技术引进。"引进科研手段，不仅航空工业，全国也必须加速引进一大批。""民用飞机要搞合股经营，军用飞机能搞合股经营也可以。我们搞出来以后，还可以向第三世界出售嘛！关键的问题是要抢时间。买产品时要买全，要同技术制造的资料结合起来。"

2. 中国与美国军事技术合作的展开

尼克松访华后，中美关系得到改善，美国对华技术禁运有所松动。1972年4月，作为改善对华关系的一个信号，尼克松政府结束了对中国的大部分禁运，将中国划入Y组，允许向中国出口相当于对苏联出口商品的70%。随后，美国向中国出口了10架波音-707飞机。尼克松因"水门事件"下台后，美国在改善对华关系方面裹足不前，对华技术出口政策也没有大的进展。直到中美建交，美国一直坚持对中国和苏联采取同样的出口政策。美中军事技术交流与合作基本停滞不前，美国仅对售华某些特定技术产品进行了可行性评估。

卡特上台后，在美国政府内部，关于中美之间是否应建立安全关系一直存在争论。国防部部长布朗和总统国家安全事务助理布热津斯基一直认为需要与中国进行某种防务合作，而国务卿万斯则怕惹恼苏联，坚持反对意见。1979年1月1日，中美正式建交。1月底，邓小平访美。邓小平访问美国期间，卡特授权布热津斯基着手与中国进行一些"特殊会谈"。年底，双方达成了一项非正式协议。

1979年12月底，由于苏联入侵阿富汗，美国政府内部的争论解决了，态度有了很大转变。1980年1月，布朗访华，称"我们已在与中国人的战略关系上采取了一项重大步骤"。随后几周，美国国务院放宽了对30多种军事支持设备的管制，可以由军火控制局发放许可证向中国出口。这些装备包括防空雷达、无线电、对流层通信设备、运输直升机、载重牵引车和电子干扰装置等。

1980年4月，美国商务部把中国从华沙条约国家组Y组转入新的国家组P组，使中国有资格获得更多的输出品，尤其是敏感性领域的产品。5月底，中央军委秘书长耿飚访问美国，象征着两国间的安全关系正在加深。7月，美国商务部宣布进一步放宽发放许可证的标准。9月，五角大楼一个高级代表团访

第6章 我国军事技术合作知识产权保护需要着重解决的问题

问中国,并批准颁发400多项技术先进的军事支持设备的出口许可证。

1981年1月,里根上台后,采取双轨政策,一方面保持同中国的交往,另一方面加强与台湾当局的联系,还在一定程度上升级了对台湾的军售。6月10日,中国外交部发言人发表谈话,重申中国反对美国向台湾出售武器的立场。他说:"我们已多次声明,我们宁可不要美国的武器,也绝不同意美继续干涉我内政,售武器给台湾。"鉴于此,中国政府推迟了解放军副总参谋长刘华清原定于8月的访美日程,而此次访美是以讨论向美国购买武器为主要内容的。

1982年,中美签订了《八一七公报》,双方关系有所缓和。1983年5月21日,里根总统以"双倍政策"(1981年7月里根提出的新的对华技术出口政策,即允许美国厂商向中国出口的技术和产品在性能和水平上可能是美国向苏联出口的2倍)很难衡量为由,批准将中国由P组改为V组,列入"友好的非盟国"一类。同月,美国商务部部长鲍德里奇访问中国。访问的结果是,美国同意放宽对中国的出口限制,尤其是放宽七种具有"双重用途"项目的出口限制。

1983年夏,中国国防部长张爱萍邀请美国国防部部长温伯格访华。9月25日,温伯格访问中国,恢复了中断三年的中美官方军事联系。访问期间,温伯格与张爱萍建立了深厚的个人友谊。在与张爱萍谈到军事技术转让问题时,鉴于中国方面于1981年6月曾向美国提出了一份意向购买清单,温伯格讲了其中多少项可以解决后,又谈到美国技术转让的基本政策。温伯格对加强中美军事关系态度积极。

中美双方随后就确定了进行军事技术合作的原则,成立了参谋级别的中美军事技术合作工作组,继续进行讨论,并决定中方派出考察组赴美国考察。会后,组成了以张品为组长,贺平、贺鹏飞参加的三人小组,先期赴美考察。

1984年3月下旬,根据中国要求出售火炮、反坦克武器和防空系统的信函,双方达成协议,美国同意向中国转让火炮、反坦克武器和防空武器,并大致确定向中国出售的武器和转让的技术用于四个方面:反坦克、火炮弹药、防空雷达和导弹、岸舰反潜艇战。

6月,张爱萍回访美国。6月12日,里根签署了同意中国享受"对外军事销售"(FMS)待遇的文件,这样就用法律的形式肯定了中国在美国对外军事销售和技术转让中的地位。自此,中国购买有关军事设备和技术转让项目,无须再经过美国国会批准。里根在与张爱萍会面时表示:"我们是把中国作为不结盟的朋友看待的。"访美期间,张爱萍与温伯格签署了军事技术合作备忘录,这一备忘录阐明了两国未来军事技术合作的基本原则。在两国防部长实现互访后,两国军方的各个方面领导人的互访更加频繁。

中美两国军事交流与合作以高层领导频繁互访为契机，签订了大量合作协议，两军军事技术合作进入具体实施阶段。

3. 美国对中国与欧洲国家的军事技术合作采取了默许甚至鼓励的态度

相对于中美两国军事技术合作的坎坷，中国与西欧国家的军事技术合作则较为顺利。主要原因是西欧国家在这个问题上采取了积极合作的态度，政治上的阻力小。早在20世纪70年代初、中期，中国与西欧国家的军事技术合作就已取得一定突破。

美国对中国与欧洲国家的军事技术合作采取了默许甚至鼓励的态度。1979年1月，美国总统卡特同英国、联邦德国和法国领导人在瓜德罗普岛进行过一次非正式讨论。卡特表示，在中国购买武器问题上，欧洲采取松动态度，我们不会不高兴的。4月底，布朗和布热津斯基说服了万斯，要他告诉英国人："我们不反对他们向中国出售武器，希望他们不要把这种买卖提请巴黎统筹委员会批准，在那里可能会引起争论。"

1978年6月，邓小平在听取第三机械工业部工作汇报时指出："中国航空工业的发展，按现在这个速度不行，要引进国外先进技术。美国的买不来，就到西欧去买，然后在引进、吃透的基础上再发展。"

11月，第三机械工业部部长吕东率副部长段子俊、陈少中、徐昌裕以及国防工办、空军、海军等部门的领导、专家和相关企业负责人到联邦德国、法国和英国参观考察。他们与有关厂商进行了商谈，决定首先从西欧引进电子火控设备，以提高中国航空电子的起点。

11月6日至17日，国防科委副主任刘华清陪同王震副总理出访英国。此访的目的在于了解英国工业发展情况，探讨引进英国的民用和军用技术，加强中英两国、两军之间的交流和友谊。让刘华清同行，主要侧重于调研和探讨军用先进技术和装备的引进问题。回国后，刘华清写了《英国军工技术和引进其技术的意见》，就引进国外先进军事装备技术问题的进一步落实提出七点建议。12月19日，张爱萍同意了刘华清提出的建议。

4. 英国是中国对外军事技术合作最重要的伙伴

1979年5月30日，第三机械工业部、第四机械工业部联合向国务院、中央军委提出报告，从英国引进电子火控系统改装歼-7、歼-8飞机。6月6日，王震、邓小平等批示同意。7月4日至8月9日，以陈少中为团长的30人考察团赴英国考察，分别与马可尼、史密斯、费伦蒂三家公司，就歼-7、歼-8飞机改装问题进行具体商谈。双方明确了改装机载电子、火控系统各部件的主要性能和装机技术要求,初步商定引进马可尼公司和史密斯公司的七项电子设备改装歼-7飞机的时间表及费用。1980年3月27日至4月5日,在上海英国设备展览会期间,吕东、段子俊、陈少中会见了英国国防大臣皮姆等人,就中国从英国引进先进航空设备等问题进行高一级的会谈。

6月30日,由段子俊、国防工办副主任叶正大带队,空军、总参和第三机械工业部、第四机械工业部人员组成的代表团到英国参加第十轮谈判。马可尼公司和中国航空技术进出口总公司(简称中航技公司)签订了合作改装歼-7飞机,并提供平视显示、静止变流器、雷达测距器、大气数据计算机、通信电台、照相枪等六项电子火控设备和支援合同。中航技公司和史密斯公司签订了雷达高度表供货合同,共购买124套设备用于改装100架歼-7飞机。7月31日,中国政府批准上述两项合同。9月1日,付给英方预付款,合同正式开始执行。

中国与英国谈判的另外一个重要项目是海军051S防空型驱逐舰的现代化改装。在1978年王震、张爱萍访问英国、意大利的基础上,1979年2月和3月,第六机械工业部部长柴树藩和海军副司令员刘道生,分别率中国造船技术考察组和中国海军技术考察组访问了英国、法国,并提出从英国引进技术改装和新建驱逐舰的建议。经总参谋部、国防工办报请王震同意,并呈请中共中央、国务院、中央军委批准,中英合作改装051S型驱逐舰工程(简称051S工程)正式列入国家计划项目。

1980年3月,英国国防大臣皮姆访华,中英两国军队领导人将中英合作改装051S工程列为双方军事技术合作的重点。1981年6月,中英双方确定了051S型驱逐舰改进设计方案:采用高干舷甲板船型,正常排水量达到4000吨,装备重型"海标枪"区域防空导弹,使051S型驱逐舰具有一定的海上编队区域防空作战能力和较强的单舰防空作战能力。

1982年11月,经过艰苦谈判,中英合作改装051S型驱逐舰工程合同在北京初步草签。按照这个合同,在英方的协助下,中国海军将先行改装两艘051S型驱逐舰,随后自行改装剩下的六艘。

1983年1月,在对引进合同进行最后审查的联合评审会议上,中国船舶总公司和航天工业部表示可以依靠自己的技术力量,在相同时间完成国内自行研制,达到相当技术指标,而经费只需引进合同的一半。另外,香港问题还没有得到解决,中方也不想受制于人。经过综合考虑,2月,中国政府决定将资金用于自行设计新型驱逐舰的发展,051S工程合同最终未获批准自动撤销。

在陆军武器装备方面，中国也从英国引进了许多技术。1978年3月7日，经邓小平拍板，中国与英国正式开始了引进L7型105mm线膛坦克炮及弹药全套生产技术的谈判。引进合同在国内被称为"三七"工程，分两期进行。第一期引进项目包括105mm线膛高膛压坦克炮和全套弹药（尾翼稳定脱壳穿甲弹、榴弹、碎甲弹）、战斗室灭火抑爆系统、8000型电台和VIC-1车内通话器。第二期引进项目包括扰动式简易火控系统、身管热护套、夜视观瞄设备等。这个项目意义重大，对中国陆军主战装备的发展影响深远。

5. 中国与法国的军事技术合作进展顺利

1978年，法国巴黎航展的举办单位邀请中国空军派代表团赴法国参观。航展之后，法方又来华积极推荐幻影-2000飞机。1982年，中国确定组团对幻影-2000飞机进行详细考察。代表团成员包括领导机关、工业部门、空军机关、研究所的同志，由空军副参谋长姚峻任团长。另外，代表团中还有两名飞行员。

两名飞行员驾驶幻影-2000B型战斗机共试飞了七架次。这是中国空军第一次接触先进的第三代战斗机，为中国空军和航空工业全面了解第三代战斗机提供了难得的机会。这次试飞的幻影-2000B型战斗机虽然只是幻影-2000系列战斗机的初期型号，但对于当时的中国试飞员及相关行业的科研人员而言，可以用"震撼"两个字来形容。尽管法国出售幻影-2000的意愿很强，但价格较高，而中国当时刚刚实行改革开放，财力有限，所以这桩交易最终未能实现。

法国人还极力向中国推销米兰、霍特反坦克导弹和武装直升机。他们积极邀请中国方面去法国参观访问，并且还来华进行实弹射击表演。

1985年11月，海军司令员刘华清访问了法国和美国。其间，他会见了法国国防部武器装备部、航空总局和汤姆逊、马特拉、纳富科等公司的领导。他们详细介绍了生产的武器装备情况，表示愿意发展与中国的合作。不久，中国与法国签订了多项海军装备方面的引进合同。

这个时期，中国与意大利、联邦德国、瑞士、以色列等国也开展了卓有成效的军事技术合作。

第 7 章 我国军事技术合作知识产权保护的思路建议

当今时代，知识产权是国际竞争的重要内容，谁掌握了知识产权，谁就会在国际竞争中赢得制高点。在科技全球化、经济全球化的时代背景下，军事技术创新需要广泛的国际军事技术合作。加强军事技术合作中的知识产权保护，不仅是我国参与国际竞争的准入条件，也是知识创新工程对军事技术合作知识产权保护提出的新要求。要牢固树立保护知识产权就是保卫国防安全、保护国防科技创新、提升战斗力的理念，从提升知识产权竞争力和海外知识产权布局能力、完善军事技术合作知识产权保护法规制度体系、构建全过程的军事技术合作知识产权管理体系、健全军事技术合作知识产权风险防范预警机制、加强我国军事技术合作知识产权人才队伍建设五个方面为我国军事技术合作知识产权保护提供有力支撑。

7.1 提升知识产权竞争力和海外知识产权布局能力

习主席深刻指出，当前我国正在从知识产权引进大国向知识产权创造大国转变，知识产权工作正在从追求数量向提高质量转变。知识产权保护工作关系国家治理体系和治理能力现代化，我们必须从国家战略高度和进入新发展阶段要求出发，全面加强知识产权保护工作，统筹推进知识产权领域国际合作和竞争。随着自主创新能力和科研水平不断提升，我国科技从"跟跑"进入到"跟跑、并跑、领跑"并行的新阶段，掌握了大量拥有自主知识产权的先进技术。在军事技术合作领域，我国武器装备和军事技术正在由购买、引进、跟踪仿制逐步向自主创新、军品出口和技术转让过渡。因此，随着我国科技强军战略的全面实施，以及我国武器装备和军事技术"走出去"步伐的不断加快，应当从战略高度对军事技术合作知识产权保护进行系统谋划和整体部署。一方面，要加强我国知识产权创新能力，提高国际竞争力。关键的核心技术是买不来、要不来的，不断提高自主研发能力才是摆脱关键核心技术受制于人的根本途径。因此，必须深入贯彻创新驱动发展战略，增强我国原始创新能力，通过科技自立自强加强关键领域自主知识产权创造和储备，提高我国知识产权在国际市场的竞争力。另一方面，要有的放矢地加强我国海外知识产权战略布局。从与我国开展军事技术合作的国家入手加强知识产权布局，并借助"一带一路"战略带来的重大历史机遇，做好"一带一路"沿线国家知识产权的合理布局，按照从点到线、由线及面的模式，逐步推进我国知识产权海外布局，进而在全球范围内形成严密高效的保护网络。

7.2　完善军事技术合作知识产权保护法规制度体系

习近平总书记高度重视全面依法治国，强调要加强事关国家安全的关键核心技术的自主研发和保护，依法管理涉及国家安全的知识产权对外转让行为。党的二十大报告首次单独把法治建设作为专章论述、专门部署，这充分体现了以习近平同志为核心的党中央对全面依法治国的高度重视。以习近平法治思想和习近平强军思想为指引，本着于法周延、于事有效的原则，完善军事技术合作知识产权保护法规制度建设，这是贯彻落实全面依法治国的重要体现。必须尽快完善军事技术合作知识产权保护法规制度体系，使我国军事技术合作知识产权有法可依、有章可循。具体而言，可以采取以下措施：第一，加紧出台军事技术合作知识产权保护专项法律，从法律层面强化我国军事技术合作知识产权保护。在借鉴俄罗斯军事技术合作知识产权保护立法模式的基础上，结合我国国情军情和知识产权保护实践，出台《军事技术合作工作规定》，并在其中列明军事技术合作知识产权保护相关条款。而后进一步拟制《军事技术合作知识产权保护实施细则》，对我国军事技术合作知识产权保护的原则性规定和具体措施作出系统而详细的规定。第二，对已有的法规制度进行细化完善，适时进行相关法律法规的修订工作。在《国际军事合作工作条例》《军品出口管理条例》《国防专利条例》等现有法律法规中增加军事技术合作知识产权保护方面的相关规定，同时对上述法律法规进行适时修订，从而形成系统完备的军事技术合作知识产权保护法律体系。

7.3 构建全过程的军事技术合作知识产权管理体系

党的十八大以来，习近平总书记多次强调，要强化知识产权全链条保护，建立高效的知识产权综合管理体制。贯彻落实习近平总书记指示要求，在军事技术合作中，必须将知识产权管理融入谈判签约、成果推广的各个环节，全面打通军事技术合作知识产权全链条保护，形成一个系统、全面的闭环管理模式，为军事技术合作中的知识产权保护创造有利条件和基本保障。同时，针对我国在军事技术合作知识产权全过程管理中亟待解决的问题，可以采取以下措施：在谈判签约阶段，应高度重视背景知识产权的谈判与保护。在谈判签约前，应当对我方预计在合作过程中使用的背景知识产权进行详细梳理，列明具体清单，明确覆盖范围、使用权限等事项。在签约谈判时，应当与合作对象交换彼此的背景知识产权清单，双方本着平等自愿、协商一致的原则，就双方背景知识产权的相关事项达成共识，并且写入协议。在成果推广阶段，着力提升知识产权成果的转化利用率。针对我国知识产权高数量与低转化之间的矛盾问题，应当从思想层面认识到知识产权转化应用的重要性，尤其是国防知识产权。应理顺各主体之间的权益关系，建立科学分类、动态调整的定密解密机制，搭建转化应用平台，完善价值评估、中介服务等体系，为国防知识产权有效转化为战斗力提供全面保障。

7.4 健全军事技术合作知识产权风险防范预警机制

习近平总书记强调，要形成高效的国际知识产权风险预警和应急机制，建设知识产权涉外风险防控体系。2021年，我国发布《关于进一步加强海外知识产权纠纷应对机制建设的指导意见》，其中提出，力争到2025年初步形成便捷高效的国际知识产权风险预警和应急机制的工作目标。军事技术合作知识产权风险防范预警机制是国际知识产权风险防范预警机制的一部分，必须以习近平总书记关于知识产权工作的重要指示论述为指引，重点从以下几个方面发力：第一，制定海外知识产权风险预警的具体措施。加强海外知识产权风险预警理论研究，结合国内外相关经验和典型案例，研究制定《军事技术合作领域海外知识产权纠纷风险预警防范机制方案》，明确军事技术合作领域海外知识产权风险防范和纠纷处理的具体措施。第二，加强知识产权信息服务平台数据资源的利用。运用现代化的数据处理和数据分析手段，加强服务平台知识产权数据资源的整合、挖掘和利用，建立数据交流共享机制，加大海外知识产权信息供给力度，及时向知识产权风险管理主体发布风险预警信息。第三，完善海外知识产权跟踪管理和证据固定机制。编制发布《重点国家知识产权风险应对国别指南》，完善我国知识产权侵权诉讼证据保全制度，及时跟踪发现知识产权侵权事实并利用保全证据公证、公证电子存证、诉前或诉中证据保全等手段固定相应证据，为我国海外知识产权维权提供有力支撑。

7.5 加强我国军事技术合作知识产权人才队伍建设

习近平总书记在主持中共中央政治局第二十五次集体学习时发表重要讲话，特别强调要"重视知识产权人才队伍建设"。这为新时代全面加强我国军事技术合作知识产权保护人才工作提供了根本遵循和路径指引。一是优化知识产权人才培养模式。军事技术合作知识产权保护涉及面广，知识产权又属于交叉学科，因此，应进一步打破知识产权学科壁垒，在知识产权人才培养方案中，不仅要加强"知识产权总论""专利法""商标法""版权法"等传统理论课程的学习，而且还要注重知识产权管理、知识产权评估、知识产权代理等实务经验的培养。将知识产权法和知识产权管理纳入理学、工学、医学、管理学等学科的通识教育范围，强化技术人员和管理人员的知识产权意识，为高层次复合型知识产权人才选拔提供多学科领域的人才储备。二是充分汇聚天下英才而用之。军事技术合作知识产权保护关乎国家安全、关乎战略利益，必须聚天下英才而用之，通过建立专家库、人才库、智囊团的方式，将各行各业中具备国际视野和战略思维、熟悉国际事务和国际规则、具有复合型知识结构、精通科技知识又具备知识产权实务经验的人才广泛吸纳进来，让各类有真才实学的人才在军事技术合作知识产权保护中形成合力，为我国军事技术合作知识产权保护提供高水平指导和服务。

第8章 主要结论

由于世界各国之间经济、科技水平发展不平衡的客观现象长期存在，因此在国际范围内展开军事技术合作成为获取先进技术、提高科技水平的重要手段。随着经济全球化和新科技革命的迅猛发展，各个国家之间的相互依存度日益紧密，形成了一荣俱荣、一损俱损的命运共同体，和平与发展成为当今时代的主题。国际竞争的重点逐渐从战争转向经济、科技，科技已取代战争成为获取经济利益的主要手段。必须清醒地认识到，科学技术是核心战斗力，也是军事发展中最活跃、最具革命性的因素。

党的二十大报告指出，要加速科技向战斗力转化。我们必须大力推动科技创新战略深入发展和实施，切实加强基础研究，夯实科技自立自强根基，掌握更多拥有自主知识产权的核心关键技术，才能抢占军事竞争战略制高点、锻造打赢现代化战争能力。因此，我们要融入世界科技创新浪潮，以开放和学习的姿态开展军事技术合作，不仅要"授人之鱼"，更要"学之以渔"。习近平总书记强调，科技自立自强是国家强盛之基、安全之要。我们必须完整、准确、全面地贯彻新发展理念，深入实施创新驱动发展战略，把科技的命脉牢牢掌握在自己手中，在科技自立自强上取得更大进展，不断提升我国发展独立性、自主性、安全性，催生更多新技术新产业，开辟经济发展的新领域新赛道，形成国际竞争新优势。习近平总书记还强调，"科学技术是世界性的、时代性的，发展科学技术必须具有全球视野，不拒众流，方为江海。自主创新是开放环境下的创新，绝不能关起门来搞，而是要聚四海之气，借八方之力"。贯彻落实习近平总书记重要讲话、重要指示精神，一方面，必须充分利用开放环境，去争取引进更多的国外技术，提高技术引进消化吸收和再创新能力；另一方面，借助"一带一路"战略机遇，让我国先进的军事技术走出国门，推动军事技术合作深化发展。

附录 部分"一带一路"沿线国家知识产权法律制度

一、俄罗斯

本部分内容节选自俄罗斯《俄罗斯联邦民法典》第四部分第七编"智力活动成果和个别化手段的权利"。

第六十九章 一般规定

第1225条 受保护的智力活动成果和个别化手段

1. 智力活动成果和与之相当的受到法律保护的法人、商品、工作、服务和企业的个别化手段（知识产权）包括：

（1）科学、文学和艺术作品。
（2）电子计算机程序。
（3）数据库。
（4）演出。
（5）音像制品。
（6）无线和有线的广播、电视节目。
（7）发明。
（8）实用新型。
（9）外观设计。
（10）育种成果。
（11）集成电路布局设计。
（12）生产秘密。
（13）商业名称。
（14）商标和服务标志。
（15）商品产地名称。

(16) 商业标识。

2. 知识产权受法律保护。

第 1226 条　知识产权

承认对智力活动成果和与之相当的个别化手段（智力活动成果和个别化手段）的知识产权，知识产权包括作为财产权的专属权，而在本法典规定的情况下，还包括人身非财产权和其他权利（追续权、形象直接利用权等）。

第 1228 条　智力活动成果的作者

1. 智力活动成果的作者是以创造性劳动创作该成果的公民。

不对该成果作出本人创造性贡献的公民，包括对成果作者提供技术、咨询、组织方面或物质方面协助或帮助的，或者只是促进办理成果权利或其利用权的公民，以及对完成相关工作进行监督的公民，都不是智力活动成果的作者。

2. 智力活动成果的作者享有著作权，在本法典规定的情况下，还享有署名权和其他人身非财产权。

作者身份权、姓名权和作者的其他人身非财产权利不可转让、不可移转。对这些权利的放弃自始无效。

作者的著作者身份和姓名受无限期保护。作者死后，作者身份和姓名的保护可由任何利害关系人行使，但本法典第 1267 条第 2 款和第 1316 条第 2 款规定的情形除外。

3. 创造性劳动所创造的智力活动成果的专属权，原始地产生于作者。此项权利可以依照合同转让给他人，也可以按照法律规定的其他根据移转于他人。

4. 2 人以上以共同创造性劳动（合作）创作智力活动成果的，其权利为合作者共同所有。

第 1229 条　专属权

1. 对智力活动成果或个别化手段享有专属权的公民或法人（权利持有人）有权按照自己的意志以任何不与法律相抵触的方式使用该成果或手段。权利持有人可以处分智力活动成果或个别化手段的专属权（第 1233 条），但本法典有不同规定的除外。

权利持有人可以按照自己的意志许可或者禁止他人使用智力活动成果或个别化手段。不禁止并不视为同意（许可）。

除本法典规定的情形外，不经权利持有人的同意，他人不得使用智力活动成果或个别化手段。如果未经权利持有人的同意，使用智力活动成果或个别化手段（包括以本法典规定的方式进行使用），则属于非法并应承担本法典、其他法律规定的责任，但本法典允许权利持有人以外的人利用智力活动成果或个别化手段的情形除外。

2. 智力活动成果或个别化手段（商业名称除外）的专属权可以为一人所有或几人共同所有。

3. 当智力活动成果或个别化手段的专属权为几人共同所有时，每个权利持有人均可以按照自己的意志使用该成果或手段，但本法典或权利持有人的协议有不同规定的除外。共同享有专属权的权利持有人之间的关系由他们的协议规定。

智力活动成果或个别化手段专属权的处分由权利持有人共同进行，但本法典或权利持有人的协议有不同规定的除外。

共同使用智力活动成果或个别化手段的收入以及共同处分该成果与手段专属权的收入在所有权利持有人中平均分配，但他们之间的协议有不同规定的除外。

每个权利持有人均有权独立采取措施保护自己对智力活动成果或个别化手段的权利。

4. 在本法典第1454条第3款、第1466条第2款、第1518条第2款规定的情况下，某一项智力活动成果或同一项个别化手段独立的专属权可以同时属于不同的人。

5. 智力活动成果或个别化手段专属权的限制，包括在允许不经权利持有人同意、但权利持有人保留取得报酬的权利情况下的限制，由本法典规定。

在这种情况下，对科学文学和艺术作品、邻接权客体、发明和工业品外观设计、商标的专属权的限制，应遵守本条第3款、第4款和第5款规定的条件予以规定。

在一定的特殊情况下，可以规定对科学、文学和艺术作品、邻接权客体专属权的限制，其条件是不得损害作品或邻接权客体的正常使用，也不得以不正当方式损害权利持有人的合法利益。

在个别情况下，可以规定对发明或工业品外观设计专属权的限制，其条件是不损害发明和工业品外观设计的正常使用，在考虑第三人合法利益时不以不正当方式损害权利持有人的合法利益。

在个别情况下，可以规定对商标专属权的限制，其条件是这种限制应考虑权利持有人和第三人的合法利益。

第1230条 专属权的有效期

1. 除本法典规定的情形外，智力活动成果或个别化手段专属权在规定期限内有效。

2. 智力活动成果或个别化手段专属权有效期的长短、有效期的计算和延长的根据和办法，以及有期限届满之前专属权的终止根据和程序，由本法典规定。

第1231条　专属权和其他知识产权在俄罗斯联邦境内的效力

1. 俄罗斯联邦签署的国际条约和本法典规定的智力活动成果或个别化手段的专属权，在俄罗斯联邦境内有效。

不属于专属权的人身非财产权，依照本法典第2条第1款第4段的规定在俄罗斯联邦境内有效。

2. 在依照俄罗斯联邦签署的国际条约承认智力活动成果或个别化手段专属权的情况下，权利的内容、对权利的限制、行使与保护的程序由本法典规定，而不论专属权发生国的法律作何规定，但相关国际条约或本法典有不同规定的除外。

第1231-1条　包括官方标志、名称和识别标志的客体

1. 对包含、复制或模仿下列官方标志、名称和识别标志及其可识别部分的客体，不作为实用新型或个别化手段提供法律保护：

（1）国家象征和标志（国旗、国徽、勋章、货币等）；

（2）国际组织和跨政府组织名称的缩略语或全称，它们的旗帜、徽标，以及其他象征和标志；

（3）官方的监督、担保，试验印记、印章、奖状和其他奖励标志。

2. 本条第1款所列官方标志、名称和识别标志及其可识别部分或仿制品，如果有相应主管国家机关、国际组织或跨政府组织的同意，可以作为不受保护的要素包含在实用新型或个别化手段中。

第1232条　智力活动成果或个别化手段的国家注册

1. 在本法典规定的情况下，智力活动成果或个别化手段的专属权只有在该成果或手段进行了国家注册时才能获得承认和保护。

权利持有人必须将智力活动成果和个别化手段国家注册中权利持有人的名称或姓名，所在地或住所地以及通信地址的变更等信息分别通知联邦知识产权行政机关和联邦育种成果行政机关（第1246条）。如果不将上述信息通知有关联邦行政机关或者提供不真实的信息，权利持有人应承担不利后果的风险。

联邦知识产权行政机关和联邦育种成果行政机关可以修改涉及智力活动成果或个别化手段国家登记的信息，以便主动更正明显的或技术性的错误，或在事先通知权利持有人以后根据任何人的请求实施上述行为。

2. 如果依照本法典的规定智力活动成果或个别化手段应进行国家注册，则该成果或手段专属权依照合同转让、抵押或依照合同提供该成果与手段的使用权，以及成果或手段专属权的无合同移转，也应该进行国家注册，注册的程序和条件由俄罗斯政府规定。

3. 按合同转让智力活动成果或个别化手段专属权时的国家注册、此项权利抵押的国家注册，以及依照合同提供智力活动成果或个别化手段使用权的国家注册，均通过相应合同当事人的申请进行。

申请书可以由合同双方或一方当事人递交。在合同一方当事人递交申请书的情况下，合同应该根据申请人和选择附具下列文件之一：

① 合同双方当事人签字的关于处分专属权的通知；
② 经过公证的合同摘抄；
③ 合同文本。

合同双方当事人的申请或附于合同一方当事人申请的文件应该指出：

① 合同的种类；
② 关于合同双方当事人的信息；
③ 合同的标的，证明智力活动成果或个别化手段专属权证明文件的编号。

在智力活动成果或个别化手段权利提交进行国家注册时，除本款第7～9段所列文件外，向双方当事人的申请或附于合同一方当事人申请的文件应该指出：

① 合同的有效期，如果合同规定了有效期；
② 智力活动成果或个别化手段权利使用的地域，如果合同规定了地域；
③ 合同规定的智力活动成果使用方式或有权使用个别化手段的商品或服务；
④ 根据再许可合同对提供智力活动成果或个别化手段的同意，如果已经表示同意（第1238条第1款）；
⑤ 可以单方面解除合同。

在专属权抵押进行国家注册时，除本款第7～9段规定的信息外，合同双方当事人的申请书或合同一方当事人申请书所附具的文件应该指出：

① 抵押合同的有效期；
② 对抵押人使用智力活动成果或个别化手段权利的限制或处分这种权利或手段权利的限制。

4. 在本法典第1239条规定的情况下，智力活动成果或个别化手段使用权国家注册的根据是法院的有关判决。

5. 智力活动成果或个别化手段专属权按继承转让时，进行国家注册的根据是继承权证明书，但本法典第 1165 条规定的情形除外。

6. 依照专属权转让合同转让或无合同转让智力活动成果或个别化手段专属权，或者专属权抵押，或者依照合同向他人提供这种成果或手段使用权时，不遵守关于国家注册的规定的，专属权的转让、抵押或使用权的提供均视为不成立。

7. 在本法典规定的情况下，智力活动成果的国家注册可以按照权利持有人的愿望进行。在这种情况下，对被注册的智力活动成果和智力活动成果权利适用本条第 2 款至第 6 款的规则，但本法典有不同规定的除外。

第 1248 条　与知识产权保护有关的争议

1. 与保护受到侵犯的和被提出争议的知识产权有关的争议，由法院审理和解决（第 11 条第 1 款）。

2. 在本法典规定的情况下，递交和审查专利、实用新型、外观设计、育种成果、商标服务标志和商品产地名称等申请，这些智力活动成果和个别化手段的国家注册、颁发相应的权利证明文件、对给予这些成果和手段以法律保护及法律保护的终止等有关的关系中，知识产权的保护分别由联邦知识产权行政机关和联邦育种成果行政管理机关通过行政程序进行（第 11 条第 2 款），而在本法典第 1401 条至第 1405 条规定的情况下，由俄罗斯联邦政府授权的联邦行政机关进行（第 1401 条第 2 款）。这些机关的决议自作出之日起生效。对这些决议可以按法定程序向法院提出异议。

3. 联邦知识产权行政机关和联邦育种成果行政管理机关依照本条第 2 款规定的程序审理和解决争议的规则，分别由从事知识产权领域规范性法律调整的联邦行政机关和在农业领域从事规范性法律调整的联邦行政机关规定。依照本条第 2 款规定的程序审理和解决与发明有关争议的规则，则由被授权的机关规定（第 1401 条第 2 款）。

第 1250 条　知识产权的保护

1. 知识产权以本法典规定的方式进行保护，同时应考虑被侵犯权利的实质和侵权的后果。

2. 本法典规定的知识产权的保护方式可以根据权利持有人、著作权集体管理组织以及在法律规定情况下根据其他人的请求予以适用。

3. 本法典规定的侵犯知识产权的责任措施，在使权人存在过错时应该予以适用，但本法典有不同规定的除外。

过错不存在的证明责任在侵犯知识产权的人。

如果本法典无其他规定，本法典第1252条第1款第（3）项和第3款规定的侵权人在从事经营活动时侵犯知识产权的责任措施应该予以适用，而不论侵权人是否存在过错，除非该人能够证明侵犯知识产权是由于不可抗力所致，即由于在该条件下非常的、不可预防的情况所致。

4. 在没有过错的情况下，被适用本法典第1252条第1款第（3）项和第3款规定的侵犯知识产权责任措施的人有权提出对应请求，要求赔偿所受到的损失，包括给付第三人的金额。

5. 侵权人没有过错不免除他终止侵犯知识产权的义务，也不排除对侵权人适用以下措施：公布法院关于侵权事实的判决[第1252条第1款第（5）项]；制止侵犯智力活动成果或个别化手段专属权行为或构成这种侵权威胁的行为[第1252条第1款第（2）项]；收缴和销毁假冒的物质载体[第1252条第1款第（4）项]。实施上述行为的费用由侵权人承担。

第1252条　专属权的保护

1. 智力活动成果和个别化手段专属权的保护可通过依照本法典规定的程序提出以下请求的方式进行：

（1）要求确认权利的请求——对否定或以其他方式不承认权利从而侵犯权利持有人利益的人提出；

（2）要求制止侵权行为或构成侵权威胁的行为的请求——对实施这种行为或正在进行这种行为之必要准备的人提出以及对能够制止这些行为的其他人提出；

（3）赔偿损失的请求——对未与权利持有人签订合同而非法使用智力活动成果或个别化手段（无合同使用）或以其他方式侵犯权利人专属权并对之造成损失的人，包括本法典第1245条、第1263条第3款和第1326条第3款规定的报酬权人受到侵犯的提出；

（4）依照本条第4款要求没收物质载体的请求——对物质载体的制作者、进口商、保管人、承运人、卖方、其他传播人、非善意取得人提出；

（5）要求公布法院认定侵权行为的判决并指出真正权利持有人的请求——对专属权侵权人提出。

2. 在侵犯专属权案件中，如果对这种物质载体、设备和材料或对这种行为已经推定为侵犯智力活动成果或个别化手段的专属权，可以通过诉讼保全程序对于已经提出侵犯智力活动成果或个别化手段专属权的物质载体、设备和材料采用诉讼立法规定的与侵权行为数量和性质相当的保全措施，包括对物质载体、设备和材料进行扣押，还可以禁止在电信网络实施相关的行为。

3．在本法典对某些智力活动成果或个别化手段有规定的情况下，当专属权受到侵犯时，权利持有人有权不要求赔偿损失，而要求侵权人给付侵犯上述权利的补偿金。在这种情况下，侵权事实得到证明时，应当追偿补偿金。同时，免除要求权利保护的权利持有人关于损失数额的证明责任。

补偿金的数额由法院在本法典规定的限度内，根据侵权行为的性质和其他案情并考虑请求的合理性和公正性予以确定。

如果一个行为侵犯了几项智力活动成果或个别化手段的权利，则补偿的数额由法院根据对每项被非法使用的智力活动成果或个别化手段的不法行为进行决定。如果有关智力活动成果或个别化手段权利属于同一权利人，则法院判处的侵犯这些权利的补偿总额考虑侵权的性质和后果可以低于本法典规定的最高限额，但不得少于对侵权行为所处最低补偿数额的 50%。

4．如果制作、传播或以其他方式使用以及进口、运送或保管反映智力活动成果或个别化手段的物质载体导致侵犯这种成果或手段载体的专属权时，这种物质载体被视为侵权物品，并应依照法院裁判禁止流通或予以销毁，而不给予任何补偿但法律规定了其他后果的除外。

5．主要用于或其准备用于实施侵犯智力活动成果或个别化手段专属权的工具，设备或其他手段，应根据法院的判决禁止流通并予以销毁，费用由侵权人负担，但法律规定没收作为俄罗斯联邦收入的情况除外。

5-1．如果专属权的持有人和侵权人为法人和（或）个体经营者，而争议归仲裁法院管辖，则在提起赔偿或补偿损失的诉讼前必须由权利持有人提出索赔。

在索赔要求被完全或部分驳回或未得到答复时，在提出索赔要求之日起30日内可以提出要求赔偿或补偿损失的诉讼，但合同规定了不同期限的除外。

不要求权利持有人在提出本条第 1 款第（1）项、第（2）项、第（4）项和第（5）项及第 5 款规定的诉讼请求前提出索赔。

6．如果各种不同的个别化手段（商业名称、商标、服务标志、商业标识）相同或雷同并由于这种相同或雷同可能误导消费者和（或）另一方当事人，则先取得专属权的个别化手段享有优先权，或者在规定条约优先或展览优先的情况下先取得专属权的个别化手段享有优先权。

如果个别化手段和外观设计相同或雷同，并由于这种相同或雷同可能误导消费者和（或）另一方当事人，则个别化手段和外观设计的专属权在先的具有优先权，或者在规定条约优先或展览优先的情况下先取得个别化手段和外观设计专属权的享有优先权。

这种优先权的持有人可以依照本法典规定的程序请求认定对商标、服务标志的法律保护无效，认定外观设计的专属权无效或全部或部分禁止使用商业名称或商业标识。

本款所指部分禁止使用的意义是：

对商业名称——禁止在一定种类的活动中使用；

对商业标识——禁止在一定区域内和（或）一定种类的活动中使用。

6-1．如果一个侵犯智力活动成果或个别化手段专属权的行为是由几个人共同实施的，则这些人对权利持有人承担连带责任。

7．如果侵犯智力活动成果或个别化手段专属权的行为依照规定程序被认定为不正当竞争，则对受到侵犯的专属权既可以采用本法典规定的方式进行保护，也可以依照反垄断立法进行保护。

第七十章 著作权

第1255条 著作权

1．科学、文学和艺术作品的知识产权是著作权。

2．作品的作者享有下列权利：

（1）作品的专属权。

（2）作者身份权。

（3）署名权。

（4）作品的不可侵犯权。

（5）作品的发表权。

3．在本法典规定的情况下，作者除享有本条第2款规定的权利外，还享有其他权利，包括职务作品使用的报酬权、造型艺术作品的撤回权、追续权和利用权。

第1256条 科学、文学和艺术作品专属权在俄罗斯联邦境内的效力

1．科学、文学和艺术作品的专属权基于：

（1）在俄罗斯联邦境内发表的，或虽未发表但以某种客观形式存在于俄罗斯联邦境内的作品，其专属权归作者（作者的权利继受人）所有，而不论他们的国籍。

（2）在俄罗斯联邦境外发表的，或虽未发表但以某种客观形式存在于俄罗斯联邦境外的作品，其专属权归作为俄罗斯联邦公民的作者（其权利继受人）

所有。

（3）在俄罗斯联邦境外发表的，或虽未发表但以某种客观形式存在于俄罗斯联邦境外的作品，依照俄罗斯联邦签署的国际条约，在俄罗斯联邦境内其专属权归作为其他国家公民或无国籍人的作者（其权利继受人）所有。

2．如果作品在俄罗斯联邦境外初次发表后的 30 日内已在俄罗斯联邦境内发表，则亦视为在俄罗斯联邦首次发表。

3．当依照俄罗斯联邦签署的国际条约在俄罗斯联邦境内向作品提供保护时，作品的作者或其他原始权利持有人依照成为著作权取得根据的法律事实发生地国的法律确定。

4．必须当作品未因为在作品创作地国规定之专属权有效期届满而成为社会财富，并且在俄罗斯联邦也未因本法典规定的作品专属权有效期届满而成为社会财富的情况下，在俄罗斯联邦境内才能依照俄罗斯联邦签署的国际条约向作品提供保护。

在依照俄罗斯联邦签署的国际条约向作品提供保护时，这些作品在俄罗斯联邦的专属权有效期不得超过作品创作地国规定的专属权有效期。

第 1257 条　作品的作者

科学、文学艺术作品的作者是以创造性劳动创作该作品的公民。如果不能证明相反的情况，则原作或备份作品上以作者身份署名的人或者依照本法典第 1300 条第 1 款以其他方式署名的人，被视为作品的作者。

第 1258 条　合作

1．以共同的创造性劳动创作作品的公民是合作者，而不论该作品是不可分割的整体还是由各自具有独立意义的部分组成的。

2．以合作方式创作的作品，由合作者共同使用，但合作者的协议有不同规定的除外。如果该作品为不可分割的整体，则如无充分理由，任何一位合作者均无权禁止该作品的使用。

如果作品的部分可以脱离其他部分而独立使用，则具有独立意义的部分可以由该部分的作者根据自己的意志使用，但合作者之间的协议有不同规定的除外。

3．在分配使用作品和处分作品专属权所得收入时，对合作者的关系相应地使用本法典第 1229 条第 3 款的规则。

4．每位合作者均有权独立采取措施维护自己的权利，包括在合作者创作的作品为不可分割整体的情况下。

第 1259 条 著作权客体

1．著作权客体是下列科学、文学和艺术作品，而不论作品的价值和用途，也不论其表现方式：

（1）文学作品。

（2）戏剧和音乐剧作品、剧本。

（3）舞蹈作品和哑剧作品。

（4）有歌词或无歌词的音乐作品。

（5）音像作品。

（6）绘画作品、雕塑作品、素描作品、工业品艺术设计作品、连环画、连环漫画作品和其他造型艺术作品。

（7）装饰实用艺术和舞台布景艺术作品。

（8）建筑艺术、城市建筑、园林建筑艺术作品，包括其设计、图纸、文字描述和立体沙盘模型。

（9）摄影作品和以类似摄影的方式获得的作品。

（10）地图，属于地理学和其他科学的绘图、平面图、草图、层状图。

（11）其他作品。

著作权客体也包括作为文学作品受到保护的电子计算机程序。

2．著作权客体包括：

（1）派生作品，即由另一作品加工而成的作品。

（2）汇编作品，即在材料的选择和布局上体现创造性劳动成果的作品。

3．著作权适用于已经发表的或虽未发表，但包括以书面形式、口头形式（公开讲演、公开演出和其他类似形式）、描述形式、录音和录像以及其他类似大容量形式在内的客观形式表现出来的作品。

4．著作权的产生、行使和保护不需要作品进行登记注册或履行任何其他手续。

对电子计算机程序和数据库，可以依照本法典第 1262 条根据权利持有人的意愿进行注册。

5．著作权不适用于技术性、组织性和其他任务的思想、理念、原则、方法、程序、体系、方式、决策、发现、事实、程序编制语言以及关于矿产资源的地质信息。

6．著作权客体不包括：

（1）国家机关和地方自治机关的官方文件，包括法律、其他规范性文件、法院裁判，立法、行政和司法性质的其他材料，国际组织的正式文件以及上述文件的官方译文。

（2）国家象征物和标志（国旗国徽勋章、钱币等），以及地方自治组织的象征物和标志。

（3）没有具体作者的民间创作。

（4）仅具有信息性质的关于事件和事实的报道（当日新闻报道、电视节目表、交通工具运行时刻表等）。

7. 著作权及于作品的各部分、作品名称、作品的人物，只要就其性质而言它们能够被视为作者独立的创造性劳动成果并符合本条第 3 款的要求。

第 1261 条　电子计算机程序

可以用任何语言和任何形式表现的各种电子计算机程序（包括运行系统和综合程序），包括原始文档和源代码，其著作权享有与文学作品相同的保护。电子计算机程序是以客观形式出现的、为获得一定结果而用于电子计算机和其他电子计算机装置运行的数据和命令的总和，包括在编制电子计算机程序过程中获得的预备材料以及由电子计算机程序派生的音像再现形式。

第 1262 条　电子计算机程序和数据库的国家注册

1. 权利持有人在电子计算机程序和数据库属权的有效期内可以按照自己的意愿在联邦知识产权行政机关对电子计算机程序和数据库进行注册。

包含属于国家机密信息资料的电子计算机程序和数据库不得进行国家注册。申请国家注册的人（申请人）依照俄罗斯联邦的立法对泄露电子计算机程序和数据库所包含的构成国家机密的信息资料承担责任。

2. 电子计算机程序和数据库进行国家注册的申请（注册申请）应该仅针对一个电子计算机程序和（或）一个数据库。

申请书应该包含以下内容：

关于电子计算机程序或数据库进行国家注册的申请并说明权利持有人及作者（如果作者不拒绝以作者身份进行注册），并应注明每位作者的住所地或所在地；

辨认电子计算机程序或数据库的交存材料，包括简要说明。

（第 5 段失效）

（本段由 2014 年 3 月 12 日第 35 号联邦法律删除）

办理注册的规则由在知识产权领域进行规范性法律调整的联邦行政机关规定。

3. 联邦知识产权行政机关根据注册申请书审查是否存在必要的文件和材

料，这些文件和材料是否符合本条第 2 款的要求。如果审查的结果是肯定的，则上述机关将电子计算机程序或数据库分别列入《电子计算机程序登记簿》和《数据库登记簿》，向申请人颁发国家注册证书，并将有关电子计算机程序或数据库已经注册的信息在该机关的官方通报上公布。

作者或其他权利持有人根据上述联邦机关的要求或者由本人主动要求，在电子计算机程序或数据库进行国家登记之前有权对注册申请书所包含的文件和材料进行补充、说明和更正。

4. 电子计算机程序和数据库进行国家注册的程序、国家注册证书的格式、证书所包含项目以及联邦知识产权行政机关官方通报上公布的信息清单，由知识产权领域进行规范性法律调整的联邦行政机关规定。

5. 已经注册的电子计算机程序或数据库专属权的转让，以及电子计算机程序或数据库专属权根据合同或无合同移转他人，均应在联邦知识产权行政机关进行国家登记。

5-1. 根据权利持有人的申请，联邦知识产权行政机关应修改关于权利持有人和（或）电子计算机程序和数据库作者及其所在地或住所地、作者姓名、通信地址等信息，以及修改电子计算机程序注册簿或数据库注册簿以及国家注册证书。

联邦知识产权行政机关可以修订电子计算机程序和数据库注册簿，主动纠正或根据任何人的请求纠正明显的和技术性的错误，同时应将有关情况事先通知权利持有人。

联邦知识产权行政机关在官方通报上公布关于电子计算机程序注册簿或数据库注册簿上修订的信息。

6. 列入《电子计算机程序注册簿》或《数据库注册簿》的信息资料，除非有能证明相反的情况，均视为真实可靠的信息资料。申请人对提交注册的信息资料的真实可靠性承担责任。

第 1263 条　音像作品

1. 音像作品是由固定的一组相互联系的影像（有伴音或无伴音）组成的，用于借助相应装置进行视听的作品。音像作品包括电影作品，以及用类似电影的手段表现出来的作品（电视片、录像片和其他类似作品），而不论其原始的或后续的固定方式。

2. 音像作品的作者是：

（1）导演。

（2）编剧。

（3）作为专门用于该音像作品的音乐作品（有歌词或无歌词）作者的作曲者。

3．在音像作品公开演出或进行无线或有线播放（包括转播）时，用于音像作品的音乐作品（有歌词或无歌词）的作曲者仍保留对利用其音乐作品的报酬权。

4．音像作品制作者即组织该作品创作的人（制作人），其权利依本法典第1240条确定。

音像作品的专属权在整体上属于制作人，但制作人与本条第2款所指音像作品作者签订的合同有不同要求的除外。

在对音像作品进行任何形式的使用时，制作人均有权署名或要求署名。

如果没有不同证据，则音像作品的制作者被认为是以通常方式在该作品上署名的人。

5．作为组成部分进入音像作品之作品的作者，不论该作品是原来已经存在的（剧本所依据的原作的作者等），还是在音像作品创作过程中创作的（摄影师、美术师等），均保留对自己作品的专属权，但是该专属权已经移转给制作者或其他人以及按法律规定的其他根据移转给制作者或其他人的情形除外。

第1265条 作者身份权和署名权

1．作者身份权指被确认为作品作者的权利。作者的署名权指以自己的真名、化名（笔名）或不署名（匿名）使用和准许使用作品的权利。向他人转让或移转作品的专属权，均为不可转让和不可移转的权利。对这些权利的放弃自始无效。

2．在匿名或化名发表作品时（除作者的化名不构成对其身份的怀疑的情况外），如没有不同情况的证据，则作品上指出其名称的出版者（第1287条第1款）被视为作者的代理人并有权以代理人资格维护作者的权利和保障作者权利的行使。在作品的作者公开自己的身份并主张自己的作者身份权之前，适用这一规定。

第1268条 发表作品的权利

1．作者有权发表自己的作品，即有权实施或同意实施发表、公开展示、公开演出、进行无线或有线播出以及以其他任何方式使作品初次为公众所了解的行为。

在这种情况下，发表是指以任何物质形式，根据作品的性质将作品复制成能满足受众合理需要的份数而使其流通。

2．作者如根据合同将作品转让给他人使用，则视为同意发表该作品。

3．作者在世时未发表的作品，如果作品的发表不违背作者以书面形式（遗嘱、书信、日记等）明确表达的意志，则可以在其死后由作品专属权持有人发表。

第 1269 条　撤回权

1．作者有权在作品实际发表前放弃原先作出的发表作品的决定（撤回权），但必须赔偿作出这种决定给被转让作品专属权或作品使用权的人造成的损失。

2．本条的规则不适用于电子计算机程序、职务作品和复杂客体上的作品（第 1240 条）。

第 1270 条　作品的专属权

1．作品的作者或其他权利持有人享有依照本法典第 1229 条以任何形式和以任何不与法律相抵触的方式（包括本条第 2 款所列方式）使用作品的专属权（作品的专属权）。权利持有人可以处分作品的专属权。

2．以下行为，不论其实施是否以获取利益为目的，均视为作品的使用：

（1）复制作品，即以任何物质形式，包括：用录音或录像形式对作品或作品的一部分制作一份或多份；将二维作品以三维形式制作一份或多份，或者用二维形式将三维作品制作一份或多份。在电子载体上记录作品，包括在电子计算机内存上记录作品，也被认为是复制作品。具有临时性和偶然性的短暂记录作品，并且是作为工艺流程不可分割的和本质性的部分，其唯一目的是合法使用作品或者通过第三人之间的信息中介人将作品在互联网中传播，而且这种记录没有独立经济意义的，则不是复制作品。

（2）通过出售或其他转让原作或其复制品的行为传播作品。

（3）公开放映作品，即直接或借助于磁带、幻灯片、电视镜头或其他技术手段在屏幕上演示作品，以及直接或借助于技术手段、不按先后顺序直接或通过技术手段在超出通常家庭范围的人数众多的公开场所或自由出入场所放映音像作品，而不论作品是在其展示场所被接收或在另一场所与展示的同时被接收。

（4）为传播目的而进口作品的原件或复制件。

（5）出租作品的原件或复制件。

（6）公开演出作品，即由人演出或借助于技术手段（广播、电视和其他技术手段）进行演出，以及在自由入场的公开场所或者在超出通常家庭范围的人数众多的场所放映音像作品（有伴音或无伴音），而不论作品是在其他上演或放映场所被接收还是在另一场所与上演或放映的同时被接收。

（7）播放作品，即通过广播或电视（包括转播）公开播放（包括放映或演出）作品，有线播放的除外；这种情况下的播放是指使作品产生视觉和（或）听觉效果的任何行为，而不论受众是否实际接收。在作品通过卫星播放时，播放是指卫星从地面站接收信号再从卫星传输信号从而使作品可能为公众所了解，而不论受众是否实际接收。如果编码手段是无线广播组织或经该组织的同意向不限范围的人群提供的，则播放编码信号亦视为播放。

（8）有线播放，即借助于电缆、导线、光纤或类似手段通过广播或电视使作品为公众所了解（包括转播）。如果编码手段是由有线广播组织提供或经该组织同意而提供给不限范围人群的，则播放编码信号亦视为播放。

（8-1）转播，即无线或有线广播组织接收并同时通过向空中传播（包括通过卫星）或者进行无线电广播或电视播放节目的全部或主要部分内容。

（9）翻译或对作品进行其他加工。这里的加工是指创作派生作品（加工、摄制成电影或电视、改编、改编成剧本等）。电子计算机程序或数据库的加工（改编）是指电子计算机程序或数据库的任何改变，包括将它们从一种语言翻译成另一种语言，但仅为了使程序或数据库在使用人具体技术设备上实现运行或在使用人具体程序控制下进行的改写除外。

（10）建筑艺术、工业品艺术设计、城市建筑或园林建筑设计的具体执行。

（11）用任何人从任何地点和任何时间和根据自己的选择均可以接收的方式发布作品（发布作品）。

3. 实际采用构成作品内容的原理，包括作品中技术的、经济的、组织的或其他的决策，不是本条所指的使用作品，但本条第 2 款第（10）项规定的情形除外。

4. 本条第 2 款第（5）项的规则不适用于电子计算机程序，但该程序为租用的主要客体的情况除外。

第 1280 条　电子计算机程序和数据库使用人的权利

1. 电子计算机程序或数据库的合法占有人（使用人）有权不经作者或其他权利持有人的同意，也不给付额外报酬而实施下列行为：

（1）实施电子计算机程序或数据库运行所必需的行为（包括在使用过程中根据其用途），包括下载和存储到电子计算机（一台电子计算机或一个网络使用人的存储器），仅供在使用人的技术设备上进行运行、更正明显的错误，但与权利持有人的合同有不同规定的除外。

（2）制作电子计算机程序或数据库的备份，但该备份只能是为了存档或者在原程序丢失、毁坏或不能使用时替代合法取得的原程序。在这种情况下，电子计算机程序或数据库的备份不得用于本款第（1）项规定以外的目的，如果备份的占有不再合法，则应该予以销毁。

2. 电子计算机程序的合法占有人有权不经权利持有人的同意，也不额外给付报酬而实施通过本条第1款第（1）项规定的行为，对电子计算机程序进行学习、研究和试验，以确定作为电子计算机程序任何成分基础的目的和原则。

3. 如果为了使电子计算机程序的合法占有人独立编制的电子计算机程序能与正在编码的程序兼容，则电子计算机程序的合法占有人有权不经权利持有人的同意，也不额外给付报酬而复制目标代码并改变成源文件（编制电子计算机程序）或委托他人实施这些行为，但必须遵守下列条件：

（1）达到兼容目的所必需的信息此前未曾被该人从其他来源得到过。

（2）上述行为仅针对被解码电子计算机程序中为实现兼容所必需的部分实施。

（3）通过解码获得的信息，只能为了使电子计算机程序的合法占有人独立编制的电子计算机程序与其他程序兼容才能使用，而不得转让给他人，但为了使独立编制的程序与其他程序兼容的情形除外。这种信息也不得用于编制与被解码电子计算机程序种类相同的电子计算机程序，或者用于实施其他侵犯电子计算机程序专属权的行为。

4. 本条规则的适用不应违背电子计算机和数据库的通常使用规则，也不应该以其他非正当方式损害作者和其他权利持有人的合法利益。

第1281条 作品专属权的有效期

1. 作品的专属权在作者有生之年和作者死后下一年1月1日起的70年有效。

合作创作的作品的专属权，在最后死亡作者的有生之年和最后死亡作者死后下一年的1月1日起的70年。

2. 匿名或化名发表的作品，专属权的有效期为其合法发表下一年1月1日起的70年。如果上述期限内匿名或化名发表作品的作者公开自己的身份或其身份已经不再有怀疑，则其作品专属权的有效期适用本条第1款的规定。

3. 作者死后发表的作品，专属权的有效期为发表之后的70年，自发表之后下一年的1月1日起算，其条件是作品在作者死后70年内发表。

4. 如果作者受到迫害而死后被昭雪，则专属权的有效期顺延，自作者昭雪的下一年的1月1日起的70年。

5. 如果作者曾在伟大卫国战争期间工作或者参加过伟大卫国战争，则专属权的有效期在本条规定的基础上延长 4 年。

第 1282 条　作品转变为社会财富

1. 科学、文学、艺术作品，无论已经发表的还是未发表的，在专属权有效期届满后，均成为社会财富。

2. 对已经成为社会财富的作品，任何人都可以自由使用，无须得到任何同意或许可，也不必给付报酬。在这种情况下，作者的身份、作者的姓名和作品的不受侵犯权受到保护。

3. 已经成为社会财富的未发表作品，可以由任何人自由发表，只要不违背作者以书面形式（遗嘱、书信、日记等）明确表示的意志即可。

合法发表该作品的公民的权利，由本法典第七十一章规定。

第 1295 条　职务作品

1. 工作人员在规定的劳动职责范围内创作的科学、文学或艺术作品（职务作品），著作权属于作者。

2. 职务作品的专属权属于雇主，但雇主与作者之间的劳动合同或民法合同有不同规定的除外。

如果雇主在职务作品提交给他支配的 3 年内未开始使用该作品，也不将专属权转让给他人或者也不通知作者关于作品的保密事宜，则职务作品的专属权返还给作者。

如果雇主在本款第 2 段规定的期限内开始使用作品或向他人转让作品的专属权，则作者有权取得报酬。当雇主决定对作品实行保密并因此不在上述期限内开始使用作品，作者亦享有取得报酬的权利。报酬的数额、雇主给付报酬的条件和程序由雇主与工作人员的合同规定，有争议时，由法院决定。

职务作品的报酬权不可转让，也不得继承，但是作者与雇主签订的合同上的权利和作者尚未得到的收入应移转给继承人。

3. 如果依照本条第 2 款的规定职务作品的专属权属于作者，则雇主有权按照普通（非专属）许可的条件使用相应的职务作品，并给付报酬。使用职务作品的范围，以及给付报酬的数额、条件和办法由雇主与作者的合同决定，在发生争议时由法院决定。

4. 如果雇主与作者的合同没有不同规定，则雇主可以发表作品，并在使用职务作品时指出自己的姓名或名称或要求指出其姓名或名称。

第 1296 条　依照合同定制的作品

1. 依照合同制作的电子计算机程序、数据库或其他作品，如果合同标的就是制作这些作品（定作），则作品的专属权属于定作人，但承揽人（执行人）与定作人之间的合同有不同规定的除外。

2. 如果作品的专属权依照本条第 1 款属于定作人，则在合同没有不同规定的情况下，承揽人（执行人）有权在专属权整个有效期内按照无偿普通（非排他）许可的条件为了本人的需要而使用该作品。

3. 如果依照定作人与承揽人（执行人）的合同作品的专属权属于承揽人（执行人），则定作人有权在专属权整个有效期内按照无偿普通（非排他）许可的条件为了有关合同订立的目的使用该作品，但合同有不同规定的除外。

4. 如果按定作完成的作品的作者不享有作品专属权，则有权依照本法典第 1295 条第 2 款第 3 段取得报酬。

5. 本条的规则不适用于定作人（执行人）是作品作者本人的合同（第 1288 条）。

第 1297 条　根据合同创作的作品

1. 根据承揽合同或完成科学研究、试验设计或工艺设计工作的合同完成的电子计算机程序、数据库或其他作品，而合同并未明文规定制作该作品，则作品的专属权属于承揽人（执行人），但承揽人与定作人之间的合同有不同规定的除外。

在这种情况下，如果合同没有不同规定，则定作人有权在专属权整个有效期内按普通（非排他）许可的条件为实现签订合同之目的使用该作品，而不再额外给付报酬。当承揽人（执行人）向他人转让作品的专属权时，定作人保留使用作品的权利。

2. 如果依照承揽人（执行人）与定作人合同作品的专属权转让给定作人或定作人指定的第三人，则承揽人（执行人）有权在专属权的整个有效期内为了本人的需要按无偿普通（非排他）许可的条件使用他创作的作品，但合同有不同规定的除外。

3. 本条第 1 款所指作品的作者，如不享有对作品的专属权，则有权依照本法典第 1295 条第 2 款第 3 段的规定取得报酬。

第 1298 条　根据国家或地方自治机关的合同而创作的科学、文学和艺术作品

1. 科学、文学或艺术作品如果是为了国家或自治地方需要而根据国家或自治地方合同而创作的，则其专属权属于作为合同执行人的作者或合同的其他执行人，除非国家或自治地方合同规定此项权利属于作为国家或自治地方定作人的俄罗斯联邦、俄罗斯联邦主体或地方自治组织，或者属于执行人与俄罗斯联邦、执行人与俄罗斯联邦主体或者执行人与地方自治组织。

2. 如果依照国家或自治地方合同的规定，科学、文学或艺术作品的专属权属于俄罗斯联邦、俄罗斯联邦主体或地方自治组织，则执行人必须通过与自己的工作人员和第三人签订合同从而取得所有权利或保证取得所有权利，以便将权利转让给俄罗斯联邦、俄罗斯联邦主体或地方自治组织。在这种情况下，执行人有权要求赔偿他因为向第三人取得相关权利而花费的开支。

3. 如果根据国家和自治地方合同为国家或地方自治机关的需要而创作的科学、文学和艺术作品的专属权依照本条第1款不属于俄罗斯联邦、俄罗斯联邦主体或地方自治组织，则权利持有人必须根据国家定作人或地方自治组织定作人的请求向国家或地方自治组织指定的人提供相关科学、文学、艺术作品的无偿普通（非排他）许可，以供国家或地方自治组织的需要而进行使用。

4. 如果根据国家和地方自治机关的合同为国家或地方自治机关的需要而创作的科学、文学和艺术作品的专属权属于俄罗斯联邦、俄罗斯联邦主体或地方自治组织，或者属于执行人与俄罗斯联邦、执行人与俄罗斯联邦主体或者执行人与地方自治组织，则国家定作人和地方自治组织定作人在通知执行人以后，有权为了国家和自治地方的需要而提供使用该科学、文学或艺术作品的无偿普通（非排他）许可。

5. 工作人员，如其专属权依照本条第2款移转给执行人，则有权依照本法典第1295条第2款第3段取得报酬。

6. 本条的规则也适用于为国家或自治地方需要的国家和自治地方合同并未规定，但在执行该合同过程中编制的电子计算机程序或数据库。

第1301条　侵犯作品专属权的责任

在作品的专属权受到侵犯的情况下，作者或其他权利持有人除使用本法典（第1250条、第1252条和第1253条）规定的其他维护方式和责任措施外，还有权依照本法典第1252条第3款根据自己的选择要求侵权人给付补偿金代替赔偿损失：

（1）补偿金的数额由法院根据侵权行为的性质决定，从1万卢布至500万卢布。

（2）按被侵权作品码洋价格的2倍进行补偿。

（3）根据侵权人使用作品的方式，补偿金为在可比情况下合法使用作品通常使用费的2倍。

第1302条　侵犯著作权案件的诉讼保全

1. 如果推定作品为赝品，则法院可以禁止被告人或有足够理由被认为侵犯了著作权的人实施使作品进入民事流转的一定行为（制作、复制、出售、出租、进口或其他本法典规定的使用行为，以及运输、保管或占有）。

法院也可以采取与侵权行为数量和性质相当的保全措施，以制止在互联网上非法使用作品的行为，包括限制获得包含非法使用作品的材料。限制获得这种材料的办法由俄罗斯联邦的信息立法规定。

2．法院可以扣押被推定为赝品的全部作品、用于或准备用于制作或复制赝品的材料和设备。

如果有足够的材料说明发生了侵犯著作权的事实，则调查机关或侦查机关必须采取措施查找和扣押被推定为赝品的作品以及用于或准备用于制作或复制赝品的材料和设备，包括在必要时采取措施收缴这些作品并交付责任保管。

3．（失效）

（本款由 2012 年 3 月 15 日第 35 号联邦法律删除）

第七十一章　邻接权

第一节　一般规定

第 1303 条　基本规定

1．演出活动成果（演出）、录音作品、电视节目的无线或有线广播（无线或有线广播组织的广播）、数据库内容的知识产权，以及科学、文学和艺术作品在成为社会财富以后初次发表的知识产权，为与著作权相邻接的权利（邻接权）。

2．邻接权包括专属权，在本法典规定的情况下还包括人身非财产权。

3．邻接权的实现须遵守在创作邻接权客体时所使用的科学、文学、艺术作品的著作权。不论作品的著作权是否存在和有效，对邻接权均应予以承认并有效。

第 1304 条　邻接权的客体

1．邻接权的客体是：

（1）包括演出人员和指挥的表演在内的演出活动成果（演出），如果这些演出的表现形式是可以复制和借助于技术手段传播的；戏剧导演的导演方法，只要这些导演方法的具体表现形式是可以重复公开演出而且观众可以辨认的，以及可以借助于技术手段复制和传播的。

（2）录音作品，即仅用声音记录或再现演出或其他声音，但不包括包含在音像作品中的录音。

（3）无线或有线广播组织的节目，包括该无线或有线广播组织自己制作的节目或按照其定作使用其经费由另一组织制作的节目。

（4）数据库中保护数据库内容不被非法提取和重复使用的部分。

（5）在成为社会财富以后发表的科学、文学和艺术作品中保护作品发表人权利的部分。

2. 邻接权的产生、行使和保护不需要对邻接权各客体进行登记或办理其他手续。

3. 对演出、无线或有线广播组织的节目广播、录音、无线或有线广播组织的广播节目，如果在其原创所在国尚未因该国规定的这些客体专属权有效期届满而成为社会财富而在俄罗斯也未由于本法典规定的专属权有效期届满而成为社会财富，则在俄罗斯联邦境内依照俄罗斯联邦签署的国际条约向邻接权客体提供保护。

第1306条 不经权利持有人同意也不给付报酬而使用邻接权客体

在自由使用作品（第1273条、第1274条、第1277条、第1278条和第1279条）和本章规定的其他情况下，允许不经权利持有人同意也不给付报酬而使用邻接权客体。

第1307条 邻接权客体专属权转让合同

根据邻接权客体专属权转让合同，一方即录音作品的演出人、制作人、无线或有线广播组织，数据库制作人，科学、文学和艺术作品的发表人或其他权利持有人向另一方（专属权取得人）全部转让或承担义务全部转让相应邻接权客体的专属权。

第1308条 提供邻接权客体使用权的许可合同

1. 根据许可合同，一方即录音作品的演出人、制作人、无线或有线广播组织、数据库制作人、科学、文学或艺术作品的发表人或其他权利持有人（许可人）向另一方（被许可人）提供或承担义务提供在合同规定限度内使用邻接权客体的权利。

2. 提供邻接权客体普通（非专属）使用权的许可合同，可以采用简易（非排他）形式订立（开放许可）。对这种合同适用使用科学、文学或艺术作品的开放许可的规定（第1286-1条）。

第1311条 侵犯邻接权客体专属权的责任

如果邻接权客体的专属权受到侵犯，专属权持有人使用本法典（第1250条、第1252条和第1253条）规定的维护方式和责任措施外，则有权依照本法典第1252条第3款根据自己的选择要求侵权人给付补偿金代替赔偿损失：

（1）补偿金的数额由法院根据侵权行为的性质作出裁量，为1万卢布至

500万卢布。

（2）录音作品全部复制品价值的 2 倍。

（3）邻接权客体使用权价值的 2 倍，而使用权价值按可比情况下采取侵权人的使用方式合法使用该客体的通常价格计算。

第 1312 条　侵犯邻接权案件的诉讼保全

在侵犯邻接权案件中，为了进行诉讼保全，对被告人或有足够理由认为侵犯了邻接权的人，以及对可以推定为赝品的邻接权客体，可以分别适用本法典第 1302 条规定的措施。

第三节　录音作品的权利

第 1322 条　录音作品的制作人

录音作品的制作人是负责创意和对第一次演出或其他声音或其表现形式进行录音的人员。在没有不同证据时，录音作品的制作人是以通常方式在录音作品和（或）其包装上署名的人或者依照本法典第 1310 条规定的其他方式署名的人。

第 1323 条　录音作品制作人的权利

1．录音作品的制作人有如下权利：

（1）录音作品的专属权。

（2）在录音作品和（或）其包装上署名的权利。

（3）保护录音作品在使用时不被歪曲的权利。

（4）公布录音作品的权利，即实施通过发表、公开展示、公开演出、无线或有线广播或其他方式使录音作品初次向公众发表。同时，经制作人同意将足够满足受众合理需要的数量的录音作品复制品投入流通的行为也是发表录音作品。

2．录音作品的制作人行使自己的权利须尊重作品作者的权利和演出人员的权利。

3．录音作品的制作人权利的承认和有效与著作权和演出人员权利是否存在和有效无关。

4．在录音作品和（或）其包装上署名的权利和保护录音作品不受歪曲的权利在公民的有生之年或作为录音作品制作人的法人终止之前受到保护。

第 1324 条　录音作品的专属权

1．录音作品的制作人享有以任何不与法律相抵触的方式（包括以本条第 2 款规定的方式）依照本法典第 1229 条使用录音作品的权利（录音作品的专属权)。录音作品的制作人可以处分录音作品专属权。

2．录音作品的使用是：

（1）公开演出，即借助于技术手段在向公众开放的场所或在超出通常家庭范围的人数众多的公开场所播放音像作品，而不论作品是在其播放场所被接收还是在另一场所与播放的同时被接收。

（2）进行无线广播，即通过电台或电视（包括转播）向公众播放录音作品，但有线广播除外。这里的播放是指使录音作品能产生听觉效果的行为，而不论受众是否实际收听。在通过卫星进行无线广播时，播放是指卫星从地面站接收信号，再从卫星传输信号从而使录音作品可能为公众了解，而不论受众是否实际接收。如果代码的解码手段是由无线广播组织向不定范围人提供或经该组织同意的，则编码信号的传输被认为是无线广播。

（3）有线广播，即借助于电缆、导线、光纤或类似手段通过电台或电视向公众播放（包括转播）录音作品。

（4）用任何人从任何地点在任何时间根据自己的选择均可以接收的方式发布录音作品（发布作品）。

（5）复制，即以任何物质形式制作录音作品或部分作品的一份或多份复制件。这种情况下，在电子载体上记录录音作品或部分录音作品，包括记入电子计算机内存，也视为复制。但短时间录音，且录制具有暂时性和偶然性，并构成工艺流程不可分割的本质的组成部分，而其唯一目的是合法使用录音或者在第三人之间的信息中介在互联网上播放录音，而该录音不具有独立的经济意义的，不认为是复制录音。

（6）通过出售或转让录音作品原件或其任何物质载体上的复制件的行为传播录音作品。

（7）为传播目的进口录音作品或其复制品，包括经权利持有人许可制作的复制品。

（8）出租录音作品的原件或复制品。

（9）加工录音作品。

3．对录音作品合法进行加工的人，取得被加工作品的邻接权。

4．在非制作人使用录音作品时，相应地适用本法典第1323条第2款的规则。

第1325条　传播已经发表的录音作品的原件或复制品

如果合法发表的录音作品的原件或复制品在俄罗斯联邦境内通过出售或其他转让行为已经进入民事流转，则录音作品原件或复制品的继续传播允许不经录音作品专属权持有人的同意,也不给付报酬。

第 1326 条　使用为商业目的而发表的录音作品

1. 对于为商业目的而发表的录音作品,允许不经录音作品专属权持有人和该录音作品所录制的节目演出人员的同意而进行公开演出以及进行无线或有线广播,但必须向他们给付报酬。

2. 从使用人那里收取本条第 1 款规定报酬和报酬的分配,由受国家委托从事相关种类活动的著作权集体管理组织进行。

3. 本条第 1 款规定的报酬,按下列比例在权利持有人中间进行分配:演出人员 50%,制作人 50%。具体演出人员、制作人之间报酬的分配按相应录音作品的实际使用比例进行。俄罗斯联邦政府有权规定报酬标准以及收取、分配和给付报酬的办法。

4. 录音作品的使用人应该向著作权集体管理组织提交录音作品使用情况的报告以及收取和分配报酬必需的其他信息材料和文件。

第 1327 条　录音作品专属权的有效期、该权利的继承和录音作品转变为社会财富

1. 录音作品专属权有效期为 50 年,自录制的下一年 1 月 1 日起算。在发表录音作品的情况下,专属权有效期为 50 年,自发表的下一年 1 月 1 日起算,但录音作品的公布必须是在录制后的 50 年内。

2. 在本条第 1 款规定的剩余有效期内,录音作品专属权移转给录音作品制作人的继承人或其他权利继受人。

3. 录音作品专属权有效期届满后,录音作品即成为社会财富,即任何人无须同意或批准也无须给付报酬即可使用。

第 1328 条　录音作品专属权在俄罗斯联邦境内的效力

在下列情况下,录音作品专属权在俄罗斯联邦境内有效:

制作人是俄罗斯联邦公民或法人的;

录音作品或其复制品初次在俄罗斯联邦境内传播的;

在俄罗斯联邦签署的国际条约规定的其他情况下。

第五节　数据库制作人的权利

第 1333 条　数据库的制作人

1. 数据库的制作人是组织数据库的创作和搜集、加工和配置构成数据库的材料等工作的人。如果没有不同证据,则数据库的制作人是以通常方式在数据库或其包装上署名的公民或法人。

2. 数据库的制作人享有如下权利：
（1）数据库制作人的专属权。
（2）在数据库和（或）其包装上署名的权利。
（3）发布数据库的权利，即有权实施下列行为：首次发表数据库使之能为公众所使用；公布数据库，以其他方式进行无线或有线广播。发表是经制作人同意将数据库足以满足公众合理需要的备份投入流通。

数据库制作人在数据库专属权有效期内仍保留在数据库备份和（或）包装上署名的权利。

第1334条　数据库制作人的专属权

1. 如果数据库的创作（包括相应材料的加工或提交）需要财政上、物质上的重大花费或组织上及其他方面的工作，则数据库的制作人享有从数据库中提取材料以及随后以任何方式使用这些材料的专属权（数据库制作人的专属权）。数据库制作人可以处分上述专属权。如果没有不同证据，数据库包含不少于2万个独立的构成数据库的信息成分（材料）的，则被认为是需要重大花费的数据库（第1260条第2款第2段）。

除本法典规定的情形外，非经权利持有人的同意，任何人均无权从数据库提取材料和随后进行使用。从数据库提取材料是指将数据库的内容或构成数据库材料的相当大的部分使用任何技术手段以任何形式移植到另一信息载体上。

2. 无论数据库制作人和其他人对数据库材料以及他们对数据库作为汇编作品整体上的著作权和其他专属权是否存在或有效，数据库制作人的专属权均应得到承认和有效。

3. 在数据库专属权有效期内，权利持有人可以根据自己的愿望在联邦知识产权行政机关对数据库进行注册。对该注册适用本法典第1262条的规则。

第1335条　数据库制作人专属权的有效期

1. 数据库制作人专属权产生于完成数据库的创作之时，有效期为15年，自创作后下一年的1月1日起计算。在上述期限内公布数据库的，数据库制作人专属权在15年内有效，自公布后下一年的1月1日起计算。

2. 本条第1款规定的期限，随着数据库每次更新而重新计算。

第1335-1条　不属于侵犯数据库制作人专属权的行为

1. 已经公布的数据库的合法使用人，有权不经数据库专属权持有人即数据库制作人的许可，在不侵犯数据库制作人和其他人著作权的限度内对材料进行使用和后续使用：

为了数据库提供的目的进行任何数量的使用,但合同有不同规定的除外;

为了个人、科学、教学的目的和为上述目的所必要之数量的使用;

为其他目的使用数据库非本质的部分。

不限范围的人群采取使用从数据库中提取的材料时应该指出这些材料从什么数据库中提取。

2. 他人实施数据库专属权范围内的行为不视为对该权利的侵犯,如果他能证明他不能确定数据库制作人的身份或者根据具体情况可以认为数据库专属权的有效期已经届满。

3. 如果违反数据库的规范使用和以不正当方式损害数据库制作人的合法利益,则不允许多次提取和使用构成数据库非本质部分的材料。

4. 数据库制作人不得禁止使用虽然包含在数据库中,但使用人从与本数据库不同的来源取得的个别性材料。

第1336条 数据库制作人专属权有效期在俄罗斯联邦境内的效力

1. 下列情况下,数据库制作人专属权在俄罗斯联邦境内有效:

数据库制作人是俄罗斯联邦公民或法人的;

数据库制作人是外国公民或外国法人,而有关外国在其境内对制作人为俄罗斯联邦公民或俄罗斯法人的数据库制作人专属权提供保护的;

俄罗斯联邦签署的国际条约规定的其他情况。

2. 如果数据库制作人是无国籍人,则视该人的住所地在俄罗斯联邦还是在外国而相应地适用本条第1款中涉及俄罗斯联邦公民或外国公民的规则。

第六节 科学、文学或艺术作品发表人的权利

第1337条 发表人

1. 发表人是合法地将此前未发表过的、未成为社会财富(第1282条)的或者由于著作权不再受保护而成为社会财富的科学、文学或艺术作品公之于众或组织其公之于众的公民。

2. 发表人的权利适用于本法典第1259条被视为著作权客体的作品,而与作品的创作时间无关。

3. 本节的规定不适用于国家和自治地方档案馆收藏的作品。

第1338条 发表人的权利

1. 发表人享有如下权利:

(1) 将作品公之于众的发表人专属权(第1339条第1款);

(2) 在将作品公之于众时,在作品上和作品使用的其他场合,包括在翻译作品或进行作品加工时署名。

2. 在将作品公之于众时，发表人必须遵守本法典第 1268 条第 3 款规定的条件。

3. 发表人在发表人专属权有效期内对作品享有本法典第 1266 条第 1 款规定的权限。作品发表人的权利继受人享有同样的权限。

第 1339 条　发表人对作品的专属权

1. 作品的发表人享有依照本法典第 1229 条以本法典第 1270 条第 2 款第（1）项至第（8-1）项和第（11）项规定的方式使用作品的专属权（发表人对作品的专属权）。作品的发表人可以处分上述专属权。

2. 即使在作品以翻译形式或其他加工形式发表时，亦承认作品发表人的专属权。不论发表人和其他人对翻译作品或其他加工作品的著作权是否得到承认和有效，作品发表人的专属权均应得到承认和有效。

第 1340 条　作品发表人专属权的有效期

1. 作品发表人专属权的有效期产生于作品发表之时，为 25 年，自发表的下一年 1 月 1 日起计算。

2. 在作品发表人专属权效力终止后，任何人均可使用作品，无须经任何人同意，也不给付报酬。

第 1341 条　作品发表人专属权在俄罗斯联邦境内的效力

1. 发表人的专属权适用于以下作品：

（1）在俄罗斯联邦境内发表的作品，而不论发表人的国籍。

（2）俄罗斯联邦公民在俄罗斯联邦境外发表的作品。

（3）外国公民或无国籍人在俄罗斯联邦境外发表的作品，但作品发表所在国的立法对俄罗斯联邦公民作为发表人的专属权在其境内提供保护的。

（4）在俄罗斯联邦签署的国际条约规定的其他情况下。

2. 在本条第 1 款第（3）项规定的情况下，作品发表人专属权的有效期不得超过产生作品发表人专属权的法律事实发生地国规定的发表人专属权的有效期。

第 1342 条　发表人专属权有效期的提前终止

如果在使用作品时，权利持有人违反了本法典对作者身份权、作者姓名权或作品不受侵犯权的要求，则可以根据利害关系人的请求通过司法程序提前终止作品发表人的专属权。

第 1343 条　作品原件的转让和作品发表人的专属权

1. 在作品原件（手稿、绘画、雕塑作品类似作品的原件）由所有权人进行转让，而所有权人对被转让作品享有发表人专属权时，这一专属权亦转让给作品原件的取得人，但合同有不同规定的除外。

2．如果作品发表人专属权未移转给作品原件的取得人，则取得人有权不经发表人专属权持有人的同意而以本法典第 1291 条第 2 款规定的方式使用作品原件。

第 1344 条　受发表人专属权保护的作品原件和复制品的传播

如果依照本节的规定已经公之于众的作品的原件或复制品已经通过出售或其他转让方式合法地进入民事流转，则作品原件或复制品的继续传播可以不经发表人的同意，也无须向他给付报酬。

第七十二章　专利法

第一节　一般规定

第 1345 条　专利权

1．发明、实用新型或外观设计的知识产权是专利权。

2．发明、实用新型或外观设计的作者享有下列权利。

（1）专属权。

（2）作者身份权。

3．在本法典规定的情况下，发明、实用新型或外观设计的作者还享有其他权利，包括取得专利证书的权利，以及职务发明、实用新型或外观设计使用的报酬权。

第 1346 条　发明、实用新型或外观设计专属权在俄罗斯联邦境内的效力

在俄罗斯联邦，承认联邦知识产权行政机关颁发的专利证书所证明的或者依照俄罗斯联邦签署的国际条约在俄罗斯联邦境内有效的专利证书所证明的发明、实用新型或外观设计的专属权。

第 1347 条　发明、实用新型或外观设计的作者

发明、实用新型或外观设计的作者是以创造性劳动创作相应智力活动成果的公民。如果没有相反证明，则发明、实用新型或外观设计的专利申请书中作为作者指出的人，视为发明、实用新型或外观设计的作者。

第 1348 条　发明、实用新型或外观设计的合作者

1．以共同劳动创造发明、实用新型或外观设计的公民，是合作者。

2．每位合作者均有权按照自己的意志使用发明、实用新型或外观设计，但他们的协议有不同规定的除外。

3．对合作者涉及分配发明、实用新型或外观设计使用收益和处分发明、实用新型或外观设计专属权的关系，相应地适用本法典第1229条第3款的规则。

取得发明、实用新型或外观设计专利证书的权利由合作者共同行使。

4. 每位合作者均有权独立采取措施维护自己对发明、实用新型或外观设计的权利。

第1349条 专利权的客体

1. 专利权的客体是科学技术领域内符合本法典对发明和实用新型要求的智力活动成果以及符合本法典对外观设计规定要求的工业品艺术设计领域内的智力活动成果。

2. 对含有构成国家机密的信息的发明（机密发明）适用本法典的规定，但本法典第1401条至第1405条的专则和依照上述规则颁布的其他法律文件有不同规定的除外。

3. 含有构成国家机密的信息的实用新型和外观设计，不依照本法典提供法律保护。

4. 不得成为专利权客体的有：

（1）克隆人的方式和人的克隆。

（2）改变人类胚胎组织基因完整性的方式。

（3）将人类胚胎用于工业和商业目的。

（4）本条第1款所列智力活动成果中违反公共利益、人道原则和道德的。

第1350条 发明的专利能力条件

1. 任何领域涉及产品（包括涉及装置、物质、微生物菌株、植物或动物组织培育）或方式（借助于物质手段对物质客体实施作用的过程）的技术决策，包括按照一定用途使用产品或方法，均作为发明受到保护。

如果发明具有新颖性并具有发明水平和工业实用性，则发明受到法律保护。

2. 如果发明是现有技术水平中所没有的，则发明具有新颖性。

如果对于专业人员而言，发明显然不是来自于现有技术水平，则发明具有发明水平。

现有发明的技术水平包括截至发明优先权之日世界上已经普及的任何信息材料。

在确定发明的新颖性时，现有技术水平也包括在更早优先权的条件下其他人在俄罗斯联邦提出的、任何人均有权依照本法典第1385条第2款或第1394条第2款了解的发明、实用新型或外观设计的专利申请，这些发明和实用新型的文件，以及包括已经在俄罗斯获得专利证书的发明、实用新型或外观设计。

3. 发明人、专利申请人披露与发明有关的信息或从他们那里直接或间接（包括通过在展览会上展出的）获得信息的任何人披露此信息，从而使关于发明实质的信息材料为公众所知晓，并不妨碍承认发明的专利能力，但条件是发明的专利申请是在披露信息之日起的 6 个月内向联邦知识产权行政机关提出的。关于致使信息被披露的情况的发生不妨碍发明的专利能力的证明责任由申请人承担。

4. 如果发明可以在工业、农业、卫生、其他经济领域或某一社会领域使用，则发明是具有工业实用性的。

5. 以下各项不是发明：

（1）发现。

（2）科学理论和数学方法。

（3）仅涉及产品外观和旨在满足美学需要的决策。

（4）游戏、智力活动和经济活动的规则和方法。

（5）电子计算机程序。

（6）仅用于提供信息的决策。

只有在发明的专利申请涉及这些客体时，才依照本款排除将这些客体列为发明的可能性。

6. 对以下各项均不作为发明提供法律保护：

（1）植物品种、动物品种，以及获得动、植物品种的生物学方法，即完全使用杂交和选种的方法，但微生物方法和用此种方法获得的产品除外。

（2）集成电路布局设计。

第1351条 实用新型的专利能力条件

1. 涉及装置的技术决策作为实用新型受到保护。

如果实用新型具有新颖性和工业实用性，则对实用新型提供法律保护。

2. 如果实用新型本质要件的总和是现有技术水平中所没有的，则实用新型具有新颖性。

对于实用新型，技术水平包括在实用新型优先权之日前在世界上已经成为公众所知晓的任何信息材料。现有技术水平也包括在更早优先权条件下其他人在俄罗斯联邦已提出的发明、实用新型或外观设计的所有专利申请，任何人均有权依照本法典第 1385 条第 2 款或第 1394 条第 2 款了解这些发明和实用新型的文件；现有技术水平还包括已经在俄罗斯获得专利的发明和实用新型。

3. 实用新型的作者、专利申请人披露与发明实用新型有关的信息或从他们那里直接或间接获得信息的任何人（包括通过在展览会上展出实用新型）披露此信息，从而使关于实用新型实质的信息材料为公众所知晓，并不妨碍承认实用新型的专利能力，但条件是实用新型的专利申请是在披露信息之日起的 6 个月内向联邦知识产权行政机关提出的。关于致使信息被披露的情况的发生不妨碍实用新型的专利能力的证明责任，由申请人承担。

4. 如果实用新型可以在工业、农业、卫生、其他经济领域或某一专门领域使用，则实用新型具有工业实用性。

5. 本法典第 1350 条第 5 款所列客体不是实用新型。

只有在实用新型的专利申请将上述客体列为实用新型的情况下才依照本款的规定排除将上述客体列入实用新型的可能性。

6. 对本法典第 1350 条第 6 款所列客体，不作为实用新型提供法律保护。

第 1352 条　外观设计的专利能力条件

1. 工业产品、手工业产品外观的艺术设计决策作为外观设计受到保护。

如果外观设计在其本质要件方面具有新颖性和独创性，则外观设计受到法律保护。

外观设计的本质要件包括决定产品外观美学特点的要件，包括产品的形式、轮廓、装饰、颜色和线条的组合，产品的外形，产品材料的纹理、结构。

仅由于产品技术功能产生的特征，不受外观设计保护的。

2. 如果外观设计反映在产品外观图案中的和外观设计本质要件的总和是直至外观设计优先权之日已经在世界上普及的信息中所没有的，则外观设计具有新颖性。

3. 外观设计如果其本质要件具有反映产品特点的创造性，包括直至外观设计优先权之日已经普及的信息中尚无类似用途产品外观的相似设计，则具有独创性。如果外观设计的本质要件取决于产品特点的创造性，包括直至外观设计优先权之日世界上已经普及的信息中尚无类似用途产品外观的相似决策，它能给了解有关信息的消费者产生与反映在产品外观图案上的外观设计不相同的总印象，则外观设计具有独创性。

4. 在确定外观设计的新颖性和独创性时，（在有更早优先权的情况下）还要考虑其他人在俄罗斯联邦提出的发明、实用新型或外观设计的申请和商标、服务标志的国家注册申请，任何人均有权依照本法典第 1385 条第 2 款和第 4 款、第 1394 条第 2 款、第 1439 条第 1 款了解上述申请文件。

外观设计的作者、专利申请人披露与外观设计有关的信息以及从他们那里直接或间接（包括由于外观设计在展览会上展出）获得信息的任何人披露此信息，从而使关于外观设计实质的信息材料为公众所知晓，并不妨碍实用新型专利能力的承认，但条件是实用新型专利申请的是信息披露之日起的12个月内向联邦知识产权行政机关提出的。关于导致信息被披露的情况的发生并不妨碍承认外观设计的专利能力的证明责任，由申请人承担。

5. 下列各项不得作为外观设计受到保护：

（1）所有特征仅受产品技术功能制约的决策。

（2）可能误导产品消费者的决策，包括在对产品生产者或产地造成误解，以及对使用产品作为包皮、包装、标签的产品而对商品产生误解的决策，包括与本法典第1483条第4款至第9款所列客体雷同的决策，或者给人产生同样总印象的决策，或者决策包括上述客体，而上述客体的权利早于工业品外观设计的优先权，但对客体享有专属权的人要求对外观设计进行法律保护的除外。

对与本法典第1483条第4款、第9款第（1）项和第（2）项所列客体雷同的外观设计，或者产生同样总印象的外观设计，或者包括上述客体的外观设计，经所有权人或所有权人授权的人或上述客体权利持有人的同意，才能提供法律保护。

第1353条　发明、实用新型或外观设计的国家注册

发明、实用新型或外观设计的专属权在相应发明、实用新型或外观设计进行国家注册的条件下得到承认与保护。根据国家注册，联邦知识产权行政机关颁发发明、实用新型或外观设计的专利证书。

第1354条　发明、实用新型或外观设计的专利证书

1. 发明、实用新型或外观设计的专利证书证明发明、实用新型或外观设计的优先权、作者身份权，以及发明、实用新型或外观设计的专属权。

2. 根据专利证书并在专利证书所包含的发明公式或相应实用新型公式规定的范围内以发明或实用新型的知识产权提供保护。为了解释发明公式或实用新型公式，可以使用描述和图纸（本法典第1375条第2款和第1376条第2款）。

3. 外观设计知识产权的保护根据其专利证书提供，保护范围根据外观设计专利证书中反映在产品外观图案的本质要件的总和决定。

第1355条　对创造和利用发明、实用新型或外观设计的国家奖励

国家鼓励发明、实用新型或外观设计的创造和利用，向其作者以及专利持有人和利用有关发明、实用新型或外观设计的被许可人依照俄罗斯联邦的立法提供优惠。

第二节 专利权

第1356条 发明、实用新型或外观设计的作者身份权

作者身份权，即被承认是发明人、实用新型或外观设计的创作者的权利，是不可转让的和不可移转的，包括在其发明、实用新型或外观设计的专属权转让或移转给他人时以及向他人提供发明、实用新型或外观设计的使用权时均不得转让或移转。对这一权利的放弃自始无效。

第1357条 取得发明、实用新型或外观设计专利证书的权利

1. 取得发明、实用新型或外观设计专利证书的权利原始地属于发明人和实用新型或外观设计的创作者。

2. 取得发明、实用新型或外观设计专利证书的权利可以移转给他人（权利继受人）或者在法律规定的情况下和依照法律规定的根据进行转让，包括通过概括权利继受程序或根据合同（包括劳动合同）进行转让的情况。

3. 转让取得发明、实用新型或外观设计专利证书的权利应该以书面形式签订。不遵守书面形式的，合同一律无效。

4. 如果转让取得发明、实用新型或外观设计专利证书权利的合同双方当事人未有不同协议，则发明、实用新型或外观设计不具有专利能力的风险由权利取得人承担。

第1358条 发明、实用新型或外观设计的专属权

1. 专利持有人依照本法典第1229条的规定享有以任何不与法律相抵触的方式，包括以本条第2款规定的方式利用发明、实用新型或外观设计的权利（发明、实用新型或外观设计的专属权）。专利持有人可以处分发明、实用新型或外观设计的专属权。

2. 发明、实用新型或外观设计的利用包括：

（1）将利用发明、实用新型或外观设计的产品输入俄罗斯联邦，制造、应用、提供出售、出售、以其他方式进入民事流转或为以上目的保管这些产品。

（2）对直接取得专利证书的产品实施本款第（1）项规定的行为。以取得专利的方式获得的产品是具有新颖性的，如果没有相反的证明，则相同产品视为通过使用取得专利的方式获得的产品。

（3）对按照其用途运行（使用）时自动实现取得专利的方式的装置实施本款第（1）项规定的行为。

（4）对按照发明公式规定用途的产品实施了本款第（1）项规定的行为，同时以将产品按照一定用途进行使用的方式对发明进行保护。

（5）使用了利用发明的方式，包括通过采用该方式进行使用。

3. 如果产品含有而且在方式中使用了发明专利公式独立条款所列举的每一要件，或者与之等同的要件，在发明优先权日期前已经在该技术领域被知晓，则发明或实用新型被认为已经得到使用。

如果产品含有实用新型的每一个要件，而该实用新型专利证书中有独立的条款列举该要件，则实用新型被认为已经得到使用。

在确定发明和实用新型是否得到使用时，发明和实用新型公式的解释依照本法典第1354条第2款进行。

如果产品含有外观设计的所有本质要件或要件的总和，从而给掌握信息的使用者产生已经取得专利的外观设计所产生的总印象，则只要产品具有相似的目的，外观设计就被认为在产品中得到使用。

4. 如果在使用发明和实用新型时也使用了另一发明公式专利中所包含的在独立项目列举出的每个要件，或者与它等同的并在另一发明优先权日期之前在该技术领域中以上述资格为人所知，而在使用外观设计时，其他外观设计的每个本质要件或其他外观设计的要件总和给消费者产生外观设计相同的印象，而且产品具有相似的用途，则另一发明、另一实用新型、另一外观设计被认为得到使用。

5. 如果一项发明、一项实用新型或一项外观设计的专利持有人是两个以上的人，则对他们之间的关系适用本法典第1348条第2款和第3款的规则，而不论专利持有人中是否有一位是该智力活动成果的作者。

第1358-1条　附属发明、附属实用新型、附属外观设计

1. 不使用受专利保护的和具有更早优先权的另一发明、另一实用新型、另一外观设计就不可能在产品或方法中使用的发明、实用新型或外观设计，分别为附属发明、附属实用新型、附属外观设计。

使用受专利保护和具有更早优先权的另一发明的产品，按一定用途采用该产品而受保护的发明，也属于附属发明。

与产品或方法有关的发明或实用新型，如果发明或实用新型的公式与另一个已经取得专利权的发明或另一个已经取得专利权的即享有更早优先权的发明或实用新型的不同之处仅在于产品与方法的用途，也属于附属发明或附属实用新型。

2. 发明、实用新型或外观设计对于另一发明、实用新型或外观设计而言属于附属发明、实用新型或外观设计的，则不经该另一发明、实用新型或外观设计专利持有人许可不得进行使用。

第1359条　不属于侵犯发明、实用新型或外观设计专属权的行为

下列行为不属于侵犯发明、实用新型或外观设计专属权的行为：

（1）将利用了发明、实用新型或外观设计的产品用于外国交通工具（水上运输、航空运输、公路和铁路运输）或航天技术的设计辅助设备或使用，条件是这些交通工具或航天技术暂时或偶然处于俄罗斯联邦境内并且上述产品的应用仅为了交通工具或航天技术的需要。如果外国也对在俄罗斯注册的交通工具或航天技术提供相同的权利，则上述行为对该外国的交通工具或航天技术也不视为侵犯专属权。

（2）对利用了发明、实用新型或外观设计的产品或方式进行科学研究，或者对产品、方法等进行科学试验。

（3）在非常情况下（自然灾害、浩劫、事故）利用发明、实用新型或外观设计，在最短期限内将利用情况通知专利持有人并随后向他给付相应的补偿。

（4）为满足个人、家庭、居家或其他与经营活动无关的需要而利用发明、实用新型或外观设计，只要利用的目的不是获得利润或收益。

（5）药房根据医生处方一次性利用发明制作药品。

（6）将利用发明、实用新型或外观设计的产品输入俄罗斯联邦，建议应用、提供出售、出售、以其他方式进入民事流转或为以上目的保管这些产品，如果该产品之前曾由专利持有人或经专利持有人许可由其他人在俄罗斯联邦境内投入民事流转，或者不经专利持有人许可，但在本法典规定的情况下进入民事流转属于合法的。

第1360条　为国防安全而利用发明、实用新型或外观设计

俄罗斯联邦政府有权为了国防和安全，允许不经专利持有人同意而利用发明、实用新型或外观设计，但应在最短期限内通知专利持有人并向他给付相应的补偿。

第1361条　发明、实用新型或外观设计的先用权

1. 在发明、实用新型或外观设计优先权日期（第1381条和第1382条）之前在俄罗斯联邦境内善意使用了与并非作者创造的相同决策或者仅在等同要件（第1358条第3款）上与发明不同的决策，或对此作了必要的准备的人，保留在不扩大使用范围的情况下继续无偿使用相同决策的权利（先用权）。

2. 只有与使用相同决策或对此做了必要准备的企业一起转让才能将先用权转让给他人。

第 1362 条　发明、实用新型或外观设计的强制许可

1. 如果发明或外观设计在专利证书颁发之日起的 4 年内，实用新型在专利证书颁发之日起的 3 年内，均没有被专利持有人利用或充分地利用，从而导致不能向市场提供足够的相关商品、工作或服务，则希望利用或准备利用发明、实用新型或外观设计的任何人，在专利持有人拒绝按实践中形成的条件同该人签订许可合同的情况下，均有权向专利持有人提起诉讼，要求提供在俄罗斯联邦境内利用发明、实用新型或外观设计的普通（非排他）强制许可。在诉讼请求中，该人应该指出向他提供许可的条件，包括发明、实用新型或外观设计的利用范围、金额、支付的程序和期限。

如果专利持有人不能证明发明、实用新型或外观设计的不利用或不充分利用是由于正当原因所致，则法院应作本款第 1 段所指的提供许可的裁判以及提供的条件。许可的付款总价应该在法院裁判中规定，不得低于可比情况下的许可价格。

如果提供普通（非排他）强制许可的情况不复存在或者不可能再产生，则这种许可的效力可以根据专利持有人的诉讼请求通过司法程序予以终止。

仅为了国家、社会或其他公共利益的需要而非商业使用，或者为了改变按规定程序被确认为依照俄罗斯联邦反垄断立法的状况时，允许依照本款的规则提供使用属于半导体工艺的普通（非排他）许可。

2. 如果专利持有人不能利用他享有专属权的发明，同时也不侵犯发明或实用新型另一专利（第一专利）持有人的权利，第一专利持有人拒绝按实践中形成的条件签订许可合同，则专利（第二专利）持有人有权在法院对第一专利的持有人提起要求提供在俄罗斯联邦境内使用第一专利持有人的发明或实用新型的普通（非排他）强制许可的诉讼。在诉讼请求中，应该说明第二专利持有人提出的向他提供许可的条件，包括发明或实用新型的利用范围、金额、支付的程序和期限。如果对这种附属发明享有专属权的专利持有人能够证明发明是重要的技术成就，较之第一专利持有人的发明或实用新型有重大的经济优越性，则法院应作出向他提供普通（非排他）强制许可的裁判。根据许可取得的利用受第一专利保护的发明的权利，不得转让给其他人，但转让第二专利的情况除外。

普通（非排他）强制许可的总金额应该在法院判决中规定，并且不得低于可比条件下决定的许可价格。

在依照本款提供的普通（非排他）强制许可的情况下，发明和实用新型使

用权的专利持有人，如根据上述许可提供了利用权，则也有权取得利用附属发明的普通（非排他）强制许可，对此按照实践中形成的条件颁发普通（非排他）强制许可。

3. 根据本条第 1 款和第 2 款规定的法院判决，联邦知识产权行政机关对依照普通（非排他）强制许可条件对发明、实用新型或外观设计使用权的提供及终止进行国家注册。

第 1363 条　发明、实用新型或外观设计专属权的有效期

1. 发明、实用新型或外观设计专属权和证明此项权利的专利证书的有效期，在遵守本法典规定要求的条件下，自向联邦知识产权行政机关提出专利申请之日或在申请分开提出时（第 1381 条第 4 款）递交最初的申请时起计算，分别为：

发明——20 年；

实用新型——10 年；

外观设计——5 年。

专利证书所证明之专属权，只有在发明、实用新型或外观设计进行国家注册并颁发专利证书之后才能受到保护（第 1393 条）。

2. 涉及需要按法定程序取得许可证方能应用的药品、杀虫剂或农用化学制剂的发明，如果自提出专利申请之日直至取得应用的初次许可已经过去 5 年，则相应发明专属权和证明此项权利的专利证书有效期可以根据专利持有人的申请由联邦知识产权行政机关予以延长。

上述有效期延长的时间为自提出专利申请书之日直至取得应用发明的许可之日的时间，但要扣除 5 年。在这种情况下，发明专利证书的有效期延长的时间不得超过 5 年。

权利持有人提出延长专利证书有效期的申请应在专利证书有效期内，而在取得初次发明产品应用许可之日或颁发专利证书之日起的 6 个月期限届满之前，以其中日期在后的为准。

如果没有补充材料就不可能审议申请，则可以要求专利持有人提供补充材料。补充材料应在发出上述要求之日起的 3 个月内提交。如果专利持有人在此期间不提交要求的材料或者未申请提交延长期限的请求，则驳回申请。提交补充材料的期限可以由联邦知识产权行政机关延长，但延长的时间不超过 10 个月。

在依照本款第 1 段延长专属权的有效期时，应发放补充专利证书，证书应含有包含申请专利发明的要件总和，这些要件的总和应能说明应用获得专利批准的发明产品所具有的特征。

3. 外观设计专属权和证明此项权利的专利证书的有效期，根据专利持有人的申请可由联邦知识产权行政机关一次延长 5 年，但延长的时间总期限不得超过 25 年，自向联邦知识产权行政机关递交申请之日起计算，或者在分开申请时（第 1381 条）自最早递交申请之日起计算。

4. 发明补充专利证书颁发的程序和有效期以及发明或外观设计专利证书的有效期延长的程序，由在知识产权领域进行规范性法律调整的联邦行政机关规定。

5. 发明、实用新型或外观设计专属权和证明此项权利的专利证书的效力，包括补充专利证书的效力，根据本法典第 1398 条和第 1399 条规定的理由和程序认定为无效或提前终止。

第 1364 条 发明、实用新型或外观设计转变为社会财富

1. 专属权有效期届满后，发明、实用新型或外观设计即成为社会财富。

2. 对已经成为社会财富的发明、实用新型或外观设计，任何人均可以自由利用，无须任何人的同意或许可，也无须给付使用报酬。

第三节 发明、实用新型或外观设计专属权的处分

第 1365 条 发明、实用新型或外观设计专属权转让合同

1. 根据发明、实用新型或外观设计专属权转让合同（专利转让合同），一方（专利持有人）向另一方即专属权取得人（专利取得人）全部转让或承担义务全部转让属于他的相应智力活动成果的专属权。

2. 如果实用新型专属权的转让可能使消费者产生对商品或商品制造者产生误解，则实用新型的专属权不允许转让。

第 1366 条 签订发明专利转让合同的公开要约

1. 作为唯一发明人的申请人，在发明专利申请被批准或被驳回的决定作出之前，或者在认为申请已经撤回的决定作出之前，可以再提出申请，说明如下事项：如果颁发专利证书，申请人将承担义务，按照实践中形成的条件同任何第一个表示希望取得发明利用权并将此情况通知专利持有人和联邦知识产权行政机关的俄罗斯联邦公民或俄罗斯法人签订转让专利的合同。在存在上述申请时，均不向申请人收取本法典规定的提出专利申请和根据该申请颁发专利证书的专利申请费。在提出上述申请之前已经缴纳的申请费不予退还。

联邦知识产权行政机关在官方通报上公布有关声明的信息材料。

2. 根据本条第 1 款中专利持有人的声明同专利持有人签订了发明专利转

让合同的人，必须交纳专利持有人被免交的全部专利费。以后的专利费按规定程序交纳。

专属权根据专利转让合同移转时应在联邦知识产权行政机关进行国家注册，必须附具证明已经交纳申请人（专利持有人）被免交的全部专利申请费的凭证。

3．如果专利申请附有本条第 1 款所指的声明，而在公布颁发发明专利证书信息材料之日起的 2 年内，联邦知识产权行政机关没有收到希望签订专利转让合同的书面通知，则专利持有人可以向上述联邦机关提出撤回其申请的请求。在这种情况下，应该交纳原先申请人（专利持有人）被免交的本法典规定的专利费。以后的专利费按规定程序交纳。

联邦知识产权行政机关应在官方公报中公布撤回本条第 1 款声明的信息材料。

第 1367 条　发明、实用新型或外观设计利用权许可合同

根据许可合同，一方即专利持有人（许可人）向另一方（被许可人）转让或承担义务转让在合同规定的范围内利用专利证书所证明的发明、实用新型或外观设计的利用权。

第 1368 条　发明、实用新型或外观设计的开放许可

1．专利持有人可以向联邦知识产权行政机关提出申请，可以向任何人提供发明、实用新型或外观设计的利用权（开放许可）。

在这种情况下，发明、实用新型或外观设计专利的年费自联邦知识产权行政机关公布开放许可的信息材料的下一年开始减半。

专利持有人应将向任何人提供利用权的发明、实用新型或外观设计的许可条件报告联邦知识产权行政机关，该机关应公布关于开放许可的相关信息材料，费用由专利持有人负担。专利持有人必须与表示愿意利用发明、实用新型或外观设计的人按照普通（非排他）许可条件签订许可合同。

2．如果专利持有人在公布开放许可之日起的 2 年内没有收到按照他申请的条件签订许可合同的书面要约，则在 2 年期满后他可以向联邦知识产权行政机关提出撤回开放许可的申请。在这种情况下，专利持有人应补齐公布开放许可之日起的维持专利效力的费用，以后应全额交纳。上述联邦机关应在官方公报公布关于撤回开放许可的信息材料。

第 1369 条　发明、实用新型或外观设计专属权处分合同的形式和专属权转让、抵押和提供使用权的国家登记

1. 专利转让合同、许可合同以及其他处分发明、实用新型或外观设计专属权的合同，应以书面形式签订并应在联邦知识产权行政机关进行国家登记。不遵守书面形式的合同无效。

2. 发明、实用新型或外观设计使用合同的转让或抵押，以及依照合同提供发明、实用新型或外观设计的专属权，均应该依照本法典第1232条规定的程序进行国家注册。

第四节 因履行职务或履行合同而完成的发明、实用新型和外观设计

第1370条 职务发明、职务实用新型或职务外观设计

1. 工作人员因履行劳动职责或雇主布置的具体任务而完成的发明、实用新型或外观设计，分别是职务发明、职务实用新型或职务外观设计。

2. 职务发明、职务实用新型或职务外观设计的作者身份权属于工作人员（作者）。

3. 职务发明、职务实用新型或职务外观设计的专属权和取得专利证书的权利属于雇主，但劳动合同或工作人员与雇主之间的其他合同有不同规定的除外。

4. 如果工作人员与雇主之间的民法合同中没有不同约定（本条第3款），则工作人员应把由于执行劳动职责或雇主布置的具体工作任务而完成并可以得到法律保护的成果的事项书面通知雇主。

如果雇主在工作人员通知之日起的4个月内没有对相关职务发明、职务实用新型或职务外观设计向联邦知识产权行政机关提出专利申请，也不向他人转让取得职务发明、职务实用新型或职务外观设计专利的权利或者通知工作人员对有关智力活动成果的信息保密，则取得发明、实用新型或外观设计专利的权利属于工作人员。在这种情况下，雇主在专利证书的有效期内享有在自己的生产中按普通（非排他）许可条件利用职务发明、职务实用新型或职务外观设计的权利，同时向专利持有人给付补偿金，补偿金的数额、给付的条件和程序由工作人员与雇主的合同规定，如有争议，则由法院判定。

如果雇主取得职务发明、职务实用新型或职务外观设计的专利，或者作出决议对上述发明、实用新型或外观设计进行保密并将此决定通知工作人员，或者将取得专利的权利移转给他人，或者提交了专利申请但由于雇主的原因而未取得专利证书，则工作人员均有权取得报酬。报酬的数额和雇主给付报酬的条件和办法由雇主与工作人员的合同决定，在有争议时，由法院判定。

（此处一段失效）

（本段由2013年7月23日第222号联邦法律删除）

取得职务发明、职务实用新型或职务外观设计的报酬权不可转让，但可以移转给继承人，期限为专属权剩余的有效期。

5. 工作人员使用雇主的资金、机械设备或其他物质手段完成的但与劳动职责或雇主布置的具体任务无关的发明、实用新型或外观设计，不是职务发明、职务实用新型或职务外观设计。取得这种发明、实用新型或外观设计专利的权利和专属权属于工作人员。在这种情况下，雇主有权根据自己选择要求在专属权整个有效期内向他提供利用智力活动成果的普通（非排他）许可用于其需要，或者要求补偿因完成这种发明、实用新型或外观设计而花费的开支。

第1371条　履行工作合同而完成的发明、实用新型或外观设计

1. 如果发明、实用新型或外观设计是在履行承揽合同或科学研究、试验设计或技术工作合同时完成的，合同又并未规定发明、实用新型或外观设计的完成，则取得发明、实用新型或外观设计专利的权利属于承揽人（执行人），但承揽人与定作人之间的合同有不同规定的除外。

在这种情况下，如果合同未有不同规定，则定作人有权在整个专利有效期内按照普通（非排他）许可的条件将发明、实用新型或外观设计用于签订相关合同的目的，而不再为此给付额外的报酬。在承揽人（执行人）将取得专利的权利转让他人或将自己的专利转让他人时，定作人仍然有权按照上述条件利用发明、实用新型或外观设计。

2. 如果依照承揽人（执行人）与定作人的合同取得发明、实用新型或外观设计专利的权利或者发明、实用新型或外观设计的专属权属于定作人或他所指定的第三人，则承揽人（执行人）有权在整个专利有效期内将完成的发明、实用新型或外观设计按照无偿普通（非排他）许可用于自己的需要，但合同有不同规定的除外。

3. 本条第1款所列发明、实用新型或外观设计的作者，如果不是专利持有人，则应该依照本法典第1370条第4款取得报酬。

第1372条　根据定作完成的外观设计

1. 如果合同标的为创作外观设计，则根据合同完成的外观设计的专属权和取得专利的权利属于定作人，但承揽人（执行人）与定作人之间的合同有不同规定的除外。

2. 依照本条第1款外观设计的专属权和取得专利的权利属于定作人的，如果合同没有不同规定，则承揽人（执行人）有权在专利整个有效期内按照无偿普通（非排他）许可的条件将外观设计用于自己的需要。

3. 如果依照承揽人与定作人之间的合同取得外观设计专利的权利和专属权属于承揽人（执行人），则定作人有权在专利整个有效期内按照无偿普通（非排他）许可的条件将外观设计用于自己的需要。

4. 根据定作完成的外观设计的作者，如果不是专利持有人，则应依照本法典第 1370 条第 4 款取得报酬。

第 1373 条　在履行国家或自治地方工程合同时完成的发明、实用新型或外观设计

1. 对于在履行国家或自治地方工程合同时为了国家或自治地方的需要而完成的发明、实用新型或外观设计，取得专利的权利和专属权属于执行国家或自治地方合同的组织（执行人），只要国家或自治地方合同没有规定此项权利属于国家或自治地方定作人所代表的俄罗斯联邦、俄罗斯联邦主体或地方自治组织，或者属于执行人与俄罗斯联邦主体以及执行人与地方自治组织。

2. 如果根据国家或自治地方合同发明、实用新型或外观设计的专属权和取得专利的权利属于俄罗斯联邦、俄罗斯联邦主体或地方自治组织，则国家或自治地方定作人可以在执行人书面通知取得能够受到法律保护的发明、实用新型或外观设计等智力活动成果之日起的 6 个月内提出专利申请。如果在上述期限内国家或自治地方定作人不提出申请，则取得专利的权利属于执行人。

3. 如果发明、实用新型或外观设计的专属权和取得专利的权利根据国家或自治地方合同属于俄罗斯联邦、俄罗斯联邦主体或地方自治组织，则执行人必须同自己的工作人员和第三人签订相应的协议而取得所有的权利或保证取得所有的权利，以便将权利移转给俄罗斯联邦、俄罗斯联邦主体和地方自治组织。在这种情况下，执行人有权要求赔偿因向第三人取得相关权利而发生的开支。

4. 如果为国家或自治地方需要在履行国家或自治地方工程合同时完成的发明、实用新型或外观设计的专利权依照本条第 1 款不属于俄罗斯联邦、俄罗斯联邦主体或地方自治组织，则专利持有人必须根据国家或自治地方定作人的请求为国家或自治地方的需要而向定作人指定的人提供发明、实用新型或外观设计使用权的无偿普通（非排他）许可。

5. 如果履行国家或自治地方工程合同时为了国家或自治地方的需要而完成的发明、实用新型或外观设计的专利权以执行人和俄罗斯联邦、执行人与俄罗斯联邦主体或执行人与自治地方共同的名义取得，则国家或自治地方定作人在通知执行人后，有权为了国家和自治地方的需要完成工作或实现产品供货而提供利用该种发明、实用新型或外观设计的普通（非排他）许可。

6. 如果依照本条第 1 款以自己的名义取得发明、实用新型或外观设计的专利并决定提前终止专利证书的效力，则执行人必须将此情况通知国家或自治地方定作人并根据定作人的要求将专利证书无偿转让给俄罗斯联邦、俄罗斯联邦主体或地方自治组织。

如果决定提前终止依照本条第 1 款以俄罗斯联邦、俄罗斯联邦主体或地方自治组织的名义取得的专利证书的效力，则国家或自治地方定作人必须将此情况通知执行人并根据执行人的请求无偿向他转让专利证书。

7. 本条第 1 款所列发明、实用新型或外观设计的作者，不是权利持有人的，可以依照本法典第 1370 条第 4 款取得报酬。

第五节　专利的取得

第 1 小节　专利申请、申请的变更和撤回

第 1374 条　发明、实用新型或外观设计专利申请的提出

1. 发明、实用新型或外观设计专利申请应由依照本法典的规定享有专利申请权的人（申请人）向联邦知识产权行政机关提出。

2．发明、实用新型或外观设计的专利申请书应该用俄文提交。申请的其他文件用俄语或其他语言提交。申请文件用其他文件提交，申请书应附具文件的俄语译文。

3. 发明、实用新型或外观设计的专利申请由申请人签字，在专利申请通过专利代理人或其他代理人提交时，应由申请人或提交申请书的代理人签字。

4. 对发明、实用新型或外观设计专利申请书的要求由在知识产权领域从事规范性法律调整的联邦行政机关根据本法典规定。

5.（失效）。

（本款由 2014 年 3 月 12 日第 35 号联邦法律删除）

第 1375 条　发明的专利申请书

1. 要求颁发发明专利证书的申请（发明专利申请）应该涉及一项发明或几项相互联系并构成统一发明创意的一组发明（发明统一性要求）。

2. 发明专利申请证书应该包含以下内容：

（1）要求颁发发明专利证书的申请，并指明发明人和申请人即有权取得专利证书的人，以及他们每个人的住所地或所在地。

（2）对发明实质的描述，对发明实质的描述应完整到足以使该技术领域的专门人员能够实现发明。

（3）发明公式实质的描述，应明确表达发明的实质并完全对发明的描述的

依据。

(4) 为理解发明实质所必需的图纸或其他材料。

(5) 简介。

3. 联邦知识产权行政机关收到包括发明专利申请、对发明的描述和图纸（如果发明描述中存在对图纸的援引）的申请书之日视为提出专利申请之日，如果上述文件并非同时提交，则最后文件收到之日视为提出发明专利申请之日。

第1376条 实用新型的专利申请

1. 要求颁发实用新型专利证书的申请（实用新型专利申请）应该涉及一项实用新型（实用新型统一性要求）。

2. 实用新型专利申请书应该包括以下内容：

(1) 申请颁发实用新型专利证书，并指明实用新型完成人和申请人即有权取得专利证书的人，以及他们每个人的住所地或所在地。

(2) 对实用新型实质的描述，该描述应是完整的，足以使该技术领域的专门人员能够实现实用新型。

(3) 实用新型涉及一个技术决策的公式，该公式应明确表达实用新型的实质并完全依据对实用新型的描述。

(4) 图纸，如果图纸为理解实用新型实质之必需。

(5) 简介。

3. 联邦知识产权行政机关收到包括实用新型专利申请、对实用新型的描述和图纸（如果实用新型描述中存在对图纸的援引）的申请书之日视为提出专利申请之日。如果上述文件并非同时提交，则最后文件收到之日视为提出实用新型专利申请之日。

第1377条 外观设计的专利申请

1. 要求颁发外观设计专利证书的申请（外观设计专利申请）应该涉及一项外观设计或几项相互联系并构成统一创意的一组外观设计（外观设计统一性要求）。

2. 外观设计专利申请书应该包括以下内容：

(1) 申请颁发外观设计专利证书，并指明外观设计完成人和申请人即有权取得专利证书的人，以及他们每个人的住所地或所在地。

(2) 产品全套图案，图案应能提供关于外观设计本质性的完整概念，而这些特征决定产品外观的美学特点。

(3) 产品全貌图纸，成品效果图，只要出于揭示外观设计实质之必需。

（4）对外观设计的描述。
（5）（失效）。
（本项由 2014 年 3 月 12 日第 35 号联邦法律删除）

3．联邦知识产权行政机关收到专利申请之日即为专利申请之日。申请书应包括外观设计专利申请、提供能够反映外观设计产品外观美学特征的外观设计本质特征的全套图像。如果上述文件并非同时提交，则最后文件收到之日视为提出外观设计专利申请之日。

第 1378 条　对发明、实用新型或外观设计专利申请文件的修改

1．在联邦知识产权行政机关对发明、实用新型或外观设计的专利申请作出颁发或拒绝颁发专利证书，或认定申请已经撤回的决定之前，申请人均有权提交补充材料，对专利申请书进行补充、说明和修改，但这些补充、说明和修改不得改变发明、实用新型或外观设计申请专利的实质。

在收到依照本法典第 1386 条第 2 款至第 4 款所进行的信息检索的报告后，申请人有权根据自己的主动，一次性地提出经过修改但不改变发明实质的发明公式，并对发明的描述进行相应的修改。

2．补充材料如含有下列内容之一的，补充材料即为从本质上变更了发明或实用新型的申请：

（1）含有其他发明，而该发明不符合已被受理审查的一个发明或一组发明的统一性要求，或含有其他实用新型。

（2）含有应该列入发明或实用新型公式的要件，本法典第 1375 条第 2 款第（1）项至第（4）项或第 1376 条第 2 款第（1）项至第（4）项规定的申请文件中应该揭示但截至递交申请之日所提交的文件中却没有揭示。

（3）指出发明或实用新型应予以保证的技术成果，但该技术成果与文件中所包含的技术成果无关。

3．外观设计专利申请书的补充材料如果含有产品的下列图案，则属于实质上改变了外观设计的申请：

（1）提交了不同的外观设计，但它对于已经受理的一个或一组外观设计图案不符合外观设计的统一性要求。

（2）所提交外观设计的本质要件是截至提交申请之日提交的外观设计描述中所没有的，或者提交的产品图案已经去除了截至申请之日已经提交的外观设计的本质要件。

4．申请人可以在发明、实用新型和外观设计注册之前主动变更申请文件中的以下信息：关于作者、申请人的信息，包括在取得专利的权利转移他人时或由于变更作者姓名或申请人的名称；为纠正明显错误和技术错误等而变更的信息。

5. 只要在申请递交之日起的 15 个月内向联邦知识产权行政机关提交这些变更信息，在公布申请信息时就应考虑申请人对发明申请文件所作的变更。

第 1379 条　发明、实用新型或外观设计申请书的变更

1. 在关于发明申请的信息材料公布（第 1385 条）之前，只要不迟于颁发发明专利证书的决定作出之日，而在作出拒绝颁发发明专利证书的决定作出之前或者在认定撤回申请的决定之前，直到申请人利用本法典规定的对该决定提出异议的一切可能性，申请人均有权向知识产权联邦行政管理机关提出申请，将发明的专利申请变更为实用新型或外观设计的专利申请，但申请人已经递交了本法典第 1366 条第 1 款规定的关于签订专利转让合同要约申请的情况除外。

2. 在颁发专利证书的决定作出之前，而在作出拒绝颁发专利证书的决定或认为申请已经撤回的决定的情况下，直到申请人利用本法典规定的对该决定提出异议的一切可能性，都允许根据申请人向联邦知识产权行政机关提出的申请将实用新型专利申请变更为发明或外观设计的专利申请，或将外观设计专利申请变更为发明或实用新型的专利申请。

3. 在遵守本法典第 1375 条第 3 款、第 1376 条第 3 款、第 1377 条第 3 款、第 1381 条第 3 款或第 1382 条的要求，保留已经修改的申请优先权的优先权和递交日期的情况下，允许依照本条第 1 款或第 2 款修改发明、实用新型或外观设计的专利申请。

第 1380 条　发明、实用新型或外观设计专利申请的撤回

在发明、实用新型或外观设计记入国家注册簿之前，申请人有权撤回发明、实用新型或外观设计的专利申请。

第 2 小节　发明、实用新型或外观设计的优先权

第 1381 条　发明、实用新型或外观设计优先权的确定

1. 发明、实用新型或外观设计的优先权按照向联邦知识产权行政机关递交发明、实用新型或外观设计专利申请书的日期确定。

2. 如果申请人收到联邦知识产权行政机关关于因补充材料改变了所申请项目的实质而不能作出接受补充材料的通知之日起的 3 个月期限届满以后，申请人补充材料作为独立申请提交，则申报发明、实用新型或外观设计的优先权可以按照收到补充材料的日期确定，条件是截至提交独立申请之日，包含补充

材料的申请未被撤回或未视为被撤回。

3.发明、实用新型或外观设计的优先权可以根据同一申请人原先向联邦知识产权行政机关提出这些发明、实用新型和外观设计专利申请书的日期确定，条件是截至该申请提出之日原先提交的申请未被撤回或未视为被撤回，以及截至确认优先权的申请递交之日发明、实用新型或外观设计未在相应注册簿进行注册，而且发明的专利申请书于原先的发明专利申请书提交之日起的12个月内提交或者原先的实用新型或外观设计专利申请书提交之日起的6个月内提交。

在提交要求确定优先权的申请书时，原先的申请书视为被撤回。

优先权不得按照提交要求确定更早优先权的申请书的日期确定。

4.在提交分立申请时，发明、实用新型或外观设计的优先权按照同一申请人向联邦知识产权行政机关提交揭示发明、实用新型或外观设计的原始申请书的日期确定，而如果有权根据原始申请确定更早的优先权，则按照该优先权的日期确定，条件是截至分立申请提交之日，原始的发明、实用新型或外观设计专利申请未被撤回或未视为被撤回，而分立申请是在本法典规定的对驳回原始专利申请的决定提出异议的可能性全部消失之前，或者在对原始申请已经作出颁发专利申请书的情况下在发明、实用新型或外观设计注册日期之前提交的。

5.发明、实用新型或外观设计的优先权可以根据原先提交的几个申请或补充材料确定，同时必须遵守本条第2款、第3款和第4款以及本法典第1382条分别规定的条件。

第1382条　发明、实用新型或外观设计的公约优先权

1.发明、实用新型或外观设计的优先权可以按照在《保护工业产权巴黎公约》缔约国之一第一次提交申请发明、实用新型或外观设计专利申请的日期确定（公约优先权），其条件是向联邦知识产权行政机关提出发明或实用新型专利申请在上述日期后的12个月内，而提出外观设计申请的，应是上述日期后的6个月内。如果由于申请人意志以外的情况不能在上述期限内提交申请，则该期限可以由联邦知识产权行政机关延长，但延长的时间不得超过2个月。

2.申请人如希望实用新型或外观设计专利申请享有公约优先权，应在提出专利申请之日起的2个月内将此情况通知联邦知识产权行政机关，并在向联邦机关提出公约优先权申请之日起的3个月内向上述联邦机关提交经过认证的本条第1款所列之第一个申请书的复印件。

如果未在规定期限内提交经过认证的第一次申请的复印件，则联邦知识产权行政机关可以根据申请人在该期限届满之前向该联邦行政机关递交的申请确认其优先权。如果申请人在接受申请的专利局于自第一次申请之日起的 8 个月内申请调取第一次申请的复印件，并在申请人收到复印件之日起的 2 个月内提交给联邦知识产权行政机关，则申请可以得到批准。

3. 申请人如希望对发明或实用新型的专利申请享有公约优先权，应该在向《保护工业产权巴黎公约》缔约国专利主管机关提交的第一次申请之日起的 16 个月内将此情况通知联邦知识产权行政机关并向该机关提交经过认证的第一个申请书的复印件。

如果不在规定期限内提交经过认证的第一次申请书的复印件，但在该期限届满之前向联邦知识产权行政机关提出申请的，则该联邦机关仍然可以根据申请人的请求确定其优先权，其条件是自第一次申请书提交之日起的 14 个月内向专利主管机关要求调取第一次申请的复印件，并在申请人取得该复印件之日起的 2 个月内提交给联邦知识产权行政机关。

只有当发明或实用新型优先权申请是否真实存在的审查与发明或实用新型的专利能力有关时，联邦知识产权行政机关才有权要求申请人提交第一个发明或实用新型专利申请书的俄文翻译文本。

第 1383 条　发明、实用新型或外观设计优先权日期重合的后果

1. 如果在鉴定过程中确认不同专利申请人提交了相同发明、实用新型或外观设计的专利申请，而这些申请有相同的优先权日期，则发明、实用新型或外观设计的专利证书只能根据其中一个申请发给一个人，该人由申请人之间的协议确定。

自收到联邦知识产权行政机关有关通知之日起的 12 个月内，申请人应该向该联邦机关报告他们之间达成的协议。

在根据一项申请颁发专利证书时，该申请中所列所有作者，均被认为是相同发明、实用新型或外观设计的合作者。

如果同一申请人对具有相同优先权日期的相同发明、实用新型或外观设计提交了专利申请，则专利证书根据申请人所选择的一个申请颁发。申请人应按照本款第 2 段规定的程序或期限报告自己的选择。

如果在规定期限内联邦知识产权行政机关没有收到申请人的上述报告或依照本法典第 1386 条延长规定期限的申请，则申请书被视为已经撤回。

2. 如果同一申请人要求颁发专利证书的发明和与之相同的实用新型的优先权日期重合，而根据其中一项申请已经颁发了专利证书，则只有在相同发明或相同实用新型专利持有人向联邦知识产权行政机关申请终止该专利证书的效力时才能根据另一申请颁发专利证书。在这种情况下，原先颁发的专利证书的效力自根据第 1394 条公布另一专利申请颁发专利证书的信息材料之日起即告终止。关于颁发发明或实用新型的专利证书的信息材料和关于终止原先颁发的专利证书效力的信息材料应同时公布。

第 3 小节 专利申请的鉴定、发明和外观设计的临时法律保护

第 1384 条 发明专利申请书的形式鉴定

1. 对联邦知识产权行政机关收到的发明申请应进行形式鉴定，在鉴定过程中审查是否具备本法典第 1375 条第 2 款规定的文件以及这些文件是否符合要求。

2. 关于发明专利申请形式鉴定的肯定结果以及发明专利申请的日期，联邦知识产权行政机关应在完成形式鉴定后立即通知申请人。

3. 如果发明专利申请不符合对申请书文件的规定要求，则联邦知识产权行政机关应向申请人发出函询，建议在他收到函询之日起的 3 个月内提交经过修改或补充的文件。如果申请人在规定期限内未提交函询涉及的文件或者未申请延长该期限，则专利申请书视为被撤回。该期限可由联邦行政机关延长，但延长的时间不得超过 10 个月。

4. 如果在对发明的专利申请进行形式审查时确认发明专利申请的提交违反了发明统一性原则（第 1375 条第 1 款），则联邦知识产权行政机关应建议申请人在他发出有关通知之日起的 3 个月内报告应该审议的是提出申请的哪一个发明，并在必要时对专利申请文件进行修改。对该申请书中提出的其他发明可以采用分开申请的方式提出专利申请。如果申请人有规定期限内不报告必须审议申请的是哪一个发明，并在必要时不提交相应的文件，则审议发明公式中列为第一项的发明。

5. 如果在对发明专利申请进行形式鉴定时确认，申请人提交的补充材料变更了发明专利申请的实质，则适用本法典第 1386 条第 6 款第 3 段的规则。

第 1385 条 发明和外观设计专利申请信息材料的公布

1. 联邦知识产权行政机关在收到发明专利申请之日起的 18 个月内，在进行了发明专利申请的形式鉴定并得出肯定结论后，应在官方通报上公布关于专利申请的信息材料。应公布哪些信息材料，由在知识产权领域进行规范性法律调整的联邦行政机关确定。

发明人有权拒绝在公布的关于发明专利申请的信息材料中提及作者信息材料。

申请人如在提交发明专利申请之日起的 12 个月内提出请求，则联邦知识产

权行政机关可根据申请人的请求在发明专利申请提出之日起的 18 个月内公布关于发明专利申请的信息材料。

如果在发明专利申请提出之日起的 15 个月内申请被撤回或被视为撤回，或者已经根据该申请进行了发明注册，则信息材料不予公布。

2. 在关于发明专利申请的信息材料公布后，如果截至信息材料公布之日申请未撤回或未被视为已经撤回，则任何人均有权了解申请书的文件。了解申请书文件的程序和发给这些文件复印件的办法由在知识产权领域进行规范性法律调整的联邦行政机关规定。

3. 公布关于发明专利申请信息材料而在截至公布之日申请曾被撤回或被视为已经撤回，同一申请人在公布发明专利申请信息材料之日起的 12 个月期限届满之前又向联邦知识产权行政机关提交该信息材料发明专利申请，该材料不得列入现有技术水平。

4. 联邦知识产权行政机关根据申请人的请求在官方通报上公布已经通过形式鉴定并获得肯定的外观设计专利申请的材料。应该公布哪些材料，由在知识产权领域进行规范性法律调整的联邦行政机关规定。

外观设计的作者有权拒绝在公布的设计专利申请材料中提及作者的信息材料。

如果外观设计专利申请被撤回或被视为已经撤回，或者它所依据的是已经注册的外观设计，则材料不予公布。

在有关外观设计专利申请的信息公布后，任何人均有权了解申请文件。了解申请文件和发给申请文件的办法由在知识产权领域进行规范性法律调整的联邦行政机关规定。

第 1386 条　发明专利申请的实质鉴定

1. 申请人或第三人可以在提交发明的专利申请时或者在提交专利申请之日起的 3 年内向联邦知识产权行政机关提出请求，而在对发明专利申请完成了形式鉴定的条件下，根据该请求可以对发明专利申请进行实质鉴定。联邦知识产权行政机关收到第三人的请求时，应将有关情况通知申请人。

申请发明专利实质鉴定的期限可以由联邦知识产权行政机关根据在该期限届满前提出的申请予以延长，但延长的时间不得超过 2 个月。

如果未在规定期限内提交要求延长发明专利申请实质鉴定期限的申请，则发明专利申请视为已经撤回。

2. 发明专利申请的实质鉴定包括：

（1）对申请专利的发明进行信息检索，以便确定现有技术水平，与现有技术水平进行比较，以评价发明的专利能力。

（2）审查申请专利的发明是否符合本法典第 1349 条第 4 款、第 1350 条第 1 款第 1 段、第 5 款和第 6 款规定的要求。

（3）审查本法典第 1375 条第 2 款第（1）项至第（4）项所规定的和截至其提交之日申请文件所披露的发明实质是否足以让该技术领域的专业人员实现该发明。

（4）审查申请专利的发明是否符合本法典第 1350 条第 1 款第 2 段规定的专利能力条件。

（5）联邦知识产权行政机关向申请人发出信息检索的结果。

对涉及本法典第 1349 条第 4 款和第 1350 条第 5 款和第 6 款所列客体的发明专利申请不进行信息检索，联邦知识产权行政机关应将此情况在开始进行发明专利申请实质鉴定的 6 个月内通知申请人。

进行信息检索的程序和提交检索报告的程序由在知识产权领域进行规范性法律调整的联邦行政机关确定。

3. 如果对发明专利申请进行实质鉴定的申请已经提交，而申请在提交时或根据申请并不要求查询在申请提交日之前是否存在早于申请日期的优先权，则联邦知识产权行政机关也应在对发明申请进行实质鉴定前的 7 个月内将信息检索结果通知送交申请人。

如果发现上述联邦行政机关的信息库没有相关信息来源，因而必须向其他机构查询信息来源，或者申请专利的发明表述得无法按规定程序进行信息检索，则联邦知识产权行政管理机构可以延长向申请人送交信息检索报告的期限。关于延长向申请人送交信息检索报告的期限和延长的原因，上述联邦行政机关应通知申请人。

4. 申请人和第三人有权要求对已经通过形式鉴定的发明申请进行信息检索，以确定发明的技术水平，从而检查发明的专利能力。进行这种信息检索以及提交检索结果的程序和条件由在知识产权领域进行规范性法律调整的联邦行政机关确定。

5. 对于依照本法典第 1385 条规定的程序公布的发明专利申请，联邦知识产权行政机关公布根据本条第 2 款和第 4 款进行信息检索的结果。

在关于发明专利申请的信息公布后，任何人均有权对申请专利的是否符合本法典第 1350 条规定的专利能力条件提出意见。这些人不得参加申请的审查程序。对他们的意见，在依照本法典第 1387 条规定的程序对申请作出决定时应加以考虑。

将信息检索结果和公布检索结果通知申请人的办法和期限，由在知识产权领域进行规范性法律调整的联邦行政机关规定。

6. 在对发明专利申请进行实质鉴定的过程中，联邦知识产权行政机关可以要求申请人提交进行鉴定或颁发发明专利证书不可缺少的补充材料（包括经过修改的发明公式）。在这种情况下，不变更申请实质的补充材料应该在上述联邦行政机关发出函询或发出与申请相对立的材料复印件之日起的3个月内提交。如果申请人未在规定期限内提交函询的材料，也未申请延长提交的期限，则申请被视为已经撤回。申请人提交函询材料的期限可以由上述联邦行政机关延长，但延长的时间不得超过10个月。

如果在对申请进行实质鉴定时确认存在违反发明统一性要求的事实，则适用本法典第1384条第4款的规定。

如果申请人提交了补充材料，则应审查这些补充材料是否对申请有实质性的变更（第1378条）。补充材料中对申请进行实质性变更的部分，在审查发明申请时不予考虑。申请人可以作为独立申请提交这些材料。联邦知识产权行政机关应将此情况通知申请人。

第 1387 条 关于颁发专利证书的决定、拒绝颁发专利证书的决定或认定申请已撤回的决定

1. 如果通过对发明专利申请的实质鉴定确认申请人提出的用公式表述的发明与本法典第1349条第4款规定的客体无关，而符合本法典第1350条规定的专利能力条件，而申请专利发明的实质在本法典第1375条第2款第（1）项至第（4）项规定的和截至申请提交之日所提交的申请文件中已经得到充分揭示，从而足以实现该发明，则联邦知识产权行政机关应作出决定，颁发具有该公式的发明专利证书。决定中应指出提交申请的日期和发明优先权的日期。

如果在发明专利申请实质鉴定过程中确认，申请人提出的用公式表述的发明不符合本款第1段规定的任何一项要求或专利能力条件，或者本款第1段所列申请文件不符合该项规定的要求，则联邦知识产权行政机关应作出拒绝颁发专利证书的决定。

在作出关于颁发专利证书或拒绝颁发专利证书的决定之前，联邦知识产权行政机关应向申请人发出关于发明专利能力审查结果的通知，并建议申请人对通知中的理由提交自己的意见。申请人可以在通知发出之日起的6个月内提交答复，对通知中的理由提出自己的意见。

2．依照本章的规定，根据联邦知识产权行政机关的决定，发明专利申请视为已经撤回。

3．对联邦知识产权行政机关关于颁发专利证书的决定、拒绝颁发发明专利证书的决定或关于认定发明专利申请已经被撤回的决定，申请人可以在上述机关向申请人发出相关决定或发出与申请对立的，并在拒绝颁发专利证书决定中所指出的材料复印件之日起的7个月内上述联邦行政机关提出异议，要求撤销该机关的决定，条件是申请人必须在对发明申请作出的上述决定发出之日起的3个月内请求取得这些材料的复印件。

第1388条　申请人了解专利材料的权利

申请人有权了解从联邦知识产权行政机关收到的函询、报告、决定、通知或其他材料中所援引的所有涉及发明专利申请的材料，但申请信息尚未公布时任何人均无权了解的申请文件（包括本法典第1383条第1款第2段所规定通知中所列文件）除外。申请人向上述联邦机关要求调取的专利文件的复印件应在该要求提出之日起的2个月内发给申请人。

第1389条　恢复迟误的进行发明专利申请鉴定的期限

1．申请人迟误了根据联邦知识产权行政机关函询或补充材料的基本期限或延长期限（第1384条第3款和第1386条第6款）、请求进行发明专利申请实质鉴定的期限（第1386条第1款）和向上述联邦行政机关提出异议的期限（第1387条第3款）的，如果申请人提交证据说明有正当原因致使他未遵守有关期限，则上述期限可以由联邦知识产权行政机关恢复。

本法典第1384条第3款、第1386条第1款和第6款所规定期限的恢复，依照本章的规定根据联邦知识产权行政机关关于撤销认定申请已经撤回的决定并恢复迟误期限的决定进行。

2．要求恢复迟误期限的申请可以由专利申请人在规定期限届满之日起的12个月内提出。应与申请书一起向联邦知识产权行政机关提交下列文件：

（1）恢复期限必须提交的文件或补充材料，或者关于缓交这些文件或材料的申请。

（2）要求对发明专利申请进行实质鉴定的申请。

（3）向联邦知识产权行政机关提出的异议。

第1390条　实用新型专利申请的鉴定

1．对联邦知识产权行政机关收到的实用新型专利申请应进行形式鉴定，在鉴定过程中审查是否具备本法典第1376条第2款规定的文件、这些文件是否符合规定的要求。

如果形式鉴定的结果是肯定的，则对实用新型专利申请进行实质鉴定。实质鉴定包括：

（1）对申请专利的实用新型进行信息检索，以便确定其技术水平，考虑该技术水平审查申请专利的实用新型的专利能力。

（2）审查申请专利的实用新型是否符合本法典第1349条第4款规定的要求和本法典第1351条第1款第1段、第5款和第6款规定的专利能力条件。

（3）审查在本法典第1376条第2款第（1）项至第（4）项所规定的并在截至申请提交之日所提交的申请文件是否足以揭示申请专利的实用新型的实质，从而使本技术领域的专业人员能够实现该实用新型。

（4）审查申请专利的实用新型是否符合本法典第1351条第1款所规定的专利能力条件。

对本法典第1349条第4款和第1351条第5款和第6款规定的客体不进行信息检索，联邦知识产权行政机关应将此事项通知申请人。

2. 如果根据对实用新型专利申请进行实质鉴定的结果，确认申请人所提出的公式所表现的实用新型不属于本法典第1349条第4款所列客体而符合本法典第1351条规定的专利能力条件，而第1376条第2款第（1）项至第（4）项所规定的和截至申请提交日所提交的申请文件中所含申请专利的实用新型的实质足以让本技术领域的专业人员能够实现该实用新型，则联邦知识产权行政机关作出颁发有该公式的实用新型的专利证书。决定应指出提交实用新型专利申请的日期和实用新型优先权日期。

如果在对实用新型专利申请进行鉴定的过程中确认申请人所提出公式所表现的客体不符合本款第1段所列专利能力的任何一个要求或条件，或者本法典第1376条第2款第（1）项至第（4）项所规定的和截至提交之日所提交申请文件所揭示实用新型的实质不足以让本技术领域的专业人员能够实现该实用新型，则联邦知识产权行政机关作出拒绝颁发实用新型专利证书的决定。

3. 在对实用新型专利申请进行形式鉴定和实质鉴定时，分别适用本法典第1384条第2款至第5款、第1386条第6款、第1387条第2款和第3款、第1388条和第1389条的规定。

4. 如果联邦知识产权行政机关在审查实用新型专利申请时确认申请书中所包含的信息材料构成国家机密，则申请书文件应该依照国家保密法规定的程序加密。在这种情况下，应通知申请人可以撤回实用新型专利申请或者将申请改为机密发明。对这种专利申请的审查应予以中止，直至收到申请人的相关申请或直至申请脱密。

第1391条　外观设计专利申请的鉴定

1. 对联邦知识产权行政机关收到的外观设计专利申请应进行形式鉴定，在鉴定过程中审查是否具备本法典第1377条第2款规定的文件以及这些文件是否符合规定要求。

如果形式鉴定的结果是肯定的，则对外观设计专利申请进行实质鉴定，实质鉴定包括：

（1）申请专利的外观设计进行信息检索，以便确定审查外观设计专利能力所要考虑的公众信息。

（2）审查申请专利的外观设计是否符合本法典第1231-1条、第1349条第4款规定的要求和第1352条第1款第1段、第5款规定的专利能力条件。

（3）审查申请专利的外观设计是否符合本法典第1352条第1款第2段规定的专利能力条件。

对本法典第1349条第4款第（4）项所列客体不进行信息检索，联邦知识产权行政机关应将此事项通知申请人。

2. 如果外观设计专利申请的实质鉴定结果表明，产品外观图案上呈现的申请专利的外观设计不属于本法典第1231-1条或第1349条第4款的客体，而符合本法典第1352条规定的专利能力条件，则联邦知识产权行政机关作出颁发外观设计专利证书的决定。在决定中应指出外观设计专利申请日期和外观设计优先权日期。

如果在外观设计的实质审查过程中确认申请专利的客体不符合本条第1款规定的任何一个要求或本款第1段规定的专利能力条件，则联邦知识产权行政机关作出拒绝颁发专利证书的决定。

3. 在对外观设计专利申请进行形式鉴定时和实质鉴定时，分别适用本法典第1384条第2款至第5款、第1386条第6款、第1387条第2款和第3款、第1388条和第1389条的规定。

第1392条　发明和外观设计的临时法律保护

1. 对已经向联邦知识产权行政机关提交了专利申请的发明，自公布申请信息材料（第1385条第1款）之日至公布颁发专利证书（第1394条）信息之日期间，按照已经公布的发明公式范围提供临时法律保护，但不得超过上述联邦行政机关关于颁发发明专利证书的决定中所含公式的范围。

向联邦知识产权行政机关申请专利的外观设计，自公布申请信息（第1385条第4款）之日至公布颁发专利证书信息之日（第1394条）期间享有临时法律保护，保护的范围由外观设计反映外观图案上并包含在公布的外观设计专利申请中的实质要件的总和而定，但不得超过反映在外观图案上实质要件的总和并包含联邦知识产权行政机关颁发外观设计专利证书规定的范围。

2. 如果发明或外观设计专利申请被撤回或视为被撤回，或者对发明或外观设计专利申请作出了拒绝颁发专利证书的决定以及本法典规定的对该决定提出异议的可能性完全消失，则临时法律保护视为没有发生。

3. 在本条第1款规定期间利用已经申请专利的发明或外观设计的人，应该在专利持有人取得专利证书后向专利持有人给付金钱报酬。报酬的数额由双方协商，发生争议时，由法院决定。

第4小节　发明、实用新型或外观设计的注册与专利证书的颁发

第1393条　发明、实用新型或外观设计的国家注册程序与专利证书的颁发

1. 根据本法典第1387条第1款、第1390条第2款、第1391条第2款或第1248条规定的颁发发明、实用新型或外观设计专利证书的决定，联邦知识产权行政机关将发明、实用新型或外观设计列入相应的国家登记簿——《俄罗斯联邦发明国家登记簿》《俄罗斯联邦实用新型国家登记簿》和《俄罗斯联邦外观设计国家登记簿》，并颁发发明、实用新型或外观设计的专利证书。

以数人名义申请颁发专利证书的，仅向他们发一份专利证书。

2. 发明、实用新型或外观设计进行国家注册和颁发专利证书应交纳相应的专利申请费。如果申请人未按规定程序交纳专利申请费，则发明、实用新型或外观设计的注册不予进行也不颁发专利证书，而相应的专利申请视为根据联邦知识产权行政机关的决定被撤回。

如果依照本法典第1248条规定的程序对颁发发明、实用新型、外观设计专利证书的决定提出争议，则不作出认定申请被撤回的决定。

3. 发明、实用新型或外观设计专利证书的格式和专利证书内容由在知识产权领域进行规范性法律调整的联邦行政机关规定。

4. 联邦知识产权行政机关应根据专利持有人的申请将有关专利持有人和（或）作者信息的变更，包括专利持有人姓名、名称、所在地、住所地、作者姓名和通信地址的更正以及纠正明显的和技术性错误的修改他人颁发的发明、实用新型或外观设计专利证书和（或）相应的国家登记簿。

5. 联邦知识产权行政机关应在官方通报上公布关于对国家登记簿项目的

任何修改事项。

第 1394 条　关于颁发发明、实用新型或外观设计专利证书的信息材料的公布

1．联邦知识产权行政机关在官方通报上公布关于颁发发明、实用新型或外观设计专利证书的信息材料，材料内容包括作者的姓名（如果作者不拒绝公开自己的姓名），专利持有人的姓名或名称，发明、实用新型的名称，以及能够完全体现外观设计实质要件的产品图像。

公布的信息材料内容由在知识产权领域进行规范性法律调整的联邦行政机关规定。

2．在依照本条规定公布了关于颁发发明、实用新型或外观设计的信息材料之后，任何人均有权了解专利申请文件的信息检索报告。

了解专利申请文件和信息检索报告的程序由在知识产权领域进行规范性法律调整的联邦行政机关规定。

第 1395 条　发明或实用新型在外国和国际组织申请专利

1．在俄罗斯联邦完成的发明或实用新型，可以在向联邦知识产权行政机关提交专利申请后的 6 个月期限届满后向外国或国际组织申请专利，只要在上述期限内申请人没有被告知专利申请书包含构成国家机密的信息材料。发明或实用新型专利申请可以早于上述期限提出，但必须在根据申请人的请求审查专利申请是否包含构成国家机密的信息材料之后。进行这种审查的程序由俄罗斯联邦政府规定。

2．依照《专利合作条约》或《欧亚专利公约》，允许在俄罗斯联邦完成的发明或实用新型申请专利，而不必事先向联邦知识产权行政机关提交相关申请，只要依照《专利合作条约》向作为受理局的俄罗斯联邦知识产权行政机关提出而申请书将俄罗斯联邦作为申请人意欲取得专利权的指定国家（国际申请），而欧亚申请则通过联邦知识产权行政机关提交。

对于向联邦知识产权行政机关提交的要求取得国际优先权的申请，不适用本法典第 1381 条第 3 款第 2 段的规定。

第 1396 条　具有本法典中申请效力的国际申请和欧亚申请

1．依照《专利合作条约》提交的发明和实用新型国际专利申请，如将俄罗斯联邦作为申请人意欲取得发明或实用新型专利权的指定国家，则联邦知识产权行政机关在国际申请所需优先权日起的 31 个月期限届满后开始依照《专利合作公约》审查发明或实用新型专利的国际申请，其条件是向上述联邦行政机关递交请求颁发发明或实用新型的申请书。根据申请人的请求,在上述期限届满前进行国际专利申请的审查。

向联邦知识产权行政机关提交要求颁发发明或实用新型专利证书的申请,可以改为提交包含在国际申请中的俄文申请或申请的俄文译本。

如果上述文件未在规定期限内提交,则国际申请对俄罗斯联邦的效力依照《专利合作条约》而终止。

申请人迟误提交上述文件的期限时,如果说明迟误的原因,则期限可以由联邦知识产权行政机关予以恢复。

2. 发明或实用新型专利的欧亚申请,如依照《欧亚专利公约》具有本法典规定的发明专利申请的效力,则自联邦知识产权行政机关从欧亚专利局收到经过认证的欧亚专利申请副本之日起开始审查。本法典第1378条第3款规定的修改专利申请文件的期限亦自该日起计算。

3. 世界知识产权组织国际局依照《专利合作条约》用俄语公布国际申请,或者欧亚专利局依照《欧亚专利公约》公布欧亚申请,以取代本法典第1378条第3款规定的专利申请信息材料的公布。

第1397条 相同发明的欧亚专利证书与俄罗斯联邦专利证书

1. 如果对相同发明或相同发明和实用新型颁发的欧亚专利证书和俄罗斯联邦的专利证书具有相同的优先权日期,但属于不同的专利持有人,则这种发明或发明和实用新型必须在尊重所有专利持有人权利的情况下才能利用。

2. 如果对相同发明或相同发明和实用新型颁发的欧亚专利证书和俄罗斯联邦的专利证书具有相同的优先权日期却属于同一人,则该人可以根据这些专利证书签订的许可合同向任何人提供发明或发明和实用新型的使用权。

第六节 专利证书效力的终止和恢复

第1398条 认定发明、实用新型或外观设计的专利证书无效

1. 有下列情形之一的,发明、实用新型或外观设计的专利证书可以被认定完全无效或部分无效:

(1) 发明、实用新型或外观设计不符合本法典规定的专利能力条件或本法典第1349条第4款规定的要求,以及外观设计不符合本法典第1231-1条规定的要求。

(2) 提交的发明或实用新型专利申请文件,如截至提交之日还不符合充分、完全揭示发明或实用新型本质的要求,因而不足以使该技术领域的专业人员实现发明或实用新型。

（3）颁发专利证书的决定中所包含的发明或实用新型的公式是截至专利申请提交之日所提交的文件中并未揭示的要件（第1378条第2款），或者颁发外观设计专利证书的决定所附具材料中存在的产品图案包含着专利申请所提交的图案中所没有的外观设计本质要件，或者存在着删除了专利申请提交日图案中存在的外观设计本质要件的产品图案（第1378条第3款）。

（4）对具有相同优先权日期的相同发明、实用新型或外观设计颁发专利证书违反了本法典第1383条规定的条件。

（5）专利证书所指出的作者或专利持有人依照本法典不具有作者或专利持有人资格，或者专利证书没有指出依照本法典具有作者或专利持有人资格的作者或专利持有人。

2. 在本法典第1363条第1款至第3款规定的发明、实用新型或外观设计专利证书的有效期内，任何人如知悉本条第1款第1项至第4项规定的违法事实，均可以向联邦知识产权行政机关提出异议，要求撤销发明、实用新型或外观设计的专利证书。

在本法典第1363条第1款至第3款规定的发明、实用新型或外观设计专利证书的有效期内，任何人如果知悉本条第1款第（5）项所列违法事实，均可以通过诉讼程序要求撤销发明、实用新型或外观设计的专利证书。

即使发明、实用新型或外观设计专利证书的有效期届满，利害关系人也有权通过本款前两段规定的程序要求撤销发明、实用新型或外观设计专利证书。

3. 在对发明专利证书提出异议的期间，如果发明专利的有效期不超过本法典第1363条第1款规定的实用新型的有效期，则专利持有人有权将发明专利变更为实用新型专利。如果联邦知识产权行政机关认为发明的专利证书完全无效却符合对实用新型提出的由本法典第1349条第4款、第1351条、第1376条第2款第（2）项规定的要求和条件，则联邦知识产权行政机关可以满足将发明专利变更为实用型专利的申请。如果根据申请已经颁发了发明专利证书，而根据发明专利申请又收到了依照本法典第1366条第1款规定的程序订立专利转让合同的要约，截至提出变更专利证书的申请之日该申请并没有依照本法典第1366条第3款撤回，则发明专利证书不得变更为实用新型专利证书。

在发明专利证书变更为实用新型专利证书时，申请的优先权和日期仍然保留。

4. 发明、实用新型或外观设计专利证书根据联邦知识产权行政机关依照本法典第1248条第2款和第3款作出的决定或依照已经生效的法院判决而被认定全部或部分无效。

在发明、实用新型或外观设计专利证书被认定部分无效时，应颁发新的专利证书。

在将发明专利证书变更为实用新型专利证书的申请得到满足时，应颁发实用新型专利证书。

5. 被认定完全或部分无效的发明、实用新型或外观设计专利证书自提交专利申请之日起撤销。

6. 根据发明、实用新型或外观设计专利证书签订的许可合同，即使专利证书后来被认定无效，在关于专利证书无效的决定作出之前已经履行的部分仍然有效。

7. 认定发明、实用新型或外观设计专利证书无效即表示应撤销联邦知识产权行政机关关于颁发发明、实用新型或外观设计专利证书的决定（第1387条）并废除在相应国家登记簿中的记载（第1393条第1款）。

第1399条　提前终止发明、实用新型或外观设计专利证书的效力

发明、实用新型或外观设计专利证书的效力分别在下列情况下提前终止：

专利持有人向联邦知识产权行政机关提出申请的，自收到申请之日起终止。如果专利证书是对一组发明、实用新型或外观设计颁发的，而专利持有人提出的申请并不是针对该组发明、实用新型或外观设计中所有的专利权客体，则专利证书的效力仅对申请书中指明的发明、实用新型或外观设计终止。

不在规定期限交纳发明、实用新型或外观设计专利证书年费的，专利证书的效力自交纳年费规定期限届满之日起终止。

第1400条　发明、实用新型或外观设计专利证书效力的恢复、在后使用权

1. 发明、实用新型或外观设计专利证书的效力由于未在规定期限内交纳专利费而提前终止的，可以根据专利持有人或该人的权利继受人的申请由联邦知识产权行政机关予以恢复。要求恢复专利证书效力的申请可以在专利费交纳期限届满之日起的3年内，但必须在本法典规定的专利证书的有效期内向上述联邦行政机关提交。申请书应附具已经按规定数额交纳恢复专利证书效力费用的凭证。

2. 联邦知识产权行政机关应在官方通报中公布关于恢复发明、实用新型或外观设计专利证书效力的信息材料。

3. 在发明实用新型或外观设计专利证书终止效力之日与联邦知识产权行政机关官方通报公布关于恢复专利证书效力之日期间，已经开始发明、实用新型

或外观设计的利用或者在上述期间内已经为此作了必要的准备，则在不扩大利用范围的条件下保留继续无偿利用的权利（在后使用权）。

4. 在后使用权只有与企业一起才能转让给他人，而且是在企业已经使用发明或使用仅等同要件不同于发明的决策（第1348条第3款）、实用新型或外观设计或为此做好必要准备的情况下。

第七节 关于机密发明法律保护与利用的特别规定

第1401条 机密发明专利的申请与审查

1. 提交请求颁发机密发明专利证书的申请（机密专利申请）、申请的审查和处理必须遵守国家保密法。

2. 机密发明，如果对之规定了机密等级为"机密"或"绝密"，以及属于武器和军事技术或属于情报活动、反间谍活动和刑事侦缉活动领域的方法和手段，如果确定为"机密"等级，则其专利申请应根据其专题属性向俄罗斯联邦政府授权的联邦行政机关、国家太空活动公司、国家原子能公司（被授权机关）提出。其他机密发明的专利申请向联邦知识产权行政机关提出。

3. 如果联邦知识产权行政机关在审查发明专利申请时确定申请含有构成国家机密的信息材料，则应依照国家保密法对该申请加密，该申请即视为机密发明申请。

对外国公民或外国法人提出的专利申请，不允许进行加密。

4. 在审查机密发明专利申请时，相应地适用本法典第1384条、第1386条至第1389条的规定。在这种情况下不公布关于专利申请的信息材料。

5. 在确定机密发明的新颖性时，现有技术水平（第1350条第2款）还应包括在俄罗斯联邦提出了专利申请的机密发明、苏联颁发了著作权证明的机密发明，只要这些机密发明的机密等级不高于正在确定其新颖性的发明的机密等级。

6. 对被授权机关就机密发明专利申请作出的决定提出的异议，按照该机关规定的程序进行审议，而对异议审议后作出的决定，可以向法院提出诉讼。

7. 对机密发明专利申请，不适用本法典第1379条关于发明专利申请改变为实用新型专利申请的规定。

第1402条 机密发明专利的国家注册和专利证书的颁发机密发明信息材料的传播

1. 机密发明在《俄罗斯联邦发明国家注册簿》的注册和机密发明专利证书的颁发由联邦知识产权行政机关进行，如果颁发机密发明专利证书的决定是由被授权机关作出的，则由该机关进行。被授权机关在对机密发明进行注册和颁发专利证书后，应将此情况通知联邦知识产权行政机关。

被授权机关在对机密发明进行注册和颁发专利证书后，应将对明显的或技术错误的修改列入机密发明专利证书和（或）《俄罗斯联邦发明国家登记簿》。

2．关于机密发明专利申请的信息材料，以及关于《俄罗斯联邦发明国家登记簿》中涉及机密发明的修改的信息材料不予公布。关于这种专利证书信息材料的移交依照国家保密法进行。

第1403条 机密等级的变更和发明的脱密

1．机密等级的变更和发明的脱密，以及机密发明专利申请文件和专利证书消除机密标志，均按国家保密法规定的程序进行。

2．在提高发明的机密等级时，联邦知识产权行政机关应根据专利申请文件的技术属性将这些文件移送相应的被授权机关。如果在提高机密等级时该机关尚未完成专利申请的审查，则对专利申请的审查由被授权机关继续进行。在发明降低机密等级时，专利申请的审查由原审查机关继续进行。

3．在发明脱密时，被授权机关应将该发明的脱密文件移送联邦知识产权行政机关。被授权机关在文件脱密前尚未完成的审查，由上述联邦机关继续进行。

第1404条 认定主管机关颁发的机密发明专利证书无效

根据本法典第1398条第1款第（1）项至第（4）项规定的理由对主管机关颁发机密发明专利证书提出的异议，应按规定程序送交主管机关。主管机关对异议作出的决定，由该机关领导人批准并自批准之日起生效，若不同意决定，可以向法院提出诉讼。

第1405条 机密发明的专属权

1．机密发明的利用和专属权的处分应遵守国家保密法。

2．根据转让专利的合同移转专属权，许可合同提供机密发明的使用权，均应在颁发机密发明专利证书的机关或其权利继受机关进行注册，没有权利继受机关的，应在联邦知识产权行政机关注册。

3．对机密发明不允许进行本法典第1366条第1款和第1368条第1款规定的签订专利转让合同的公开要约和开放许可申请。

4．对机密发明，不提供本法典第1362条规定的强制许可。

5．本法典第1359条规定的行为，以及不知悉也不可能根据合法理由知悉存在机密发明专利的人利用机密发明，均不构成对机密发明专利持有人权利的侵犯。在发明脱密后或专利持有人通知该人存在该发明的专利之后，该人应该终止发明利用或同专利持有人签订许可合同,但存在先用权的情形除外。

6. 不允许对机密发明专属权进行追偿。

第八节 作者和专利持有人权利的保护

第1406条 与保护专利权有关的争议

1. 与专利权保护有关的争议由法院审理。与专利权保护有关的争议包括:

(1) 关于发明、实用新型或外观设计作者身份权的争议。

(2) 关于确定专利持有人的争议。

(3) 关于侵犯发明、实用新型或外观设计专属权的争议。

(4) 关于发明、实用新型或外观设计专属权转让(专利转让)合同和利用许可合同的签订、履行、变更和终止的争议。

(5) 关于先用权的争议。

(6) 关于后用权的争议。

(7) 关于给付报酬的数额、期限和程序的争议。

(8)(失效)。

(本项由2014年3月12日第35号联邦法律删除)

2. 在本法典第1387条、第1390条、第1391条、第1398条、第1401条和第1404条规定的情况下,专利权的保护依照本法典第1284条第2款和第3款通过行政程序进行。

第1406-1条 侵犯发明、实用新型或外观设计专属权的责任

在发明、实用新型或外观设计专属权受到侵犯时,作者或其他权利持有人除使用本法典(第1250条、第1252条和第1253条)规定的维护权利的方法和责任措施外,还有权根据自己的选择要求侵权人给付以下补偿金代替赔偿损失:

(1) 根据法院视侵权的性质而规定的1万卢布至500万卢布的补偿金。

(2) 发明、实用新型或外观设计使用权价值2倍的补偿金,该价值根据可比情况下采取侵权人使用的方法在合法使用相应发明、实用新型或外观设计的费用计算。

第1407条 法院关于专利侵权案件的判决的公布

专利持有人有权要求在联邦知识产权行政机关的官方通报上公布法院关于非法利用发明、实用新型或外观设计或其他侵权行为案件的判决。

第七十四章 对集成电路布局设计的权利

第1448条 集成电路布局设计

1. 集成电路布局设计是在物质载体上固定下来的集成电路元件和元件互

连线路的空间几何布局。集成电路是为执行电子功能而制造的中间产品或最终产品，其元件和互连线路不可分割地布局于制造该产品的基片之内和（或）基片之上。

2．本法典提供的法律保护仅适用于通过设计人的创造性劳动而完成的和（或）截至完成之日尚不为集成电路布局设计研制领域专家所知悉的独特的集成电路布局设计。如果没有相反的证明，则将集成电路的布局设计视为独特布局设计。

对由元件组成的集成电路，如果元件在截至完成之日已为集成电路布局设计研制领域专家所知悉，且这些元件总和的空间几何布局及其联系整体上符合独特性要求，则提供法律保护。

3．本法典提供的法律保护，不适用于集成电路布局设计所体现的思想、方式、体系、工艺或代码信息。

第1449条　对集成电路布局设计的权利

1．符合本法典规定的法律保护条件的集成电路布局的设计人享有下列权利：

（1）专属权。

（2）设计人身份权。

2．在本法典规定的情况下，集成电路布局的设计人还享有其他权利，包括因职务集成电路布局设计而取得报酬的权利。

第1450条　集成电路布局的设计人

集成电路布局的设计人是以创造性劳动完成该布局设计的人。如果没有相反的证明，则要求颁发集成电路布局设计国家注册证书的申请书中提出的设计人即为集成电路布局的设计人。

第1451条　集成电路布局的共同设计人

1．以共同的创造性劳动完成集成电路布局设计的公民是共同设计人。

2．每个共同设计人均有权按照自己的意志利用集成电路布局设计，但他们之间的协议有不同规定的除外。

3．对共同设计人之间涉及利用集成电路布局设计收益的分配以及集成电路布局设计专属权处分有关的关系，相应地适用本法典第1229条第3款的规则。

取得集成电路布局国家注册证书权的处分由共同设计人共同进行。

第1452条　集成电路布局设计的国家注册

1．在集成电路布局设计专属权的整个有效期内（第1457条），权利持有人可以根据自己的意愿在联邦知识产权行政机关进行集成电路布局设计的国家注册。

含有构成国家机密信息的集成电路布局设计，不得进行国家注册。提出集成电路布局设计注册申请的人（申请人）对泄露含有国家机密的集成电路布局设计的信息材料依照俄罗斯联邦的立法承担责任。

2．如果在提出集成电路布局设计国家注册申请（注册申请）之前已经发生了集成电路布局设计的利用，则申请可以在其第一次被利用之日起的 2 年内提出。

3．注册申请应针对一项集成电路布局设计，申请书应包括下列内容：

（1）申请进行集成电路布局设计的国家注册，指出所要求的注册权利人以及在设计人不拒绝提及其姓名时指出设计人，以及他们每个人的住所地或所在地，如果集成电路被利用，则还要指出第一次利用集成电路布局的日期。

（2）说明集成电路布局设计的交存材料，包括简介。

（3）（失效）。

（本项由 2014 年 3 月 12 日第 35 号联邦法律删除）

4．办理集成电路布局设计国家注册的规则由在知识产权领域从事规范性法律调整的联邦行政机关规定。

5．根据注册申请，联邦知识产权行政机关审查是否具备必要的文件和这些文件是否符合本条第 3 款的要求。在得到肯定结果时，上述联邦机关应将集成电路布局设计列入《集成电路布局设计国家登记簿》，向申请人颁发集成电路布局设计国家注册证书，并在官方通报上公布关于已经注册的集成电路布局设计的信息材料。

根据上述联邦行政机关的函询或自己主动，作者或其他权利持有权人直至国家注册之时均有权对注册申请材料进行补充、说明和更正。

6．集成电路布局设计的国家注册办法、注册证书的格式、注册证书的内容以及联邦知识产权行政机关应在官方通报上公布的信息材料的内容，均由在知识产权领域从事规范性法律调整的联邦行政机关规定。

7．根据权利持有人的申请，联邦知识产权行政机关对关于集成电路布局设计的权利持有人和（或）作者的信息进行更正，包括权利持有人的名称或姓名，其所在地或住所地，集成电路布局设计作者姓名和通信地址，以及更正集成电路布局设计国家注册簿和集成电路布局国家注册证书中明显的技术性错误。

联邦知识产权行政机关应在官方通报上公布对集成电路布局设计注册簿中任何变更的信息。

8．如果没有相反证明，列入《集成电路布局设计国家登记簿》的信息材料视为真实可靠。申请人对提交注册的信息材料的真实可靠性负责。

第1453条 集成电路布局设计人身份权

集成电路布局设计人的身份权，即被承认为集成电路布局设计作者的权利，是不可转让的和不可移转的，包括在向他人转让或移转集成电路布局设计专属权或向他人提供集成电路布局设计利用权的情况下亦不可转让和不可移转。对此项权利的放弃自始无效。

第1454条 集成电路布局设计的专属权

1. 权利持有人享有依照本法典第1229条以任何不与法律相抵触的方式，包括本条第2款所列方式，利用集成电路布局设计的权利（集成电路布局设计专属权）。权利持有人可以处分集成电路布局设计的专属权。

2. 集成电路布局设计的利用是旨在取得利润的行为，包括：

（1）通过写入集成电路或以其他方式整体或局部复制集成电路布局设计，但仅复制不具有独特性的那部分布局设计的除外。

（2）将集成电路布局设计、含有该布局设计的集成电路或者含有该集成电路布局设计的产品输入俄罗斯联邦、进行出售或以其他形式进入民事流转。

3. 独立完成与其他布局设计相同的集成电路布局的人，享有该布局设计的专属权。

第1456条 不属于侵犯集成电路布局设计专属权的行为

不属于侵犯集成电路布局设计专属权的行为包括：

（1）对非法复制布局设计的集成电路以及对任何非法复制这种集成电路的任何产品实施本法典第1454条第2款所列行为，如果实施行为的人不知悉也不应该知悉集成电路含有非法复制的布局设计。在收到关于非法复制布局设计的通知后，上述人可以利用包含非法复制布局设计的集成电路的库存产品，以及在知悉有关情况前定做的产品。在这种情况下，上述人必须向权利持有人给付利用布局设计的补偿金，补偿金的数额应与可比情况下利用类似布局设计应给付的报酬相当。

（2）个人不以营利为目的利用集成电路布局设计，以及为了评估、分析、研究和教学而利用布局设计。

（3）享有集成电路布局设计专属权的人或其他人经权利持有人的同意传播含有已进入民事流转的布局设计的集成电路。

第1457条 集成电路布局设计专属权的有效期

1. 集成电路布局设计专属权的有效期为10年。

2. 集成电路布局设计专属权的有效期自第一次利用布局设计之日起计算，

而该日期为该布局设计、含有该布局设计的集成电路或含有这种集成电路的产品最早以文件形式固定下来的在俄罗斯联邦或任何外国进入民事流转的日期；或者自集成电路布局设计在联邦知识产权行政机关进行注册之日起计算，以上2种情况以先发生的为准。

3. 如果另一设计人独立完成相同的具有独特性的集成电路布局设计，则2个布局设计的专属权均自第一个专属权产生之日起的10年终止。

4. 专属权有效期届满之后，集成电路布局设计即成为社会财富，即任何人均可以自由利用，无须经任何人同意或许可，也不给付报酬。

第1458条 集成电路布局设计专属权转让合同

根据集成电路布局设计专属权转让合同，一方（权利持有人）向另一方即布局设计专属权取得人完全转让或承担义务完全转让属于他的集成电路布局设计专属权。

第1459条 提供集成电路布局设计利用权的许可合同

根据许可合同，一方即集成电路布局设计专属权持有人（许可人）向另一方（被许可人）转让或承担义务转让在合同规定范围内利用该布局设计的权利。

第1460条 集成电路布局设计专属权处分合同格式和集成电路布局设计专属权转让、抵押和提供集成电路布局设计使用权的国家注册

1. 集成电路布局设计专属权转让合同和许可合同应该以书面形式签订。不遵守书面形式的合同无效。

2. 如果集成电路布局设计已经注册（第1452条），则布局设计专属权的转让、抵押和提供集成电路布局设计使用权的许可合同均应依照本法典第1232条规定的程序在联邦知识产权行政机关进行国家注册。

第1461条 职务集成电路布局设计

1. 工作人员因履行劳动职责或雇主布置的具体任务而完成的集成电路布局设计，是职务集成电路布局设计。

2. 职务集成电路布局设计的设计人身份权属于工作人员。

3. 职务集成电路布局设计的专属权属于雇主，但雇主与工作人员之间的劳动合同或民法合同有不同规定的除外。

4. 如果集成电路布局设计专属权属于雇主或雇主转让给了第三人，则工作人员有权从雇主那里取得报酬。报酬的数额、给付条件和程序由工作人员与雇主之间的合同确定，若有争议，则由法院决定。

职务集成电路布局设计的报酬权不可转让,但可以由作者的继承人继承,期限为专属权有效期的剩余时间。

如果集成电路布局设计专属权属于作者,则雇主有权依照普通许可条件使用集成电路布局设计,同时雇主应向权利持有人给付报酬。

5．工作人员利用雇主的金钱、技术设备或其他物质手段,但不是履行劳动职责或雇主布置的具体任务而完成的集成电路布局设计,不是职务布局设计。这种布局设计的专属权属于工作人员。在这种情况下雇主有权根据自己的选择要求在布局设计专属权整个有效期内提供为自己的需要而利用布局设计无偿普通(非排他)许可,或者要求赔偿与完成该布局设计有关的开支。

第1462条　执行合同完成的集成电路布局设计

1．如果集成电路布局设计是在完成承揽合同或进行科学研究、试验设计或技术工作合同时完成的,而合同又未明确规定其完成,则集成电路布局设计的专属权属于承揽人(执行人),但承揽人与定作人之间的合同有不同规定的除外。

在这种情况下,如果合同没有不同规定,则定作人有权为达到合同订立之目的,在布局设计专属权整个有效期内,根据普通(非排他)许可条件利用布局设计,而不再给付报酬。当承揽人(执行人)将布局设计专属权转让给他人时,定作人保留按上述条件使用布局设计的权利。

2．如果布局设计的专属权根据承揽人(执行人)与定作人的合同转让给定作人或定作人指定的第三人,则承揽人(执行人)有权在专属权整个有效期内按照无偿普通(非排他)许可条件为了自己的需要而利用布局设计,但合同有不同规定的除外。

3．本条第1款所列集成电路布局的设计人,如果不享有集成电路布局设计的专属权,则有权依照本法典第1461条第4款取得报酬。

第1463条　根据定作完成的集成电路布局设计

1．如果合同的标的是集成电路布局设计,则根据合同(根据定作)完成的集成电路布局设计的专属权属于定作人,但承揽人(执行人)与定作人的合同有不同规定的除外。

2．如果集成电路布局设计的专属权依照本条第1款属于定作人或他指定的第三人,则如果合同未有不同规定,承揽人(执行人)有权在专属权整个有效期内按照无偿普通(非排他)许可条件将布局设计用于自己的需要。

3．如果依照定作人与承揽人(执行人)的合同,集成电路布局设计专属权属于承揽人(执行人),则定作人有权在专属权整个有效期内按照无偿普通

(非排他)许可条件将布局设计用于签订相应合同的目的。

4．根据定作完成布局设计的设计人，如果不是权利持有人的，应依照本法典第 1461 条第 4 款取得报酬。

第 1464 条　根据国家与自治地方合同而完成的集成电路布局设计

对根据国家与自治地方合同而完成的集成电路布局设计，相应地适用本法典第 1298 条的规则。

第七十七章　统一技术中的智力成果权

第 1542 条　技术权

1．本章中的统一技术是指以客观形式表现出来的，以某种结合的方式包含依照本编的规则应该受到保护的发明、实用新型或外观设计、电子计算机程序或其他智力活动成果并可能成为民用或军事领域内一定实践活动的工艺基础的科学技术活动成果（统一技术）。

统一技术还可以包含根据本编规则不受保护的智力活动成果，其中包括技术数据和其他信息。

2．包括在统一技术中的智力活动成果的专属权，依照本法典得到承认与保护。

3．统一技术作为复杂客体（第 1240 条），它所包含的智力活动成果的使用权属于依照与统一技术中所含智力活动成果专属权持有人的合同而组织统一技术完成的人（技术权）。统一技术还可以包括组织统一技术完成的人本人所完成的智力活动成果。

第 1543 条　技术权的适用范围

本章的规则适用于与民用、军用、专用或两用技术权有关的关系，如果这种技术是使用或吸收联邦预算或俄罗斯联邦主体预算财政为支付国家合同、其他合同价款而划拨的资金或为收支预算而拨款的资金以及作为补贴而划拨的资金完成的。

上述规则不适用于采取有偿预算贷款方式而使用或吸收联邦预算资金或俄罗斯联邦主体预算资金在完成统一技术时产生的关系。

第 1544 条　组织完成统一技术的人对统一技术所包含的智力成果的权利

1．使用或吸收联邦预算资金或俄罗斯联邦主体预算资金完成统一技术的人（执行人）对所完成的技术享有权利，但该权利依照本法典第 1546 条第 1 款属于俄罗斯联邦或俄罗斯联邦主体的情形除外。

2．依照本条第 1 款享有技术权的人，如果在完成技术之前或完成过程中没有采取措施，则必须立即采取俄罗斯联邦立法规定的措施认定和取得统一技术中智力活动成果的专属权（提出专利申请，智力活动成果国家注册，对相关信息实行保密，与有关智力活动成果专属权持有人签订统一技术中所包含智力活动成果专属权转让合同和许可合同）。

3. 在本法典允许对统一技术中的智力活动成果采用各种不同方式进行法律保护的情况下，统一技术权利持有人应选择最大限度符合其利益和最能保障统一技术实际应用的法律保护方式。

第 1545 条　实际应用统一技术的义务

1. 依照本法典第 1544 条享有统一技术权的人，有义务实际应用统一技术。依照本法典的规则取得该权利的任何人，均负有此项义务。

2. 应用统一技术的义务的内容、履行该项义务的期限以及其他条件和程序由俄罗斯联邦政府规定。

第 1546 条　俄罗斯联邦和俄罗斯联邦主体对统一技术的权利

1. 有下列情形之一的，使用或吸收联邦预算资金而完成的技术的权利，属于俄罗斯联邦：

（1）统一技术与保障俄罗斯联邦的国防和安全有直接关系。

（2）俄罗斯联邦在统一技术完成之前或之后承担了将统一技术推进到实际应用阶段工作的拨款。

（3）执行人未保证在完成统一技术后的 6 个月内实施所有行为，以认定与取得统一技术所包含的智力活动成果的专属权。

2. 有下列情形之一的，使用或吸收俄罗斯联邦主体预算资金完成的技术的权利，属于俄罗斯联邦主体：

（1）俄罗斯联邦主体在统一技术完成之前或之后承担了将统一技术推进到实际应用阶段工作的拨款。

（2）执行人未保证在完成统一技术后的 6 个月内实施所有行为，以认定与取得统一技术所包含的智力活动成果的专属权。

3. 如果依照本条第 1 款和第 2 款技术权属于俄罗斯联邦或俄罗斯联邦主体，则执行人依照本法典第 1544 条第 2 款有义务采取措施认定和取得相关智力活动成果的专属权，以便以后将这些权利分别转让给俄罗斯联邦和俄罗斯联邦主体。

4. 对属于俄罗斯联邦的技术权的管理，依照俄罗斯联邦政府规定的程序进行。

对属于俄罗斯联邦主体的技术权的管理，依照有关俄罗斯联邦主体的行政机关规定的程序进行。

5. 属于俄罗斯联邦或俄罗斯联邦主体的技术权的处分，应遵守本编的规则。

关于属于俄罗斯联邦的技术权的处分，由联邦技术转让法作出特别规定。

第 1547 条　属于俄罗斯联邦或俄罗斯联邦主体的技术权的转让

1. 在本法典第 1546 条第 1 款第（2）项和第（3）项以及第 2 款规定的情况下，在俄罗斯联邦或俄罗斯联邦主体取得实际应用统一技术中智力活动成果所必需的智力成果专属权之日起的 6 个月内，技术权可以转让给希望实际应用并有可能实际应用该技术的人。

在本法典第 1546 条第 1 款第（1）项规定的情况下，技术权可以在俄罗斯联邦丧失保留该项权利和必要性之后立即转让给希望实际应用并有可能实际应用该技术的人。

2. 俄罗斯联邦或俄罗斯联邦主体向第三人转让技术权按照一般规则根据招标结果有偿进行。

如果属于俄罗斯联邦或俄罗斯联邦主体的技术权不可能通过招标进行转让，则该项权利根据拍卖结果进行转让。

俄罗斯联邦或俄罗斯联邦主体转让技术权的招标或拍卖程序，以及俄罗斯联邦或俄罗斯联邦主体不进行招标或拍卖而转让技术权的情况和程序，由技术转让法规定。

3. 在其他条件相同的情况下，组织完成包含统一技术的智力成果的执行人享有与俄罗斯联邦或俄罗斯联邦主体订立技术权取得合同的优先权。

第 1548 条　技术权报酬

1. 在本法典第 1544 条和第 1546 条第 3 款规定的情况下，技术权无偿提供。

2. 在技术权通过合同转让的情况下，包括根据招标或拍卖结果转让，技术权报酬的数额、给付条件和程序由双方当事人的协议规定。

3. 如果技术的应用具有重要的社会经济意义或者对于俄罗斯联邦的国防或安全具有重要意义，而技术的实际应用耗费数额巨大，致使技术权的有偿取得没有经济效益，则俄罗斯联邦、俄罗斯联邦主体或其他已经无偿取得该项技术的权利持有人可以无偿转让技术权。哪些情况下允许无偿转让技术权，由俄罗斯联邦政府规定。

第 1549 条　数人共有的技术权

1. 吸收预算资金和其他投资人的资金完成的技术，权利可以同时属于俄罗斯联邦、俄罗斯联邦主体、其他完成技术的项目投资人、执行人和其他权利持有人。

2. 如果技术权属于数人共同共有，则他们共同行使此项权利。

属于数人共同共有的技术权的处分，按照共同的合意进行。

3. 对技术权享有共同共有权的人之一处分技术权实施的法律行为，如果实施法律行为的人不享有必要的权限，并且能够证明法律行为另一方当事人知道或显然应该知道该人无此权限，则可以根据其余权利持有人的请求被认定为无效。

4. 技术权属于数人共同共有的，使用该技术所得的收益，以及处分该项权利的收益，由权利持有人根据他们之间的协议进行分配。

5. 技术权属于数人共同共有的，如其中一部分技术可能具有独立意义，则权利持有人的协议可以规定哪一部分技术的权利属于每个权利持有人。如果一部分技术可以不依赖于其他部分而独立使用，则该部分技术具有独立的意义。

每个权利持有人均有权根据自己的意志使用具有独立意义的相关部分技术，但他们的协议有不同规定的除外。在这种情况下，在整体上技术权的行使以及技术权的处分仍由所有权利持有人共同行使。

使用部分技术的收益，属于对该部分技术享有权利的人所有。

第 1550 条　技术权转让条件

如果本法典和其他法律未有不同规定，则技术权持有人可以按照自己的意志处分此项权利，采用技术权转让合同、许可合同或包括技术权转让合同或许可合同内容的其他合同等方式，向他人完全或部分转让此项权利。

技术权的转让作为统一整体，同时也转让统一技术中包含的所有智力活动成果。只有在统一技术中的一部分依照本法典第 1549 条第 5 款的规定具有独立意义时，才允许转让上述成果中的个别成果（部分技术）上的权利。

第 1551 条　统一技术的出口条件

1. 统一技术应优先在俄罗斯联邦境内实际应用。

须经政府定作人或预算支配人的同意，方能依照外贸活动立法的规定而转让技术权，以便在外国境内使用统一技术。

2. 规定的俄罗斯联邦境外应用统一技术的法律行为，应在联邦知识产权行政机关进行国家注册。

不遵守国家注册规定的法律行为一律无效。

二、捷克

本部分内容节选自捷克《发明和合理化建议法》。

第 1 条 立法目的
本法目的在于调整源自创造和实施发明和合理化建议的权利和义务。
第一部分 发明
第一章 发明专利
第 2 条
工业产权局应当对符合本法规定的发明授予专利。
第 3 条 发明的可专利性
(1) 授予专利权的发明,应当具备新颖性、创造性且能作工业应用。
(2) 特别指明,下列事项不得视为发明:
(a) 发现、科学理论和数学方法;
(b) 美学创造;
(c) 进行智力活动、游戏、商业活动或者计算机程序的方案、规则和方法;
(d) 信息的呈示。
(3) 本条第(2)款提及的客体或活动的可专利性,仅在该申请或发明与所提及的客体或活动有关的范围内排除其可专利性。
(4) 通过外科手术或治疗以医治人体或者动物身体的方法,以及施行于人体或者动物身体的诊断方法,不得视为本条第(1)款所指的可应用于工业生产的发明。
在医疗方法或者诊断方法中所使用的产品,特别是物质或合成物,不适用本条。
第 4 条 可专利性的除外情况
专利不得授予:
(1) 违反公共秩序或者道德的发明创造;不得仅由于法律禁止实施该发明而得出该事实结论。
(2) 动物或植物品种,以及用于生产动物或植物的本质为生物学的方法。
本款不适用于微生物方法及其产品。
第 5 条 新颖性
(1) 发明不构成现有技术一部分的,视为具有新颖性。
(2) 现有技术,需视为在申请人优先权日(参照本法第 27 条)前,通过书面声明、口头说明、实际使用或者其他方式,以公开形式向公众公布的技术方案。
(3) 现有技术,还应包括在捷克共和国境内享有优先权的专利申请的内容,或者在申请人优先权日（参照本法第 31 条）前已公开的专利申请的内容。

本规定亦适用于以本工业产权局为指定局且具有优先权的国际发明申请，以及以捷克共和国为有效指定国家且具有优先权的欧洲专利申请（参照本法第 35A 条）。

发明申请根据特别规定获得保密许可的，视为在优先权日前十八个月内公布。

（4）本条第（1）至（3）款规定不得排除本法第 3（4）条所提及的方法中所使用的物质或者合成物的可专利性，但其在此方法中的使用不构成现有技术。

（5）在提交专利申请前六个月内，由于下列原因产生或者因下列原因导致发明信息被披露的，不应视为现有技术的一部分：

（a）就申请人或者其合法的原始权利人而言，对该项发明存在明显滥用的；

（b）根据申请人或者其合法的原始权利人在官方举办或者官方认可的，属于相关国际条约所规定的国际展览中展示了该发明的。

在该情况下，应由申请人在提交申请时声明已展出发明，并自提交申请之日起四个月期间内提出证明书证明展出发明符合国际条约的规定以支持其声明。

第 6 条　创造性

（1）与现有技术相比，发明对该领域的熟练技术人员而言并非显而易见的，该发明视为具有创造性。

（2）对创造性进行评估时，不应在申请人优先权开始当日（参照本法第 31 条）才公布的申请内容。

第 7 条　工业应用

发明的客体可在任何工业、农业或者其他经济领域中制造或者使用的，视为该发明适用于工业应用。

第 8 条　专利权

（1）专利权属于发明人或者其所有权继承人。

（2）发明人是指通过自身创造活动完成发明的人。

（3）参与创造活动的共同发明人应当按份享有专利权。

属于企业的发明

第 9 条

（1）发明人是组织内部人员或者有其他类似雇佣关系（以下称"雇佣关系"）的，其发明创造活动系雇佣关系中工作任务的一部分的，除合同另有规定外，专利权应转移至雇主。

发明人的其他权利不受影响。

（2）发明人在其雇佣关系范围内创造发明的，应当以书面形式及时向雇主报告，并向雇主说明评估发明所需要的文件。

（3）雇主在收到本条第（2）款所述说明后，三个月内未主张专利权的，专利权应复归于发明人。

雇主和雇员均应就发明内容对第三方保密。

（4）雇主主张专利权的，根据雇佣关系创造发明的任何发明人有权向雇主要求适当报酬。

为准确评估报酬数额，可以从该发明的技术和经济重要性、可能实施或者其他使用所产生的利益，以及雇主对发明活动的实质性贡献及发明人的任职义务等方面进行考量。

已缴纳的报酬，明显与发明的实施或者后续使用所获得的利益不成比例的，发明人有权获得额外的报酬。

第 10 条

发明人与雇主之间雇佣关系的终止不影响源自本法第 9 条规定的权利和义务。

专利的效力

第 11 条

（1）专利所有人（参照本法第 34 条）享有使用发明、授权他人使用发明或者向他人转让发明的独占权。

（2）专利自工业产权局官方公报（以下称"官方公报"）公告授权之日起生效。

（3）自申请公告之日（参照本法第 31 条）起，申请人有权向使用其发明申请客体的任何人收取合理报酬。

获得合理报酬的权利可自专利生效之日起主张。

（4）申请人在捷克共和国提交国际专利申请，并根据相关国际条约公开的，需要将专利申请文件翻译成捷克语公开（参照本法第 31 条）后，方有权根据本条第（3）款之规定获得合理报酬。

第 12 条

（1）专利或者专利申请授予的保护范围应当由其权利要求确定。

对于权利要求的解释，应当使用说明书和附图。

（2）在授予专利前，专利申请授予的保护范围应当由根据本法第 31 条公开的申请中所含的专利权利要求的条款予以确定。

但是，专利已授权或者根据本法第 23 条撤销程序进行修改的，专利应当追溯确定发明申请授予的保护范围，只要其保护范围未因此而扩张。

第 13 条　直接使用的禁止

未经专利所有人同意，任何人不得：

（1）制造、提供、投放市场或者使用属于专利客体的产品，或者为此目的进口或者存储产品，或者以其他方式进行处置。

（2）使用或者提供他人使用属于专利客体的方法。

（3）提供、投放市场、使用或者为此目的进口或存储以作为专利客体的方法所直接获得的产品；当产品极有可能通过作为专利客体的方法获得且尽管专利权人已尽合理努力仍无法确定真正使用的方法时，相同产品应被视为通过作为专利客体的方法获得，但证明存在相反情况的除外。

证明存在相反情况的，应当尊重商业秘密保护所赋予的权利。

第 13A 条　禁止间接使用

（1）未经专利所有人同意，任何人不得向除获授权使用专利发明的人以外的其他人提供或者要约提供与该发明的重要因素有关的媒介，以令该项发明发挥效用，而在有关情况下，所述媒介明显是适合的且意图用以使该项发明专利发挥效用。

（2）如果该媒介是在市场上普遍存在的产品，则不适用于本条第（1）款规定，但第三人诱使购买人实施本法第 13 条禁止行为的除外。

（3）实施本法第 18（3）至（5）条所述活动的人，不得被视为本条第（1）款所指的获授权使用发明的人。

第 13B 条　权利用尽

专利产品由专利权人或者经其同意在捷克共和国投放市场的，专利权人无权禁止第三人处分该产品，除非存在使专利权延伸至上述活动的原因。

第 14 条

（1）授权实施受专利保护的发明（许可），应当订立书面合同（以下称"许可合同"）。

（2）自许可合同在专利登记簿（参照本法第 69 条）登记后，许可合同对第三人发生效力。

第 15 条

专利的转让应当以书面合同的形式进行，自其在专利登记簿登记后，该合同对第三人发生效力。

第 16 条　专利共有人

（1）源自一项专利的多项权利属于多人的（以下称"共同所有人"），共同所有人之间的关系根据有关共同所有权份额的一般规则进行调整。

（2）除非共同所有人另行约定，各共同所有人均有权实施发明。

（3）除非另行约定，许可合同的订立应当取得全体共同所有人同意；对于侵犯专利权的行为，各共同所有人可单独采取行动。

（4）专利转让应经所有共同所有人同意。

未经其他共同所有人同意，各共同拥有人只可将其份额转让给另一共同所有人；向第三方进行转让的，只有当共同所有人未在一个月期间内对书面转让要约表示承诺时方可进行该转让。

专利效力的限制

第 17 条

（1）对于能够证明在优先权日（参照本法第 27 条）前已独立于发明人或专利所有，人实施发明或已为此进行准备的人（以下称"在先使用人"），专利对其不发生效力。

（2）未达成协议的，在先使用人有权要求法院裁定专利权人认可其权利。

第 18 条

以下对受保护发明的使用，不视为对专利所有人权利的侵犯：

（1）在捷克共和国缔结的《保护工业产权巴黎公约》（以下称《巴黎公约》）的其他缔约国的船舶暂时或者偶然地进入捷克共和国时，在船舶的船体、机械、船具、装备及其他附件上的使用，但以专为该船的需要而进行使用为限。

（2）本联盟其他国家的飞机或者陆地车辆暂时或者偶然地进入捷克共和国时，在该飞机或者陆地车辆的构造或者运行中使用。

（3）根据医生处方在药房内单独制备药物，包括与所制备药物相关的行为。

（4）非商业目的实施的行为。

（5）为了实验目的而进行的与发明客体相关的行为。

第 19 条　许可要约

（1）若专利申请人或者专利权人向专利局声明，其准备向任何人要约提供实施发明的权利（许可要约），则接受许可要约并将该事实书面告知申请人或所有人的任何人有权实施该发明。

专利局应当将许可要约登记在专利登记簿中。

(2) 许可要约的声明不得撤销。

(3) 一人有权实施发明的事实不得损害专利所有人针对许可价值获得合理补偿的权利。

(4) 专利所有人根据本条第(1)款发出许可要约的,相关法律规定的维持专利的管理费应减半。

第20条 强制许可

(1) 专利所有人无正当理由不实施或者未充分实施发明,或者拒绝接受条款合理的许可协议要约的,经申请人正当请求,专利局可授予使用发明的非独占性权利("强制许可");自发明申请提交之日起四年,或者自授予专利之日起三年,以较迟届满者为准,不得授予强制许可。

(2) 重大公共利益面临危险的,亦可授予强制许可。

(3) 考虑案件具体情况,专利局应针对授予强制许可确定强制许可的条件、范围和期间。

授予强制许可主要用于国内市场的供应。

(4) 企业主基于强制许可而使用发明的(以下称"强制许可持有人"),该强制许可仅在企业转让之内或者作为企业转让之一部分的情形,方得让与他人。

(5) 强制许可持有人可以在强制许可期限内通知专利局,放弃使用发明的权利;自通知送达之日起,授予强制许可的决定失效。

(6) 若专利所有人能够证明授予强制许可的条件已改变且不太可能再次发生,或者强制许可持有人在一年内未实施强制许可,或者强制许可持有人不实施授予强制许可所确定的条件,则经专利所有人申请,专利局应撤销强制许可或者变更强制许可的条件、范围或者期限。

(7) 授予强制许可不得影响专利所有人获得专利价值补偿的权利。

相关各方针对许可价值未达成一致的,由法院应要求在考虑相关技术领域专利的重要性和许可合同价值后予以确定。

(8) 强制许可应登记于专利登记簿(参照本法第69条)。

第21条 专利期限

(1) 专利期限为二十年,自发明申请提交之日起算。

(2) 专利所有人为维持专利效力,应当按照特别规定缴纳专利年费。

(3) 专利年费缴纳期满后,当第三人善意使用专利发明或者在对专利发明的使用作真实、有效的准备时，第三人有权不受专利年费给付期限的影响。

第 22 条　专利失效

专利于下列情况下失效：

（1）有效期届满。

（2）专利所有人未按相关规定及时缴纳专利年费。

（3）专利所有权人以书面声明放弃其专利权；在此情况下，自专利局收到专利权人声明之日起，专利有效期终止。

第 23 条　专利撤销

（1）专利局随后确定发生以下任一情况的，应当撤销专利：

（a）发明不符合可专利性条件的；

（b）发明未在专利申请书中清楚、完全地公开，以致本技术领域内的技术人员无法实施该专利的；

（c）专利客体超出发明申请所提交的内容，或者分案申请授予专利的客体超出专利申请所提交的内容，或者源自专利的保护范围被扩大的；

（d）应获授权人请求撤销的（参照本法第 29 条）。

（2）撤销理由仅涉及专利一部分的，专利应部分撤销。

专利的部分撤销应通过修改权利要求书、说明书或者附图的方式进行。

（3）专利撤销的效力应追溯至专利生效之日。

（4）请求人能够证明其合法利益的，可在专利失效后提出专利撤销的请求。

第二章　专利授予程序

发明申请

第 24 条

（1）向专利局提交专利申请后，专利授予程序开始。

（2）专利局是捷克共和国的自然人和法人以及在捷克共和国领土上有居所或者设立业务机构的其他自然人和法人可向其提交国际申请的机构。

（3）专利局是根据 1973 年 10 月 5 日在慕尼黑缔结的《欧洲专利授权公约》（以下称《欧洲专利公约》）可向其提交欧洲专利申请的机构。本款不适用于欧洲专利分案申请。

（4）欧洲专利申请或者国际申请中包含了根据相关法规需保密的事项的，申请人在向专利局提交申请时，应同时提交国家安全局的批准文件。

（5）根据本条第（1）或（2）款提交申请的，应当按照相关制定法规定缴纳管理费；根据本条第（2）款提交专利国际申请的，应当针对发明申请国际程序进一步缴纳根据相关国际条约规定的费用，专利局应在官方公报中公布上述费用表。

第 25 条

（1）应在申请中指出发明人的姓名。

（2）应发明人请求，专利局不得在公开的申请书或者专利授予公告中指出发明人的姓名。

第 26 条

（1）一份专利申请应仅涉及一项发明，或者相互联系属于一个总的发明构思的一组发明。

在同一份专利申请中主张一组发明的，如果该等发明在技术上相互关联，且包含一个或者多个相同或相应的特定技术特征，则符合发明的单一性要求。

"特定技术特征"，指每一项发明作为整体对现有技术作出贡献的技术特征。

（2）在发明申请中，发明应当以足够清晰、完整的形式公开，以确保该领域的熟练技术人员可予以实施。

发明若涉及生产用途的工业微生物的，自申请人优先权开始之日起，微生物应当保存公开副本。

（3）如有疑问，专利局可要求申请人提交申请的客体，或者以其他适当的方式提出发明符合申请要求的证据。

申请人无法提供该证据的，该申请客体应视作不符合申请要求。

第 27 条

（1）申请人的优先权应自提交申请之日开始。

（2）依《巴黎公约》授予的优先权必须由申请人在其向专利局提交的专利申请中提出，申请人须在规定的期限内提交优先权证明，否则不考虑其优先权。

（3）发明申请已在《巴黎公约》的缔约国或者世界贸易组织成员提交的，可以主张本条第（2）款项下的优先权。

首次提出发明申请的国家既不是《巴黎公约》缔约国也不是世界贸易组织成员的，只可根据互惠条件授予优先权。

第 28 条

（1）有关专利权的法律程序已向主管机关提交的，专利局应当暂停与该申请相关的程序。

（2）除本法第 31 条第（1）款规定的期限外，申请程序暂停的，本法规定的其他期限也应当暂停。

（3）自专利权裁决之日起三个月内，合法申请人要求继续专利申请的，应当维持优先权。

在暂停程序前，为授予专利而实施的行为，在程序继续后仍同样视为有效。

第 29 条

（1）专利局应当根据法院作出的裁决，将发明申请或者专利转让给发明人。

（2）有权针对专利权进行法律程序的主管机关裁决该权利属于他人的，专利局应当将专利申请人或者专利所有人的姓名替换为该他人。

发明申请的初步审查

第 30 条

（1）所有发明申请均须经专利局进行初步审查，以认定：

（a）申请内容是否违反本法第 3 条第（1）款或者第 26 条第（2）款的规定；

（b）申请是否含有根据第 191/1995 Coll.号法律公布的《建立世界贸易组织协定》第 3 条第（2）款或者第 4 条规定所指的要素；

（c）申请是否含有构成禁止披露的不足；

（d）申请人是否已缴纳相应的管理费。

（2）发明含有违反本法第 3 条第（1）款或者第 26 条第（2）款规定的要素，或者第 3 条第（2）款或者第 4 条规定所指要素的，专利局应当驳回发明申请。

在驳回发明申请前，应当给予申请人针对决定所依据的文件作出说明的机会。

（3）专利申请含有构成禁止公开的要素，或者申请人未缴纳相应管理费的，专利局应当要求申请人在规定期限内提交意见并弥补不足。

（4）申请人未能弥补专利申请中构成禁止公开的不足，或者未能在规定的期限内缴纳相应管理费的，专利局应当终止程序。

应提请申请人注意该结果。

第 31 条

（1）专利局应当自优先权开始之日起十八个月期间届满时公开发明申请，并在官方公报中公布。

（2）自优先权开始之日起十二个月内，经申请人申请并缴纳相关法规规定的管理费后，可在本条第（1）款规定期限届满前，公开专利申请。

已授予发明专利的，专利局应当在本条第（1）款规定期限届满前公开该发明专利。

但专利局未经专利所有人同意，不得自优先权开始之日起十二个月内公开申请。

（3）专利局可将与申请主张的发明相关的现有技术报告（检索报告）与发

明申请一同公开。

第 32 条

（1）发明申请公开后，任何人可就客体的专利性提出意见；专利局在对申请进行全面审查时，应当考虑该等意见。

（2）根据本条第（1）款提交意见的人不得为与专利申请程序相关的主体。但应当将提交的意见告知申请人。

发明申请的全面审查

第 33 条

（1）专利局应当对发明申请进行全面审查，以确保符合本法规定的专利授予条件。

（2）专利申请的全面审查应当由专利局依申请人或者相关主体请求，或者依职权进行。全面审查的请求应当自发明申请提交之日起三十六个月内提交，且不得撤销。

（3）申请人在提交申请时，应当按照相关制定法的规定缴纳管理费。

（4）专利局应当在提交请求后立即进行全面审查。

（5）在本条第（3）款规定期间内，未妥为提交发明申请全面审查请求的，或者专利局未依职权进行审查的，专利局应当终止申请相关程序。

第 34 条

（1）申请不符合专利授予条件的，专利局应当驳回该发明申请。

在驳回前，对可能导致申请被驳回的问题，应当向申请人提供针对申请作出决定所依据的文件提交说明的机会。

（2）申请人未在规定期间内弥补构成禁止授予专利的瑕疵的，专利局应当终止申请相关程序。

应当提请申请人注意在规定期间内未遵守相关规定的后果。

（3）发明申请客体符合规定条件，且申请人已缴纳相关制定法规定的费用的，专利局应当向申请人授予专利，申请人由此成为专利所有人。

专利局应当向专利所有人签发提及发明人姓名的专利授权通知书，发明说明书和权利要求书应当构成专利授权通知书的一部分，专利授权通知书应当在官方公报中公布。

三、希腊

本部分内容节选自希腊《技术转移、发明和技术创新法》。

第二部分 专利
第一章 通则、受益者
第 5 条 含义
（1）专利权应授予任何具备新颖性、创造性并适于工业应用的发明。发明可涉及产品、方法或工业应用。

（2）下列各项，不视为本条第（1）款所称发明：

（a）发现、科学理论和数学方法；

（b）美学创造；

（c）智力活动、游戏或经商的方案、规则和方法及计算机程序；

（d）信息的呈现。

（3）一项不属于现有技术的发明，应视为具有新颖性。现有技术是指专利申请日或优先权日之前通过书面、口头或其他任何方式在国内外为公众所知的技术。

（4）与现有技术相比，一项发明如对该领域的熟练技术人员而言并非显而易见，则其被视为具有创造性。

（5）发明的客体在各种工业活动中可以生产或使用的，视为该发明适于工业应用。

（6）下列各项不应被视为本条第（5）款所称适于工业应用的发明：

（a）人体和动物的外科手术或治疗方法；

（b）人体和动物的诊断方法。

（7）本条第（6）款的例外不适用于产品特别是用于上述任何方法的物质或组分。

（8）对下列各项不应授予专利权：

（a）其公布和利用会违反公共秩序或社会公德的发明；

（b）植物或动物品种，或者生产植物或动物品种的生物学方法，本规定不适用于微生物学方法或其产品。

（9）在专利申请日前六个月内披露的发明，有下列情形之一的，也应授予专利权：

（a）对专利申请人或其合法前任权利的明显滥用；

（b）在官方承认的符合《国际展览公约》（1928 年 11 月 22 日在巴黎签署，经 1932 年希腊第 5562 号法律批准[第 221 号官方公报]）规定条件的国际展览会上展出。遇此情形，申请人应在申请时声明该事实，并提交相应证明材料。

（10）本条第（9）款所列披露，不影响本条第（3）款规定的发明的新颖性。

第 6 条　专利权、雇员发明、权利请求

（1）根据本条第（4）、（5）和（6）款的规定，发明人或其受益人及其普通或特别权利继承人享有专利权。提出专利申请的人，应被视为发明人。

（2）两人或多人合作完成的发明，除另行约定外，专利权由其共同享有。各共同受益人可自行让与其份额，并维持共有专利。

（3）两人或多人分别独立完成的发明，专利权应授予最先提出申请的人或根据本法第 9 条享有优先权的人。

（4）雇员作出的发明（自由发明）应归其所有，但该发明是职务发明（完全属于雇主）或从属发明（雇主拥有 40%所有权，雇员拥有 60%所有权）的除外。

（5）雇员和雇主之间因履行发明创造合同而产生的智力成果是职务发明。完成职务发明后，该发明对雇主具有重大经济利益的，雇员有权请求获得额外合理补偿。

（6）雇员利用受雇企业的原材料、设备或信息完成的发明为从属发明。雇主按照该发明的经济价值和产生效益的比例向发明人作出补偿后，有权优先实施该发明。该从属发明的发明人应及时书面告知雇主其完成发明的事实，并提供共同专利申请所必需的资料。雇主在收到上述通知后四个月内，未书面答复雇员其愿意共同提出专利申请的，雇员有权单独提交专利申请，并完全拥有该发明。

（7）任何限制雇员上述权利的协议均应视为无效。

（8）在任何情况下，专利中应提及发明人的姓名。发明人有权要求申请人或专利权人承认其发明人身份。

（9）如果第三方未经该发明的受益人同意而就其发明或必要组分擅自提交专利申请，则该受益人可提起诉讼，要求第三方承认其基于专利申请或专利权所享有的权利。

（10）上述法律诉讼应在工业产权公报发布该专利摘要之日起两年内向法院提起。如果专利权人在专利授权或专利转让之日即明知请求人的权利，则不适用前述期限。

（11）受理上述诉讼的不可撤销的决定的摘要，应记录在专利登记簿中。自前述记录之日起，基于该专利权而授予的许可证和所有其他权利应被视为无效。败诉方和第三方基于善意而实施该发明，或已经为实施该发明做好必要准备的，可在向被认可的受益人赔偿后，请求获得合理期限内的非排他许可证。当事人之间发生争议的，应由申请人居住地的一审法院的独任法官根据《民事诉讼法典》第741条至第781条的规定予以审理。

第二章 授予专利权的程序

第7条 提交申请、受理、公告

（1）向工业产权组织提交的专利申请中应包含以下内容：

（a）申请人姓名或法人名称、国籍、住所或所在地和地址；

（b）发明的说明书以及对一项或多项权利要求的确定，工业产权组织可要求申请人按照本法规定完善或改写说明书或权利要求书，依本法提交的权利要求书应当表明请求专利保护的范围和内容；

（c）授予专利的请求书。

（2）申请应随附权利要求书或说明书中提及的附图、发明的摘要、关于正确理解说明书的解释以及授权申请人代表法人或自然人（如其不是发明人）行事的文件。申请还应随附证明缴纳申请费和首次年费的收据。

（3）发明的权利要求书应当以说明书为依据。

（4）发明的说明书的编制应足以使熟悉该领域技术的第三人实施。

（5）发明的摘要仅用于提供技术信息。

（6）申请可以包含一项发明或属于一个总的发明构思的多项发明。申请中涉及多项发明（组合申请）的，申请人在专利授权日之前可将该申请拆分为若干分案申请，将最初的申请日保留为各分案申请的申请日。

（7）申请人可在提交专利申请时声明，如果该申请被驳回，则希望工业产权组织根据本法第19条的规定考虑授予其实用新型证书。

（8）申请满足本条第（1）款规定的条件且随附缴纳申请费和首次年费的收据的，应予以受理。在此情况下，申请应被视为适时提交但未完结。

（9）自提交前述申请之日起四个月内，申请人应按照本条第（2）、（3）、（4）和（5）款规定，提交任何缺失的附图或其他支撑文件，完善相关资料，更正申请文件和其他辅助文档草案中的错误。此时，视为完成专利申请。

（10）本条第（8）款所称适时提交申请日视为专利申请日。

（11）专利申请和随附文件以及与专利授权程序相关的任何其他详细资料的制作和提交方式，应由工业、能源和技术部部长根据工业产权组织行政委员会的提议决定。

（12）本条第（1）款所列专利申请文件和本条第（2）款所列随附资料，应于申请日或优先权日起满十八个月公布,专利权已被授予并已于授权日公开了的除外。

(13) 自申请公布之日起,任何第三方均可请求查询和复制申请文件、说明书、附图及任何其他相关资料。

(14) 申请文件的摘录应公布在工业产权公报中。

第 8 条 授予专利权:程序

(1) 本法第 7 (9) 条规定的期间届满后,工业产权组织发现专利申请适时提交但未完结的,应视为未提交。

(2) 申请适时提交且已完结的,工业产权组织应当对下列事项进行审查:

(a) 该申请所涉对象是否明显属于本法第 5 条第(6)和(8)款所列不具备可专利性的情形;

(b) 申请所涉对象是否明显属于本法第 5 条第(2)款所列不视为发明的情形。如果属于上述任一情形,则工业产权组织应全部或部分驳回专利申请。

(3) 根据前款规定,申请不属于未提交,或该申请未被驳回的,工业产权组织应基于发明说明书、权利要求书和附图制作一份检索报告,记载现有技术的所有必要资料,以评估发明(检索报告)的新颖性和创造性。该检索报告可随附工业产权组织出具的涉及本法第 5 条第(1)款所列发明特性的评论或简要注解。

(4) 申请人自申请日起四个月内缴纳检索费的,方可制作检索报告。未按时缴费的,专利申请自动转换为授予实用新型证书的申请。

(5) 工业产权组织应当将检索报告连同随附文件送达申请人,申请人有权在收到通知之日起三个月内提出意见。

(6) 工业产权组织应当基于申请人的意见制作一份最终检索报告,包含根据本法授予专利权时用以评估发明可专利性的有关现有技术的全部资料。

(7) 检索报告应与专利申请共同向公众公开;报告未制作完成的,在其向申请人通知后公开。

(8) 检索报告或最终检索报告具有信息性。

(9) 在制作检索报告时,工业产权组织可请求欧洲专利局或任何其他国际和国家机构提供信息和意见以便自行评估。此外,工业产权组织可要求申请人提交附加信息、说明或意见。

(10) 与检索报告或最终检索报告的制作程序有关的所有其他事项,由工业、能源和技术部部长的决定规制。

（11）工业产权组织在完成上述条款规定的程序后授予专利权。专利权证实专利申请已完成且适时提交。专利文件表明专利的类别和保护期限，但需随附下列资料：

（a）发明说明书的原件及权利要求书、摘要和附图（如有）；

（b）检索报告或最终检索报告。

（12）专利文件应包含优先权声明，指明在国外提交优先权申请的国家、日期和编号。

（13）专利应记载于专利登记簿中，其概要应发布在工业产权公报中。

（14）应向申请人提供专利文件副本及其随附文档。

（15）第三方有权请求查询和复制专利文件、说明书、附图及任何相关资料。

第 9 条　国际优先权

（1）在国外已妥适提交专利申请或实用新型证书申请的，申请人或其受益人有权主张优先权，但应自申请日起十二个月内就相同发明在希腊提交申请，且适用互惠条件。在该新申请中，申请人必须声明其首次申请的日期和国家。优先权追溯至在外国首次提交申请的日期。

（2）根据申请提交国法律，已视为妥适提交且提交日期依提交内容而不确定的专利申请，视为妥适的国外申请，并不受该申请后果的影响。

（3）自国外首次妥适提交申请之日起十六个月内，申请人应向工业产权组织提交下列资料：

（a）首次提交申请的国家主管机构的受理证明书，表明申请编号和日期，并附经该外国机构认证的说明书、权利要求书和任何附图；

（b）律师或有认证资质的机构认可的上述证明书、说明书、权利要求书和附图的希腊语译本。

（4）主张多项优先权的，该申请的优先权期间从最早的优先权日起算。

四、匈牙利

本部分内容节选自匈牙利《发明专利保护法》。

第一部　分发明和专利

第一章　专利保护的客体

可授予专利的发明

第 1 条

（1）授予专利权的发明，应当在任何技术领域具备新颖性、创造性，以及适于工业应用。

(2) 下列各项，不视为本条第（1）款所称发明：

(a) 发现、科学理论和数学方法；

(b) 美学创作；

(c) 智力活动及游戏或者商业经营的方案、规则和方法，以及计算机程序；

(d) 信息的呈现。

(3) 本条第（2）款中所述不得视为发明的客体，其排除的范围仅限于与上述客体相关的专利申请或者授权。

新颖性

第 2 条

(1) 发明不构成现有发明一部分的，视为具有新颖性。

(2) 现有技术指优先权日之前，通过书面通信或者口头说明、使用或者其他方式来公之于众的所有事物。

(3) 任何国家专利申请或者实用新型申请具有较早优先权日的内容应当视为现有技术的部分，前提是在专利授予程序中发表或者公布的日期应在优先权日之后。

欧洲专利申请[参照本法第 84B 条第（2）款]和国际专利申请[参照本法第 84P 条第（1）款]的内容应当视为包含在本法所规定[参照本法第 84D 条第（2）款和第 84T 条第（2）款]的特殊条件下的现有技术。

依照本法规定，摘要不视为申请的内容。

(4) 本条第（2）和（3）款的规定不得排除用于通过手术或者治疗来医治人体或者动物体的方法和在人或者动物身上实施的诊断方法[参照本法第 6 条第（10）款]的任何物质（化合物）或者组合物的可专利性，但这些方法的使用不包括在现有技术中。

(5) 将属于现有技术的物质（化合物）或者合成物用于通过外科手术或者治疗以医治人体或者动物身体的方法，以及施行于人体或者动物身体的任何诊断方法[参照本法第 6 条第（10）款]的，本条第（2）和（3）款的规定不得排除该物质（化合物）或者合成物的可专利性，但该物质或者材料在此类方法中的使用不得构成现有技术。

第 3 条

就本法第 2 条而言，有下列情形的，发明的公开发生在优先权日以前六个月以内不应当视为现有技术：

（a）专利申请人或者前任权利人滥用权利的结果；

（b）专利申请人或者前任权利人在展览会上展示的发明，且该展览会经匈牙利知识产权局局长于匈牙利官方公报上明确宣布。

创造性

第 4 条

（1）与现有技术相比，若发明对于该领域熟练的技术人员而言并非显而易见，则发明具有创造性。

（2）在考虑是否具有创造性时，应当排除本法第 2 条第（3）款中所提到的现有技术部分。

工业应用

第 5 条

（1）发明如能够在包括农业在内的任何工业产业中制造或者使用，则视为适于工业应用。

（2）[已废止]

可授予专利的生物技术发明

第 5A 条

（1）发明若满足本法第 1 条至第 5 条的要求，则应当授予专利权，即使发明是由生物材料构成或者含有生物材料物质的产品，或者通过生产、加工或者使用生物材料的过程。

生物材料指在生物系统中任何含有能够自我复制或者复制出遗传信息的材料。

（2）生物材料是通过技术手段从自然环境中分离或者生产而来的，即使该生物材料在发明以前就已经存在于自然之中。

（3）处于形成和发展之各个阶段的人体，以及对包括基因序列或者部分基因序列在内的人体构成要素的简单发现，均不构成可专利性发明。

（4）从人体中分离出来或者通过技术手段产生的一个元素，包括一个基因的部分序列，可以构成一个专利发明，即使该技术要件与原来人体自然的技术要件的结构相同。

可专利性

第 6 条

（1）下列发明应当授予专利保护：

（a）符合本法第 1 条至第 5A 条的要求，依照本条第（2）至（4）款和第（10）款的规定，不排除在专利保护的范围外；

（b）相关的专利申请应符合本法规定的要求。

（2）对在经济活动框架内使用会违反公共政策和道德的发明不授予专利保护，该等发明不得仅因法律、法规的禁止而被视为违反公共政策。

（3）在本条第（2）款的基础上，下列特定的情形不应被授予专利保护：

（a）克隆人的过程；

（b）改变人类生殖细胞的遗传特性的过程；

（c）将人类胚胎用于工业或者商业用途；

（d）改变可能使动物遭受痛苦的遗传特性的过程，但对人类或者动物的医疗没有任何实质性益处；

（e）"（d）"项所指的动物是由改变可能使动物遭受痛苦的遗传特性的过程产生而来的。

（4）下列情形不应当授予专利权：

（a）植物品种[参照本法第105（a）条]和动物品种；

（b）对于动植物生产的基本生物过程。

（5）关于动物或者植物的发明，该发明的技术可行性不局限于一个特定的动物或者植物品种，则可授予专利。

（6）植物品种可根据第十三章的规定给予植物品种保护。

（7）植物或者动物完全由杂交、自然选择或者其他自然现象产生的，则其生产的过程本质上属于生物学过程。

（8）本条第（4）款（b）不包括涉及微生物或者其他技术工艺或者产品通过此类方法而被授予专利权。

（9）微生物过程指涉及或者执行或者产生微生物材料的任何过程。

（10）通过手术或者治疗方法医治人体或者动物的方法和在人体或者动物体上实施的诊断方法不得获得专利保护。

本条款不适用于产品，特别是用于此类方法的物质（化合物）和组合物。

第二章　发明和专利授予的权利和义务

发明人的道德权利及其关于公开发明的权利

第7条

（1）发明创造之人应当视为发明人。

（2）除非终审法院作出相反的判决，否则在专利申请中原申请人或者根据本法第55条第（2）款（a）对专利登记簿的相关记录进行修改后所记录的人应被视为发明人。

（3）两个以上的人共同参与发明，除在专利申请中另有约定外，发明人对该设计享有的份额相等。

（4）除非最终法院作出相反的判决，专利申请中最初陈述的发明人的份额，根据本条第（3）款确定的份额，或者根据本法 55 条第（2）款（a）对专利登记簿的相关记录进行修改后所记录的份额，均具有约束力。

（5）发明人有权在专利文献中写明自己是发明人。

若发明人以书面形式提出请求，则公开的发明专利文件按其要求不得提及发明人。

（6）[已废止]

（7）在发明专利申请公布之前，发明只能经发明人或者其权利继受人的同意才能对外公开。

专利权

第 8 条

（1）专利权属于发明人或者其权利继受人。

（2）除非是终审法院裁决或者其他官方决定与此相反，否则专利权属于最早申请优先权日的人。

（3）两个或者两个以上的人共同发明的，专利权由发明人或者其权利继受人共同享有。

两个或者两个以上的人有权获得并平等享有权利，但另有规定的除外。

（4）两个或者两个以上的人分别独立创造发明的，专利权归最早申请优先权日的发明人或者其权利继受人，只要第一个申请被公布，或者它的客体被授予专利保护。

职务发明和雇员发明

第 9 条

（1）职务发明是指受他人委托而有义务在该发明领域里开发解决方案而创造出的发明。

（2）雇员发明是由发明人因劳务关系而无其他义务发明的，且其发明属于单位的业务领域。

第 10 条

（1）职务发明的专利权属于委托人或者其权利继受人。

（2）雇员发明的专利权属于发明人，但雇主有权使用该发明。

雇主的实施权是非独占性的，雇主不得授予实施发明的许可。

雇主不再存在或者其任何组织单位分立的，则其专利实施权转移至权利继受人。该权利不得以其他任何方式让与或者转让。

第 11 条

（1）发明者在发明创造之后应立即通知雇主或者委托人。

（2）在收到该通知后九十日内，雇主应作出声明，声明他对该发明享有或者不享有所有权，或者陈述其关于实施雇员发明的意图。

（3）雇主只有在发明人有权公开其发明的情况下才能使用该雇员发明[参照本法第 7 条第（7）款]。

（4）雇主同意或者未按照本条第（2）款作出声明的，发明人可行使与雇员发明相关的权利。

（5）雇员发明专利的权利应属于发明人，雇主同意或者未能根据本条第（2）款作出陈述，则该权利的实施不受雇主约束。

第 12 条

（1）雇主应当在收到职务发明通知之日起的合理时间内提出专利申请；此外，雇主还应积极获取专利权。

（2）在收到通知之日起该发明专利已由雇主承认且发明是保密的并在同业间利用的，雇主可以放弃提交专利申请，或者可以撤回申请。

雇主应通知发明人该决定。

（3）发生争议时，雇主负有证明发明在收到通知之日无法获得专利的举证责任。

（4）除本条第（2）款所述的情况外，在任何行为（包括移交临时专利保护）之前，或者任何有意的疏忽可能妨碍获得专利的职务发明，雇主应当提出转让向发明人免费提供专利权，无论是否具有适用于雇员发明的实施权。

雇主放弃临时保护的，即使未经发明人同意，亦应有效。

（5）本条第（4）款的规定不适用于发明人在本法规定的情况下已经获得公平报酬的情况。

职务发明的报酬

第 13 条

（1）使用职务发明的，在下列情况下，发明人有权获得报酬：

（a）发明受到专利保护，或者该发明的客体获得补充保护（参照本法第 22A 条）的，则从实施开始到最后专利保护或者补充保护期满为止；

（b）确定的专利保护或者——发明的客体被授予补充保护的（参照本法第

22A 条）——补充保护由于雇主放弃或者未缴纳维修费用失效的，从实施开始到专利期限届满或者补充保护因期限届满失效；

（c）发明受到保护的，从使用开始到发明的公布之日，或者从雇主通知发明之日起至多二十年，以较晚日期为准。

（2）以下情形应当视为使用职务发明：

（a）对发明的实施（参照本法第 19 条），包括为了创造或者保持其有利的市场地位未能实施的；

（b）向第三方授予实施许可证的；

（c）专利权或者专利的全部或者部分转让的。

（3）发明人有权分别对实施、每个实施许可、每个转让收取报酬，即使授予许可或者转让行为没有对价。

专利权利要求书的一个或者多个要素在产品或者过程中被发明者所提供的改进要素所取代的，不应影响其享有报酬的权利。

（4）报酬由雇主缴纳，或者属于联合专利的，并且在没有相关联合专利权人协议的情况下，由享有使用发明的专利权人缴纳。

在某种情况下，收购方享有实施许可或者转让的权利时应承担缴纳报酬的义务。

（5）在利用外国专利或者其他具有相同效力的合法保护的客体的情况下，还应当缴纳报酬；但是，若发明人有权依据国家专利获得报酬，则不应当享有报酬。

（6）发明人的报酬，应由与雇主、使用专利权人或者获得权利的人缔结的合同决定（职务发明的报酬合同）。

（7）实施发明的报酬应与雇主或者实施专利权人根据专利许可协议缴纳的实施费相当，同时考虑到发明客体的技术领域的许可条件。

（8）在实施许可或者专利转让的情况下，报酬应与实施许可或者转让的价值相一致，或者与没有对价的开发学科或者转让产生的利益相称。

（9）在评估报酬时，应考虑雇主对有关发明的费用以及发明人因受雇而产生的职责，确定本条第（7）和（8）款所规定的相称性。

凡是需要对发明进行保密的，还应当考虑对发明者未取得保护的不利因素。

实施雇员发明的报酬

第 14 条

（1）雇员发明实施权的报酬应由雇主缴纳，或者在有超过一名雇主且没有相反协议的情况下，由实施发明的雇主缴纳。

（2）发明人的报酬由与雇主缔结的合同决定。

（3）使用雇员发明权的报酬金额，应与雇主根据专利许可协议，考虑到该技术领域发明客体的许可条件须缴纳的费用相等。

职务发明和雇员发明的一般规定

第 15 条

（1）职务发明报酬的合同，以及本法规定的任何与职务发明和雇员发明有关的公开、陈述、通知或者信息，均应当在合同中写明。

（2）经双方当事人同意可以减损与职务发明报酬合同有关的规定，特别是本法第 13 条第（7）至（9）款的规定。

还可以订立报酬合同，规定将来在未来创造或者使用发明人的发明（针对风险分担的服务发明报酬合同）的固定金额的报酬。

（3）[已废止]

第 16 条

（1）关于委托发明或者雇员发明发生争议的，以及因发明的保密问题或者由于发明人的职务或者雇员发明而产生的报酬问题，均由法院处理。

（2）匈牙利知识产权局的知识产权工业产权专家（参照本法第 115T 条）还应就保密和报酬的发明专利性事项向发明人提供专家意见。

（3）[已废止]

第 17 条

对于公务人员、在职人员或者在就业性法律关系框架内工作的合作性成员创造的发明，参照适用本法第 9 条至第 16 条的规定。

专利保护的确立

第 18 条

（1）专利保护应从专利申请的公布日开始起算。

专利保护从申请之日起应具有追溯效力。

（2）公布保护是临时的。

授予申请人发明专利的，保护具有确定性。

专利保护的限制

第 21 条

（1）在优先权日之前，本国境内的任何人在其经济活动范围内，善意地开始制作或使用包含该外观设计的产品或为此目的做了充分准备的，享有在先使用权。

（2）在证明在先使用是基于获得专利产品的发明活动之前，在先使用者应被视为善意使用者。

（3）专利保护不得对抗对于使用者在优先权日之前已经存在的制造、使用或者准备的行为。

在先使用权只能与获授权的经济组织[参照《民事诉讼法》第685条（c）]一起转让，或者与进行制造、使用或者准备的该部分经济组织一起转让。

（4）行为人在宣布专利保护失效和其恢复期间在本国境内和其经济活动范围内开始制作或使用发明客体或者为此进行认真准备的,享有继续使用的权利。

有关继续使用的权利，参照适用本条第（3）款的规定。

（5）在互惠的情况下，专利保护对于在该国境内临时过境的通信和运输方式，或者对本国不打算投放市场的外国货物无效。

匈牙利知识产权局局长有权就互惠事宜作出裁决。

专利保护期限

第22条

从申请日起，专利保护期限为二十年。

专利保护范围

第24条

（1）专利授予的保护范围由权利要求书确定。

权利要求书应基于说明书和附图进行解释。

（2）专利保护应涵盖权利要求产品或者制作过程中所体现的所有技术特征。

（3）权利要求书的条款不得仅限于严格的字面性措辞，权利要求书也不应被视为本领域技术人员确定所要求保护的发明的唯一准则。

（4）为了确定专利保护是否延至某一产品或者方法，应适当考虑产品或者方法的任何与权利要求书规定相同的特征。

专利和共同专利的共同权利

第26条

（1）同一专利有两个以上的专利权人的，每个共同专利权人可以行使自己的权利。

一名共同专利权人希望处置其份额的，其他共同专利权人针对第三方享有优先权。

（2）发明可由任一共同专利权人单独实施；但是，其有义务按其份额向其他共同专利权人支付适当的报酬。

（3）专利实施许可只能由共同专利权人共同授予第三方。

根据民法一般规定，法院裁决可以取代集体同意。

（4）如有疑问，所有共同专利权人的份额应视为相等。

一名共同专利权人放弃专利保护的，其他共同专利权人的权利应根据其自身份额按比例扩大其份额。

（5）共同专利权人中的任何一方也可以单独维持和保护专利权。

其法律行为，除了和解、承认权利要求和放弃权利外，对于没有遵守期限或者履行必要行为的任何其他共同专利权人具有约束力，但条件是该其他共同专利权人随后未补救其不作为。

（6）共同专利权人的行为有分歧的，应在程序中考虑到所有其他相关事实后作出决定。

（7）与专利有关的费用由共同专利权人按其份额比例承担。

共同专利权人在收到通知后仍不缴纳其应缴纳的费用的，已缴纳该等费用的共同专利权人可以主张向其转让属于未履行其义务的共同专利权人的份额。

（8）有关共同专利的规定，参照适用于共同专利申请。

第十二章　专利诉讼

调整专利诉讼的规则

第 104 条

（1）首府法院有专属管辖权，并依据本法第 87 条在下列法院程序中组成合议庭：

（a）关于授权、修改或者撤销强制许可的诉讼，但依据 816/2006/EC 号条例[参照本法第 33A 条第（1）款]适用的强制许可事项除外（参照本法第 83A 至 83H 条）；

（b）关于存在先前或者继续使用权以及本法第 84K（6）条以及公约第 112a 条第（6）款和第 122 条第（5）款规定的权利的诉讼[参照本法第 84A 条（a）]；

（c）关于侵犯发明或者专利的诉讼。

（2）在专利诉讼中，原告证明其为专利权人或者有权以自身名义提起侵权诉讼的被许可人的，若不存在与之相反的情形，原告可依据临时措施获得特别保护。

若存在相反情形的，则应考虑到案件的所有情况，特别如果是该专利被匈牙利知识产权局或初审法院撤销，欧洲专利局或者在欧洲专利组织的其他成员国也撤销了匈牙利的欧洲专利。

关于推定证明保护原告的权利特别临时保护的必要性的规定,不适用于自专利侵权诉讼开始之日六个月后,或者原告知道侵权行为以及侵权人身份之日六十日后。

(3)在评估通过临时措施造成的损害或者可获得的利益时,还应考虑到临时保护措施是否明显且在很大程度上损害公共利益或第三方的合法权益。

(4)在专利侵权的情况下,临时措施的请求也可以在提起诉讼之前提出;首府法院应对非诉讼程序的请求作出决定。

由于非诉讼程序的特殊性而产生的例外情况,非诉讼程序的临时措施,参照适用本法规定和《民事程序法典》的一般规则。

原告已根据本条第(8)款提起专利侵权诉讼的,超出诉讼程序所缴纳费用的数额应作为诉讼费用缴纳。

(5)除了适用于侵权案件的民事救济措施外,专利权人可依据与临时措施相关要件向法院提出请求:

(a)能够证明侵权人的行为有可能危及随后实现其赔偿请求或者获得侵权收益的,可依据《司法执行法》的规定采取预防措施;

(b)强制要求侵权人协商或者提交其银行、金融或商业文件,以便按照(a)项命令采取预防措施;

(c)命令提供担保,如果代替要求中止专利侵权,专利权人同意侵权人继续实施诉称侵权行为。

(6)在专利权人提出中止专利侵权诉讼,且法院不允许的情况下,即使专利权人未提出要求的,法院也可依据本条第(5)款(c)要求提出担保。

(7)法院应不按次序针对临时措施作出决定,但不得迟于为此提交请求之日起十五日内。

二审法院应当不按次序就针对临时措施的决定提交的上诉进行裁决,但不得迟于上诉提交之日起十五日内。

(8)专利权人在临时措施决定通知后十五天内未就专利侵权提起诉讼的,应被告之要求,法院应当在临时措施执行前终止该决定[包括本条第(5)和(6)款]。

法院应不按次序针对宣布采取临时措施无效的请求进行裁决,但不得迟于提出请求后十五日内。

(9)在专利侵权诉讼过程中,一方当事人已出示合理可获得的证据,法院可依据出示证据一方的请求，要求被告人：

(a) 出示他所拥有的文件和其他物品，并可供他人查阅；

(b) 告知或者出示其银行、金融或商业文件。

(10) 专利权人在合理范围内提出专利侵权事实或者存在的危险的，在提起专利侵权诉讼前，允许预先出示证据。

诉讼尚未开始的，应向首府法院要求预先出示证据。

由首府法院进行预先证据的取证。

允许针对命令进行预先出示证据提起上诉。

(11) 专利权人未在命令初始出示证据宣告之日起十五日内提起专利侵权诉讼的，应被告的请求，法院应撤销其裁定初始出示证据的决定。

法院应当不按次序针对撤销初始出示证据的请求作出裁定，但不得迟于提交请求后十五日内。

(12) 当任何延误都将造成无法弥补的损害时，应视之为紧急情况，可在未听取被告意见的情况下，就此采取临时措施，包括本条第 (5) 和 (6) 款规定之措施。

若延误将造成无法弥补的损害，或者有可能破坏证据的风险，则视为紧急情况，可在未听取被告意见的情况下预先取证。

未经审理对被告作出的决定，应当在执行时通知被告。

裁定通知后，被告人可以要求对临时措施的决定或预先出示证据措施进行审查或者撤销或者提起诉讼。

(13) 法庭可以要求对命令初始出示证据和[除本条第 (5) 款 (c) 和第 (6) 款规定的例外情况]采取临时措施提供担保。

(14) 在本条第 (5) 款 (c)、第 (6) 款和第 (13) 款提到的情况下，有权从担保金额得到赔偿的一方，在自决定撤销初始出示证据或者临时措施的决定或者对中止诉讼的判决生效之日起三个月内，不执行其索赔的，担保人可以要求退还担保。

(15) 专利权人未依照本法第 84H 条提交欧洲专利文本匈牙利语译文的，且未依照本法第 84G 条第 (2) 款之规定向被指控的侵权人提供上述要求的疑问的，则应认为被告未提供任何诉讼理由。

(16) 涉及欧洲专利的，该专利文本的匈牙利语译文应随附诉讼请求。

如果不符合本要求，应发出通知书告知。

翻译费用由专利权人承担。

(17) 本条第（1）款未提及的任何其他专利诉讼均应由法院审理。

(18)《民事程序法典》的一般规定应适用于本条第（1）和（17）款提及的法庭程序，但本法第 89 条、第 94 条和第 95 条第（3）款规定的例外情况除外。

五、以色列

本部分内容节选自以色列《专利法》。

第二章　可专利性

第 2 条　专利申请权

可授予专利的发明的所有人根据本法规定有权就该发明申请授予专利。

第 3 条　可授予专利的发明的构成要件

在任何技术领域的一项产品或方法发明，如果是新颖和实用的，适于工业应用，涉及发明性步骤，是可授予专利的发明。

第 4 条　新颖性

一项发明在申请日之前没有在以色列或国外以下列形式公开的，视为新颖：

（1）通过书面、可视、可听或者任何其他说明书，使一般技术人员能够根据说明书的详情实施发明。

（2）通过实施或者展览，使一般技术人员能够根据由此为人所知的详情实施发明。

第 5 条　发明性步骤

发明性步骤指在一般技术人员看来，针对在申请日之前以第 4 条规定方式公开的信息，不具有显而易见性的步骤。

第 6 条　公开不影响发明所有人的权利

有下列情形之一的，对于将被授予专利的发明所有人，其权利不受第 4 条规定的公开的影响：

（1）证明公开的内容从发明所有人或者前任所有人处获得但未经其同意而公开，并且如果申请在申请人得知公布后的合理期间内提交。

（2）(a) 发明所有人或者其所有权前任人以下列方式之一进行公布：

(i) 在以色列的一个商品或者农业展览会上或者在成员国之一的一个受承认的展览会上展出，注册主任在开展前收到正式通知。

(ii) 在上述展览会期间公布发明的说明书。

(iii) 为展览会目的并在展览会场所使用发明。

(b) 在展览会期间，在展览会场所内部或者外部，通过使用发明而公布，无论发明所有人是否同意，但应在展览会开始后六个月内提交专利申请。

（3）通过发明人在科学协会演讲或者通过在该协会的正式学报上发表演讲而公开，但应在演讲前通知注册主任并在上述公开后六个月内提交专利申请。

第 7 条　授予专利的限制

尽管有第 2 条的规定，仍然不应授予以下各项专利权：

（1）用于人体的治疗方法。

（2）动物或者植物新品种，但非产生于自然界的微生物除外。

第 8 条　专利只能授予一项发明

一项专利只能授予一项单一的发明。

第 9 条　最先申请优先

多个申请人就相同发明申请专利的，应将专利授予根据本法最先提交有效申请的人。

第 10 条　优先权

（1）发明所有人或者其前任所有人就该发明在成员国合法提交发明专利申请以后（以下称"在先申请"），发明所有人又在以色列就该发明提交发明专利申请的，根据第 4 条、第 5 条和第 9 条，可请求将在先申请的日期视为在以色列提交申请的日期（以下称"优先权"），但以符合下列所有条件为限：

（a）在先申请提交后十二个月内在以色列提出申请，如果就同一事项提出一个以上在先申请，以最早提交的日期为准；

（b）优先权主张在以色列提交申请后不迟于两个月提出；

（c）在条例规定的时间向注册主任提交在先申请的说明书及其附图的副本，说明书应经提交在先申请的成员国主管机关认证；

（d）注册主任认为在先申请说明的发明与在以色列申请专利的发明实质上相同。

（2）优先权主张基于多个在先申请，并且基于每一该等申请主张优先权的，第（1）款的规定应根据与该部分有关的最早在先申请的日期适用于发明的每个部分。

（3）优先权主张基于在先申请的部分的，应适用第（1）款的规定，犹如该部分已于国外在单独的在先申请中提出主张。

（4）可以就一项专利申请的一部分主张优先权，并且第（1）款的规定应仅适用于该部分。

第三章　授予专利的程序

第一节　专利申请

第 11 条　专利申请的提交

（1）专利申请应按规定的方式和形式向专利局提交，并缴纳规定的费用，申请应包含申请人的姓名、用于送达文件的以色列地址以及发明的说明书。

（2）申请人是发明人以外的人的，应在申请中说明其如何成为发明的所有人。

第 12 条　说明书

（1）说明书应包含可确定发明的名称、发明的说明和可能必要的附图，以及能使一般技术人员实施该发明的方式的说明。

（2）为第（1）款的目的，发明的对象是生物材料或生物材料的生产方法，或者发明涉及生物材料的使用，且该生物材料已被提交至保藏机构，则发明或发明实施方法的说明书的一部分可以包含对该保藏的表述，全部依照司法部部长经议会法律和司法委员会批准规定的形式和条件。

在本条中：

"生物材料"指公众不易获取、无法以使技术人员能够实施发明的方式说明，但可独立或者在宿主动物或植物细胞中复制或者再生的生物材料；

"保藏机构"指根据《布达佩斯条约》第 7 条承认为国际保藏单位的机构，其通知已在公报中公告的机构；

"布达佩斯条约"指于 1977 年 4 月 28 日签订并于 1980 年 9 月 26 日修订的《国际承认用于专利程序的微生物保存布达佩斯条约》，公众可在专利局查阅该条约。

第 13 条　权利要求

（1）说明书结尾应有界定发明的一项或者多项权利要求，所述各项权利要求须可从说明书的描述中合理推出。

（2）可以在权利要求中说明作为实施特定行为的手段或者步骤的发明的任何基本要素，不必具体说明实施该行为需要的结构、材料或者行为；由此说明的权利要求应被视为包括如说明书中说明的有关结构、材料或者动作的详情。

第四章　专利、专利的修改和宣告无效

第一节　由专利产生的权利

第 50 条　专利的实用性

（1）发明构成方法的，专利还应适用于该方法的直接产品。

（2）针对生产方法的发明而言，在侵权诉讼中，被告必须证明其生产相同产品的方法不同于受专利保护的方法；就本款而言，未经专利权人同意而生产的相同产品，除非另行证明，应被视为通过受专利保护的方法生产的产品，需符合以下两个条件：

（a）专利权人无法通过合理努力查明生产相同产品实际使用的生产方法；

（b）相同产品通过受专利保护的方法生产具有高度合理性。

第 52 条　专利的期限

专利的期限为自申请日起二十年。

第六章　国家的权力

第一节　基于国防所需的权力

第 94 条　基于国家安全对注册主任活动的限制

（1）国防部长认为为了国家安全的利益，包括保护国防之必要，经与司法部部长协商，可以通过命令实施下列行为：

（a）命令注册主任不得实施其根据本法基于特定申请被要求或者允许实施的任何行为，或者推迟实施该行为；

（b）禁止或限制公布或者发布与特定申请有关的信息，或者与申请中信息有关的信息。

（2）应该向申请人送达国防部长的命令副本。

第 98 条　对在国外提交专利申请的权利的限制

以色列的国民、以色列的永久居民或者任何其他应效忠国家的人不得在国外提交客体为武器或者军火或者有其他军事价值或者涉及第 95 条的发明的专利申请，并且该人也不得直接或者间接促致该申请被提交，但适用下列任一情况的除外：

（1）事先得到国防部长的书面许可。

（2）在以色列就该发明提交申请，且在该申请送交后六个月内国防部长未就该申请作出第 94 条项下的命令，或者虽作出此命令但命令不再有效。

第八章　职务发明

第 131 条　发明的通知

雇员必须在其作出发明后尽快向其雇主告知其因任职或者在其任职期间作出的任何发明，以及由其提交的任何专利申请。

第 132 条　因任职产生的发明

（1）雇员因其任职或在其任职期间产生的发明（以下称"职务发明"），若其与雇主之间无相反约定，则应成为雇主的财产，但雇主在向其送交第 131 条项下通知之日后六个月内放弃该发明的除外。

(2) 如果雇员在第 131 条项下的通知中声明在送交雇员通知后六个月内雇主无相反答复,则发明将成为雇员的财产,且如果雇主未作相反的前述答复,则发明不应成为雇主的财产。

第 133 条 有关职务发明的决定

针对特定发明是否属于职务发明的问题发生争议的,雇员或者雇主可向注册主任申请,由注册主任作出决定。

第 134 条 职务发明的报酬

没有协议规定雇员是否有权针对职务发明获得报酬、在多大程度上可针对职务发明获得报酬和针对职务发明获得报酬的条件,应由根据第六章设立的补偿和使用委员会决定。

第 135 条 确定报酬的指导意见

作出第 134 条项下的决定时,补偿和使用委员会应考虑以下因素:

(1) 雇员受雇的职位。
(2) 发明和雇员工作之间的关联性。
(3) 雇员作出发明的主动性。
(4) 实施发明的可能性和其实际的实施。
(5) 雇员为在以色列取得发明的保护产生的在特定情况下为合理的开支。

第 136 条 复议

补偿和使用委员会认为作出第 134 条项下决定时存在的情况已经改变,并且被要求进行复议的,有权对该决定进行复议;但是,委员会认为申请不恰当的,可以命令申请人支付费用。

第 137 条 国家雇员通知发明的义务

国家雇员、士兵、警察或者司法部部长通过命令指定的国有企业或者机构的雇员,或者从国家或者从任何该等国有企业或者机构获得报酬的其他人,在其任职期间或者在其任职期间结束后六个月内在其职责范围内或者在其受雇单位的工作范围内作出发明的,应按规定通知国家公务局长(以下称"公务局长")或其他公务人员;该通知应在作出发明后尽快送交,但不得晚于发明人计划提交专利申请的日期,送交按照与财政部部长协商规定的方式进行。

第 138 条 禁止国家雇员在国外提交申请

必须根据第 137 条发出通知的人不应为其发明在国外提交专利或者获得其他保护的申请,但适用下列任情况的除外:

(1) 事先得到公务局局长或者其他为该目的获授权的公务人员的许可。

(2)在其根据第 137 条针对其发明发出通知之日后六个月内,未决定将其在发明中的权利根据第 132 条或者根据协议全部或者部分转移至其工作所在的国有企业或者国家机构。

第 139 条　披露详情的义务

根据本章发出通知或者有义务发出通知的,必须随时向其雇主披露发明的所有详情,以及对第 132 条、第 135 条或者第 140 条所述内容具有重要性的其他详情。

第 140 条　帮助职务发明获得保护的义务

作出职务发明且其所有权根据第 132 条或者通过协议全部或者部分转移至其雇主的,必须履行雇主为了雇主利益在任何地点获得发明保护而要求其实施的一切事项,并签署由此要求的任何文件;否则,注册主任可在给雇员陈述理由的机会后允许雇主如此行事。

第 141 条　保密义务

未针对职务发明提交专利申请的,雇员、雇主和向其披露该事项的任何人均不得披露发明的详情。

六、罗马尼亚

本部分内容节选自罗马尼亚《专利法》。

第一章　一般规定

第 1 条

(1)发明的权利,应当由国家发明与商标局依据法律规定的条件通过授予专利在罗马尼亚境内予以认可和保护。

(2)根据法律规定,产生于欧洲专利的权利也应当获得承认和保护。

第 3 条

专利权应当归属于发明人或者其权利继受人。

第 4 条

(1)发明由多个发明人共同创造的,各发明人都应当具有共同发明人的地位,并且权利应当共同归属于所有发明人。

(2)两个或者两个以上的人独立创造相同发明的,专利权应当归属于提出载有最早申请日的专利申请的人。

第 5 条

根据罗马尼亚为其缔约国的国际条约和公约,在罗马尼亚境外有住所或者注册办事处的外国自然人或者法人受本法保护。

第二章 可授予专利权的发明

第 6 条

（1）专利应当授予在全部技术领域中以产品或者方法为客体的任何发明，只要该发明具有新颖性、创造性，并且适于产业应用。

（2）下列情形中，生物技术领域的发明可被授予专利权：

（a）从自然环境中分离出来或者由任何技术方法制造出来的生物材料，即使它此前存在于自然界中；

（b）植物或者动物，如果该项发明的技术可行性并不局限于特定的植物品种或者动物品种；

（c）一种微生物学方法或者其他技术方法，或者通过上述方法获得的除植物品种或者动物品种之外的产品；

（d）从人体中分离出来或者由技术方法制造出来的元素，包括一个基因的序列或者部分序列，即使该元素的构造与自然元素的构造相同。

第 7 条

（1）现特别指明下列对象不得视为第 6 条所指的发明：

（a）发现、科学理论和数学方法；

（b）美学创造；

（c）执行智力活动、开展游戏或者商业活动的计划、规则和方法，以及计算机程序；

（d）资料的呈示。

（2）本条第（1）款规定应排除其提及的客体或者活动的可专利性，但只限于专利申请或专利与该客体或活动相关。

第 8 条

（1）根据本法，不应授予下列对象专利权：

（a）其实施将违背公共秩序与道德的发明，包括对人类、动物或者植物的健康或者生命有害的发明，以及可能严重危害环境的发明，但该可专利性的例外不应当仅仅取决于实施行为被法律规定所禁止；

（b）植物品种和动物品种，以及本质上以生产植物或者动物为目的的生物方法，本规定不适用于微生物方法或者因此而获得的产品；

（c）在其形成和发展的各个阶段以人体为客体的发明，以及仅仅是发现其中一个元素的发明，包括一个基因的序列或者部分序列；

（d）通过外科手术或者非手术治疗人体或者动物体的方法，以及用于人体或者动物体的诊断方法。

（2）本条第（1）款（d）的规定不适用于产品，尤其是用于任何此类方法的物质或者成分。

第 9 条

（1）一项发明如果不构成现有技术的一部分，则视为具有新颖性。

（2）现有技术包括在专利申请日以前，以书面或者口头说明、使用或者其他任何方式，为公众所知的全部知识。

（3）现有技术还包括向国家发明与商标局提出的专利申请和已经进入罗马尼亚国家阶段的国际申请，或者在提出申请时指定罗马尼亚的欧洲专利申请，但依据本法规定其申请日应早于本条第（2）款规定的日期，并且在该日期或者其后公布。

（4）将属于现有技术的物质或者材料用于本法第 8 条第（1）款（d）所规定的方法中的，本条第（2）和（3）款的规定不得排除该物质或者材料的可专利性，但该物质或者材料在此类方法中的使用不得构成现有技术。

（5）为了其他特定用途，以本法第 8 条第（1）款（d）所规定的任何方法使用本条第（4）款所规定的物质或者材料的，本条第（2）和（3）款的规定不得排除该物质或者材料的可专利性，但该物质或者材料在此类方法中的使用不得构成现有技术。

第 10 条

（1）适用本法第 9 条时，在提出专利申请前六个月内，由于下列原因产生或因下列原因导致发明的信息被披露的，该申请不丧失新颖性：

（a）就申请人或者其合法的原始权利人而言，对该项发明的明显滥用；

（b）申请人或者其合法的原始权利人在官方或者由官方承认的，属于 1928 年 11 月 22 日在巴黎签署的《国际展览公约》及其修订文本所规定之列的国际展览会上展出其发明。

（2）只有申请人在提出专利申请时声明其发明已经实际展出，并且在本法实施条例所规定的期限内和条件下提交一份支持其声明的文件，方可适用本条第（1）款（b）的规定。

第 11 条

（1）一项发明如果与现有技术相比，对于一个熟悉该技术领域的人来说是非显而易见的，则视为具有创造性。

（2）本法第 9 条第（3）款所指的专利申请，即使属于现有技术，在判断是否具有创造性时也不予以考虑。

第 12 条

（1）一项发明如果能够在包括农业在内的任何一个产业被制造或者使用，则被视为适于产业应用。

（2）基因的序列或者部分序列的产业应用必须在专利申请中披露。

第三章　专利申请的登记、公布和审查，专利权的授予

第 13 条

（1）在罗马尼亚提出的专利申请必须包括：

（a）授予专利权的请求书；

（b）申请人的身份信息；

（c）发明的说明书；

（d）一项或者多项权利要求；

（e）说明书或者权利要求中提及的附图。

（2）申请人不是发明人的，专利申请还应当包含足以确定发明人的详细资料，并且附有一份指明专利授予权来源的文件。

（3）本条第（2）款所指的文件应当在对专利申请作出决定之前提交。

（4）专利申请应当由有权获得专利权授予的人提出，既可以亲自提出，也可以依据本法实施条例所规定的任何方式提出。

（5）在国家发明与商标局的所有程序中，申请人应当被视为有权获得专利权授予的人。

（6）专利申请应当向国家发明与商标局提出，申请人可以选择以书面形式，或者以国家发明与商标局允许和本法实施条例规定的其他任何形式和方式递交。

（7）专利申请应当附有一份摘要，该摘要不得迟于专利申请公布日前两个月提交。

（8）摘要只能作为技术信息而使用；不得用于其他目的，尤其不能用于解释专利保护范围，也不能用于适用本法第 9 条第（3）款的规定。

第 14 条

（1）专利申请日是向国家发明与商标局提交下列内容的日期：

（a）明示或者默示表示请求授予专利权；

（b）足以确定申请人或者能够使国家发明与商标局联系到申请人的信息

说明；

（c）表面上看关于该发明的说明书。

（2）说明书部分缺失的，为了确定申请日，上述部分可以补交，申请日是提交上述部分并且支付该部分登记费用的日期。

（3）本条第（1）款（c）规定的说明书缺失部分已经补交但又撤回的，申请日应当是达到本条第（1）款规定要求之日。

（4）本条第（2）款补交的条件以及撤回补交的缺失部分的条件，由本法实施条例规定。

（5）从表面上看，专利申请中缺少说明书这部分内容的，为了确定申请日，在遵守本法实施条例规定的前提下，可以在专利申请中以罗马尼亚文援引此前向任何政府机关提交的在先申请，以代替说明书。否则，该申请不视为专利申请。

（6）专利申请应当在国家专利申请登记簿上进行登记。根据法律的特别规定，登记簿上的信息在工业产权官方公报上公布前不得对公众公开。

（7）在已经支付法定费用的前提下，权利要求书和有关发明的附图可以在专利申请之日起两个月内提交。

（8）国际专利申请或者欧洲专利申请的申请日应当是由罗马尼亚参与缔结的国际条约和公约的日期来确定，并且该日期应当记载在国家专利申请登记簿上。

第 15 条

（1）自然人或者法人可以基于正当理由提交外文的说明书、权利要求书和附图，只要自专利申请登记之日或者自进入国家阶段之日起两个月内向国家发明与商标局提交上述文件经过认证的罗马尼亚文译本，并且已经支付法定费用。

（2）下列情形视为符合本法有关申请的形式和内容要求：

（a）国际申请符合《专利合作条约》有关形式和内容要求的规定，该条约于 1970 年 6 月 19 日在华盛顿外交会议上缔结，1979 年 3 月 2 日经国务委员会第 81 号法令及其后续修订本文所批准；

（b）国际申请的处理或者审查开始后，符合《专利合作条约》、国家发明与商标局或者欧洲专利局（当其代行国家发明与商标局有关职权时）规定的有关形式和内容的要求。

（3）本法实施条例所规定的有关申请形式和内容的其他任何要求也应当予以遵守。

（4）只要满足本法第 13 条第（1）款或者第 15 条第（1）款的规定，专利申请的提出就应当产生正规的国家申请的效力。

（5）正规的国家申请指无论申请的结果如何，只要足以确定申请日的任何申请。

第 16 条

向国家发明与商标局提出符合本法第 13 条第（1）款和第 15 条第（1）款规定的专利申请的任何个人或者其权利继受人，自申请日起，就同一发明的任何在后申请享有优先权。

第 17 条

（1）发明应当在专利申请中以充分清楚和完整的方式披露，以便能够被一个熟悉该技术领域的人所实施。

（2）发明涉及一种并不为公众所知晓的生物材料或者对生物材料的使用，而该生物材料或者对生物材料的使用无法以一种能够使发明被一个熟悉该技术领域的人所实施的方式在专利申请中进行描述的，只有申请人在专利申请日以前出具一份文件以证明该生物材料已经保藏于国际存托机构，才能视为已满足本条第（1）款所规定的要求。

（3）权利要求书应当明确所请求保护的事项，该等事项应当清晰简洁并为发明的说明书所支持。

第 18 条

（1）一件专利申请应当仅仅涉及一项发明，或者涉及可以相互联系以形成一个单独发明概念的一组发明。

（2）不满足本条第（1）款规定条件的专利申请，申请人可以主动或者按照国家发明与商标局的要求进行分案，直至作出有关上述专利申请的决定。

（3）分案申请只能请求保护不超出原申请所披露内容的部分。

符合该要求的分案申请应当视为在原申请之申请日提交，并且每一个分案申请都应当享有由此产生的优先权。

第 19 条

（1）已经在《保护工业产权巴黎公约》的任一缔约国或者世界贸易组织的任一成员按时提出专利、实用新型或者实用证书申请的任何人或者其权利继受人，就同一发明在罗马尼亚提交在后专利申请的，在自在先申请提出之日起的十二个月期间内享有优先权。

（2）根据《保护工业产权巴黎公约》任一缔约国或者世界贸易组织任一成员

国的国内法规定向该国提出的任何申请都等同于正规的国家申请，享有优先权。

（3）以罗马尼亚为指定国并且已经确定申请日的欧洲专利申请，在罗马尼亚等同于正规的国家申请。在适当的情况下，可以考虑该欧洲专利申请所要求的优先权。

（4）专利申请的申请人可以享有同一发明的在先申请优先权，只要根据本法实施条例的规定，在提出专利申请时一并提出要求在先申请优先权的声明，并且提交优先权的证明文件。

（5）当符合本条第（1）款的规定时，同一件专利申请可以主张多项优先权，但只适用于专利申请中包含所主张优先权的部分；在适当的情况下，就同一权利要求也可以主张多项优先权。

（6）只有作为一个整体在专利申请中被明确披露的部分，其优先权才能被认可。

（7）主张或者可能已主张在先申请优先权的申请，其申请日在优先权期限届满以后但未超过该期限届满后的两个月，在支付规定费用的前提下，该优先权也可以被认可，条件是：

（a）根据本法实施条例的规定提出一份明确的要求认可优先权的请求；

（b）在规定的期限内提出该请求；

（c）该请求说明没有遵守优先权期限的原因；

（d）国家发明与商标局认为虽然在后专利申请没有在优先权期限内提出，但是做到了相关的注意或者未遵守期限限制并非故意。

（8）申请人所要求的优先权属于另一个人的，转让人应当向国家发明与商标局提交一份授权书以证明申请人有权要求在先申请优先权。

（9）该授权书应当自主张优先权之日起最多三个月内提交。

第 20 条

（1）在先申请的申请人或者其权利继受人在自国家发明与商标局确定的专利申请日起的十二个月期限内提出一件在后专利申请的，可以就同一发明在后申请中要求享有国内优先权。

在后申请要求国内优先权的，作为优先权基础的在先申请，如果对其尚未作出决定，则应当被视为撤回。

（2）申请人要求国内优先权的，可以在提交在后申请之日提出或者自在后申请之日起两个月内提出。

（3）下列情形中，在后申请中要求在先申请的国内优先权的，不予认可：

(a) 根据本法第 16 条的规定，至少有一件专利申请享有优先权；

(b) 对在先申请要求享有国内优先权，该优先权日早于自在后申请日起的十二个月期限；

(c) 没有在本法实施条例规定的期限内提交国内优先权文件。

第 21 条

（1）申请人在提出专利申请之日没有要求优先权的，依照本法实施条例的规定并且在缴纳规定费用的情况下，可以在申请日起两个月内提出优先权的要求。

（2）优先权文件应当在自最早的优先权日起的十六个月期限内，或者在自国家阶段开始之日起的四个月期限内提交。

（3）国家发明与商标局认为作为优先权要求基础的在先专利申请的译本有必要进入审查程序的，应当根据本法实施条例的规定，要求申请人提交一份在先申请的经过认证的罗马尼亚文译本。

（4）对因不符合本条第（2）款或者本法第 19 条规定而不予认可的优先权要求，国家发明与商标局应当在自申请日或者进入国家阶段之日起六个月内作出决定。

第 22 条

（1）按照国内程序提交并且已经成为正规的国家申请的专利申请，应当在自申请日起的十八个月期间届满后立即公布，优先权已被认可的，应当在自优先权日起的十八个月期间届满后立即公布，但本法第 38（2）条规定的情形除外。

（2）根据《专利合作条约》提交的专利申请应当在自进入国家阶段之日起的六个月期间届满后立即公布。

（3）经自然人权利人或者法人权利人的要求，根据本法实施条例的规定，专利申请可以早于本条第（1）和（2）款规定的期限公布。

（4）在本条第（1）款规定的期限届满之前已经作出授予专利权的决定的，专利申请应当与记载该决定的公告一同公布。

（5）本法第 38 条第（2）款规定的专利申请，应当自其信息的保密状态被解除之日起三个月内公布。

（6）在十八个月期间届满之前已经作出驳回决定或者专利申请被撤回或者被视为撤回的，该专利申请不予公布。

（7）专利申请的公布应当记载在工业产权官方公报上，并且根据本法实施条例的规定生效。

第 23 条

（1）依据申请人的要求，国家发明与商标局应当出具一份检索报告，该报告在适当的情况下可以附关于可专利性的书面意见，且国家发明与商标局应当根据本法实施条例的规定公布该检索报告。

（2）检索报告没有与专利申请同时公布的，应当随后公布。

第 24 条

（1）对专利申请进行审查的请求，既可以在该专利申请的申请日或者国家阶段开始之日提出，也可以自申请日或者开始之日起三十个月内提出。

（2）包含国家秘密信息的专利申请，审查请求可以在该专利申请的申请日提出，或者在自保密状态被解除之日起三个月内提出，但不得迟于本法第 30 条规定的专利权保护期届满前的三十个月提出。

第 25 条

国家发明与商标局应当审查：

（1）专利申请是否满足：

（a）本法第 5 条的规定；

（b）本法第 13 至 15 条规定的申请相关要求；

（c）本法第 19 条、第 20 条和第 21 条规定的享有优先权的要求；

（d）本法第 18 条第（1）款规定的发明单一性要求。

（2）发明，即申请的对象是否：

（a）依照本法第 17 条规定进行披露；

（b）没有被本法第 7 条第（1）款排除可专利性，或者不属于本法第 8 条规定的情形；

（c）满足本法第 6 条和第 9 至 12 条规定的可专利性条件。

第 37 条

（1）基于在本法实施条例规定的期限内和条件下向国家发明与商标局提交的代理委托书，申请人、转让人、专利权人或者其他任何利害关系人可以由代理人代理其参加国家发明与商标局的程序。

（2）本条第（1）款中提到的主体，在罗马尼亚境内没有住所或者注册办事处的，必须由代理人进行代理，但是作为例外，上述主体可以以自己的名义进行下列行为：

（a）为确定申请日期而提出专利申请；

（b）支付费用；

（c）提交在先申请的副本；

（d）向国家发明与商标局发出与本款（a）、（b）和（c）项的任何程序有关的通知。

（3）维持费可以由任何人缴纳。

（4）在撤销代理委托书的情况下，代理人的署名不再具有同指定该代理人的申请人、权利人或者利害关系人的署名同等的效力。

第 38 条

（1）已经提交给国家发明与商标局的专利申请，在其公布之前，未经申请人的同意不得披露其发明，并且该发明在被公布之前，应当具有特别法所规定的特征。

（2）在罗马尼亚境内创造并成为专利申请对象的一项发明中如包含国防和国家安全领域的信息，主管机关可以将该信息列为国家秘密；在此种情况下，主管机关应当通知申请人已经将该信息列为秘密信息，并且申请人可以基于合同获得主管机关根据本法实施条例规定的条件所给予的补偿。

（3）被列为国家秘密的信息的保密状态，可以由将其列为秘密信息的主管机关自由裁量予以解除。

第 39 条

（1）在罗马尼亚境内由罗马尼亚自然人完成的发明，在向国家发明与商标局提出专利申请以前，不得在国外申请专利。

（2）对于包含国家秘密信息的发明，只有在根据本法第 38（3）条的规定解除其保密状态后，才能在国外申请专利。

（3）就本条第（1）款所指的发明在国外申请专利的，罗马尼亚申请人或者专利权人可以依据法律规定获得经费支持。

（4）就本条第（1）款所指的发明在国外申请专利的，完成该发明的罗马尼亚自然人或者其权利继受人应当通知国家发明与商标局。

（5）对于未在其他国家申请发明专利的国际申请的登记，根据《专利合作条约》的规定，国家发明与商标局应当作为受理局。

七、巴基斯坦

本部分内容节选自巴基斯坦《专利注册条例》。

第三章 可专利性
第 7 条 可授予专利的发明
(1) 任何具有新颖性、创造性且能进行工业应用的发明均可取得专利权。
(2) 除第 (3) 款另有规定外，下列各项不得视为第 (1) 款所指的发明：
(a) 发现，科学理论或数学方法；
(b) 文学、戏剧、音乐、艺术作品或任何其他具有纯粹美学特征的创作；
(c) 进行脑力活动、游戏或者商业经营的方案、规则或者方法；
(d) 信息的呈示；
(e) 自然界存在的物质或者从中分离的物质。
(3) 第 (2) 款规定仅在专利或者专利申请直接与该情况相关时方可阻止其为本条例之目的不被视为发明。
(4) 下列情况不得被授予专利：
(a) 为保护公共秩序或者社会道德，包括保护人类、动物或者植物的生命或者健康，或者为避免对环境的严重损害，有必要禁止其商业性实施的发明，但该排除不仅因为商业性实施为现行法律所禁止；
(b) 除微生物之外的植物和动物，以及本质上为生产植物和动物的除非生物学方法和微生物方法之外的生物学方法；
(c) 用于人类或者动物疾病的诊断、治疗和手术方法；
(d) 对已知产品或者方法的新运用或者后续运用；
(e) 仅仅对化学产品的物理外观作出改变而化学式或者制造方法保持不变的，但本项不适用于任何达到可专利性标准的发明。

第 8 条 新颖性
(1) 发明不构成现有技术一部分的，视为具有新颖性。
(2) 现有技术包括：
(a) 在专利申请日或者适当情况下优先权日前，在世界任一地方通过有形形式公布、口头披露、使用或者以任何其他方式，向公众披露的所有事物；
(b) 根据第 21 条公布的在巴基斯坦提交的申请的完整说明书和优先权文件的内容；
(c) 地方或土著社区拥有或可获得的传统或现存知识；
(3) 尽管有第 (2) 款的规定，但物品在专利申请日前十二个月内在官方或者官方承认的国际展览会上展出的，与物品有关的可授予专利的发明的披露仍然不构成"现有技术"。随后要求优先权的，期间自该物品在展览会展出之日开始。专利局局长可以要求提交其认为必要的书面证据以证明所展物品的身份和其参加展览的日期。

（4）在本条中，对发明人的提述，包括对当时发明的任何所有人的提述。

第 9 条　创造性

考虑构成第 8 条所规定的部分现有技术的任何事项，发明对于专利申请日前本领域的技术人员来说，并非显而易见的，视为其具有创造性。

第 10 条　工业应用

发明能够被制造或者进行其他工业应用的，视为适于工业应用。

第四章　申请

第 11 条　有权申请专利的人

下列任何人，无论是单独还是和任何其他人共同，均可以提出专利申请：

（1）真正和最先的一名或多名发明人或者其受让人或者利益继承人。

（2）在即将死亡前有权提出专利申请的任何死者的法定代理人。

第 12 条　由雇员完成的发明的专利权

在雇佣期间由雇员在雇主活动领域完成的发明的专利权，在不存在相反合同义务的情况下，应属于发明人，除非雇主证明如不使用雇主所有的对发明必要的设施、设备和发明等资源，该发明无法完成。

但发明具有特殊经济价值的，发明人有权在考虑其职务性质、薪水以及雇主所获利益的情况下获得合理报酬。

第 13 条　专利申请

（1）每项专利申请应按照规定的形式、以规定的方式向专利局提交，并且应当包含一份声明，申请书中的发明是申请人或（如为联合申请的）至少一名申请人主张其是该发明真实和最先发明人或者该一名或多名发明人（视情况而定）的法定代理人或者受让人；发明人不是申请人的，他有权在申请中作为发明人被提及，对没有被提及的，并愿意作为申请人所提交之专利申请的发明人，专利局局长在听取任何利害关系人的陈述之后，可以添加其姓名作为已按规定方式提出的专利申请的发明人或者共同发明人（视情况而定）。

（2）就两项或者多项同类发明或者其中一项是另一项发明修改而得的发明在一个或者多个公约国已经提出保护申请的，在符合第 15 条规定的情况下，自所述保护申请的最早之日起十二个月内的任何时间可以就该等发明提出单一公约申请。

（3）一项申请仅能涉及一项发明。

（4）在申请接受前，申请人可以将申请分为两项或者多项申请（以下称"分案申请")。每一分案申请均不得超出原申请披露的范围。

（5）每项分案申请均享有原申请的申请日，且在适用的情况下，也享有原申请的优先权日。

（6）针对不符合发明单一性要求的申请授予专利的，该事实不得作为专利无效的理由。

（7）申请人可以随时向专利局局长请求撤销申请；在官方公报公告受理申请之前，该申请即被撤销的，申请书、说明书、权利请求书和附图（如有）不得公开供公众查阅。

（8）涉及转基因生物的专利申请应当取得联邦政府的许可并且应当符合规定的要求。

（9）利用与药物或者农业化学产品相关的可授予专利的发明的专有销售权的，其申请应当提交至专利局局长为此提供的信箱，专利局局长可以要求按照规定的形式和方式提交该申请。

第七章　对特定发明保密的规定

第 25 条　有损巴基斯坦国防或者公共安全的信息

（1）专利局长认为向专利局提交的发明专利申请是由联邦政府向其通知的或者其本人认为公布可能会损害巴基斯坦国防的类别中的一项发明的，其可以作出指示禁止或者限制公布该发明信息或者向任何指定的人或者一类人传播该发明信息。

（2）专利局局长认为所提交的任何申请的说明书包含其公布可能会损害公共安全的信息的，其可以作出指示禁止或者限制公布该信息或者向任何人传播该发明信息，直至从接受申请之日起不超过三个月的期间结束。

（3）本条规定的指示生效时，申请可以继续进入依程序接受的阶段，但不得公布说明书。

（4）专利局局长依据本条规定针对任何申请作出指示时，其应当将该申请和该指示通知联邦政府，下列规定应当随之生效：

（a）联邦政府接到通知后应当判断公布发明或者该信息的公布或者传播是否会损害巴基斯坦国防或者公共安全；

（b）联邦政府根据（a）项规定认为该说明书的公布或者该信息的公布或者传播会损害公共安全的，联邦政府应当通知专利局局长，专利局局长应当维持根据第（2）款所作的指示，直至该指示根据（e）项被撤销；

（c）联邦政府根据（a）项确定该说明书的公布或者该信息的公布或者传播

会损害公共安全的，除非联邦政府先前已经根据（d）项规定通知专利局局长，联邦政府应当自申请日起九个月的期间内重新考虑该问题，并在之后的每十二个月期间中至少重新考虑一次该问题。

（d）在任何时间考虑新申请时，联邦政府认为说明书的公布或者申请书所含信息的公布或者传播不会或者不再继续损害巴基斯坦国防或者公共安全的，应当就此通知专利局局长；以及回车（e）接到（d）项规定的通知后，专利局局长应当撤销指示，并且可以在其认为适当条件下（如有）延长进行本条例要求或者授权的与该申请相关的任何事项的期间，无论该期间先前是否已经届满。

（5）根据本条规定就其已作出指示的发明专利申请提交的完整说明书在该指示撤销前被接受的：

（a）如果该发明由联邦政府或者代表联邦政府或者根据联邦政府的命令使用，则针对该使用应当适用第58条的规定，犹如该发明已被授予专利一样；

（b）如果联邦政府认为专利申请人由于指示持续生效而面临困难，则在考虑发明的价值和效用、发明目的和任何其他相关情况后，联邦政府可以通过赔偿的方式向申请人支付联邦政府认为合理的费用（如有）。

（6）根据本条规定已就其作出指示的申请被授予专利的，在指示生效期间，不应缴纳专利续期费。

第 31 条　专利期限

本条例规定的专利期限为自申请日起二十年。

第 36 条　专利局局长或者法院裁定雇主和雇员之间纠纷的权利

（1）雇主和现在是或者曾经在关键时间是其雇员的人之间就各方有关该雇员单独完成或与其他雇员共同完成的发明的权利发生争议的，或者就各方有关已经授予的或者将要授予的与该发明相关的任何专利的权利发生争议的，专利局局长根据任何一方按照规定方式向其提交的申请并在给予每一方一次陈述的机会后，可以裁定该争议事项，并且可以作出其认为适当的命令以执行其裁定。

但是，如果专利局局长根据依据本条提出的申请认为争议事项涉及应当由法院裁定的问题，则可以拒绝处理该争议。

（2）在法院进行的雇主和现在是或者曾经在关键时间是其雇员的人之间的诉讼中，或者针对根据第（1）款向专利局局长提出的申请，法院或者（视情况而定）专利局局长如吸纳双方均有资格享有雇员发明利益的，可以采用法院或者（视情况而定）专利局局长认为公正的方式，通过命令规定在他们之间分配发明利益，以及已经授予的或者将要授予的针对该发明的任何专利。

（3）专利局局长根据本条作出的决定应同法院在当事人和根据当事人提出主张的人之间作出的决定有相同效力。

第十七章　专利侵权诉讼

第 60 条　专利侵权诉讼

（1）专利权人可以针对在其依据本条例就一项发明获得专利的持续期间未经许可制造、销售或者使用伪造或者模仿发明的任何人，向有司法管辖权的地区法院提起诉讼；但被告提出撤销专利的反诉的，本诉连同反诉应当一并移交高等法院裁决。

（2）本条例规定的撤销专利的理由可作为专利侵权之诉的抗辩。

第 61 条　侵权诉讼中的救济

（1）在任何侵权诉讼中，法院有权：

（a）通过损害赔偿金、禁止令或者要求说明理由的方式授予救济，但在允许的情况下，法院也可以命令采取有效的临时措施；

（b）专利客体是获得产品的方法的，命令被告证明获得相同产品的方法不同于专利方法，在没有相反证据的情况下，该有关相同产品应当视为通过专利方法获得，但是，如果在专利权人提起司法诉讼前产品投入市场还未超过一年，则通过专利方法获得的产品是新的。

但是，本条适用的前提是原告以现有证据证明涉嫌侵权的产品与通过专利方法直接生产的产品相同，而且，在引用相反证据时，应当考虑被告保护其制造秘密以及商业秘密的合法利益。

（2）在任何侵权诉讼中：

（a）为防止侵权，尤其是为了防止商品（包括清关后的进口商品）进入商业渠道，以及为了保存与被指控侵权行为有关的证据时，法院有权命令采取迅速有效的临时措施；

（b）法院有权在适当情况下不经事先向另一方提供陈述的机会而命令采取临时措施，特别是当任何延迟有可能对权利持有人造成无法弥补的损害，或者存在证据被销毁的明显危险时；

（c）法院得依职权要求申请人提供可合理获得且具有足够确定性的证据，以证明申请人系权利持有人且其权利正遭受侵害或者有侵害之虞，还可命令申请人提供足以保护被告、防止权利滥用的担保或者等额保证金；

（d）在不经事先向另方提供陈述的机会而采取临时性措施的，应及时通知受影响的当事人，至迟应在执行上述措施后通知，且应被告要求，应进行审查

(包括获得陈述的权利),目的是在通知措施后合理期间内决定是否应对该等措施进行变更、撤销或者确认;

(e)法院可以要求申请人提供其他的必要信息以便确定有关的商品;

(f)以不抵触(d)项规定为限,裁决案件实体问题的诉讼未在不超过二十个工作日或者三十一个日历日的合理期限内提起的,经被告请求,基于(a)项、(b)项而作出的临时措施应被撤销或者终止效力;

(g)临时性措施已被撤销的,或者由于请求人的任何行为或者未履行法律责任而失效,或者随后发现不存在对知识产权的侵权或者侵权威胁的,法院有权应被告请求命令申请人针对因采取该等措施而造成的任何损失向被告提供适当赔偿。